KB239922

21세기 첨단 레이저기술

일본레이저학회

강영광 역

전파과학사

서문

　루비 레이저의 발진(發振)으로부터 40 여년이 되는 현재, 레이저에 관한 연구는 기초연구에서 응용연구까지 크게 진보하여 다양한 산업분야에서 필수적인 도구로 실용화가 이루어졌습니다. 오늘날에는 고체, 기체, 반도체 등을 매체로 한 각종 레이저가 개발되고, 파장이나 에너지 준위의 선택 자유도 또한 높아져, 다양한 특성을 가진 레이저 응용의 실용화가 여러 영역에서 진보하고 있습니다.

　정보통신분야에서는 광섬유통신, 광디스크기록·재생장치, 소형 고성능 레이저가 출현하여 처음으로 그 실현이 가능하게 되었습니다. 또 지구환경이나 자원고갈 등의 문제에 대하여 에너지 낭비가 적고 효율적인 생산수단으로서, 고밀도에너지를 필요한 특정부분에 집속시키는 레이저 가공이나, 특정 파장에 의한 광화학반응을 이용하는 레이저 공정 등은 오늘날의 산업계에서 한층 중요성이 높아지고 있습니다. 그리고 향후 점점 심각해지고 있는 에너지·환경분야에 대해서도 미래 문제의 유망한 해결수단으로서 레이저 핵융합이나 레이저에 의한 우라늄 농축 등의 분야에서 실용화를 향한 연구개발이 크게 발전하고 있습니다. 한편, 레이저가 의료분야에 대해 아주 효과적인 진단·치료법 등을 제공하는 것이 알려져, 레이저 수술이나 치과 치료 등에서 이미 실용화가 이루어지고 있습니다. 이 외에도 기상관측이나 번개 유도 등 다양한 새로운 레이저 응용도 실용화를 위한 연구개발이 진행되고 있습니다.

　본서는 창립 25주년 기념 특집호로 발간된 사단법인 레이저학회의 학회지,「레이저연구」Vol.26, No.1의 내용을 재편집하여, 책이름을 「21세기 첨단레이저 기술」로 바꾸어 단행본으로 출판한 것입니다. 21세기를 향하여 이 책이 레이저의 새로운 발전에 일조한다면 아주 기쁘겠습니다.

1999년 10월 7일
사단법인 레이저학회 회장
오카 히사오

21세기 레이저 월드
레이저 통신
레이저 환경계측
레이저 번개
레이저 화이버 의류
레이저 핵융합 발전소
레이저 극장
레이저 소각장
레이저 농장
레이저 교통관제 시스

레이저 발전소
화산 원격 탐지
레이저 송전
레이저 추진 로케트
가 정
레이저 TV
레이저 조리구
페타비트 광디스크 서버
공 장
레이저 에너지 네트워크
레이저 화상전송
페타비트 광통신 시스템
레이저 치료
레이저홀로그램
레이저 간호
레이저 가공
레이저 기차
원격조작 레이저수술
병 원
레이저 진단치료
레이저 CT
레이저 마이크로 로봇 혈관 수술
자료: 레이저 연구(일본),
제 29권 1호 (2001년 1월)

차 례

제1부 반도체 집적회로 분야 / 33

제2부 전기·전자 산업분야 / 53

제3부 통신 · 정보 산업분야 / 85

제6부   생활 · 환경 · 농업분야 / 159

제7부 의료분야 / 191

제8부 우주 · 항공 분야 / 231

제9부 에너지 분야 / 255

제10부 계측기 산업분야 / 273

저자 일람

서문: 오카 히사오 <미쯔비시전기(주) 고문실>

1부 소개 및 요약, 2장: 쿠로자와 히로시 <미야자키 대학공학부 전기전자공학과>
  1장: 요코타니 아리시 <미야자키 대학공학부 전기전자공학과>
  2장: 타이라 요우이치 <일본IBM(주) 동경기초연구소>
  3장: 사사기 마사루 <기술연구조합 초선단 전자기술 개발기구>
       카와노 슈우이치 <캐논(주) 반도체기구사업부 반도체기기 사업기획과>

2부 소개 및 요약: 와시오 쿠니히코 <일본전기(주) 제어시스템 사업본부 레이저·
  메카트로 사업부>
  4장: 하마다 히로키 <산요전기(주) 뉴머티어리얼 연구소 전자재료 연구부>
  5장: 사토우 카쯔지 <일본전기(주) 제어시스템 사업본부 제어판매 추진본부>
  6장: 오자키 키요시 <진(進)공업(주) 코하마 공장 SMD 제조부>
       나카무라 아타루 <진(進)공업(주) 코하마 공장 SMD 제조부>
  7장: 코야마 타다시 <일본판소자(주) 기술연구소 쯔꾸바 연구센터>
  8장: 타케노 조우스이 <미쯔비시전기(주) 생산기술센터 생산기반기술부 레이저
       가공 그룹>
  9장: 니시카와 유키오 <마쯔시타 산업주식회사 산업기술연구소 재료프로세스
       연구부>

3부 소개 및 요약: 니시하라 히로시 <오사카대학 공학연구과 전자공학전공>
  10장: 시노하라 히로미치 <일본전신전화(주) 액세스망 연구소>
  11장: 타나카 히데하키 <국제전신전화(주) 해저선부 기술개발그룹>
       와카바야시 히로아키 <국제전신전화(주) 해저선부 기술개발그룹>

30장: 야마모토 카쯔유키 <홋카이도대학 대학원 공학연구과 생체시스템 공학전
　　　 공>
　　　 나카세 유우조우 <옴론(주) 건강총괄사업부 의용시스템 영업부>
　　　 시가 토시카즈 <옴론(주) 라이프 사이언스 연구소 시스템개발센터>
31장: 타시로 히데오 <이화학연구소 포토다이나믹스 연구센터>
32장: 아이자와 카쯔오 <토쿄의과대학 생리학 제2교실>
33장: 신바시 타케시 <신바시 클리닉>
34장: 코바나 아키라 <오사카시립대학 의학부 안과학교실>
35장: 쿠마자키 마모루 <오사카치과대학 임상치과학 연구소>
36장: 쯔나자와 요시오 <(주)시마즈제작소 기반기술연구소 계측그룹>

8부 소개 및 요약, 37장: 아리가 타다시 <우정성 통신총합연구소 선단광기술연구
　　　 센터>
　　　 38장: 히라노 카즈히토 <미쯔비시전기(주) 정보기술총합연구소 광초음파부>
　　　 39장: 타케우치 노부오 <치바대학 환경 리모트센싱 연구센터>
　　　 40장: 카와시마 노부키 <긴키대학 이공학부 수학물리학과>

9부 소개 및 요약, 43장: 이자와 야스카즈 <오사카대학 레이저에너지학 연구센터>
　　　 41장: 후지와라 미쯔오 <레이저농축기술 연구조합 개발부>
　　　　　 수도우 오사무 <동력로·핵연료개발사업단>
　　　 42장: 와다 유키오 <동력로·핵연료개발사업단>
　　　　　 나카시마 노부아키 <오사카시립대학 이학부 화학과>

10부 소개 및 요약: 쯔치야 유우 <하마마쯔 포토닉스(주) 중앙연구소>
　　　 44장: 야마구찌 이찌로 <이화학연구소 공학연구실>
　　　 45장: 코이시 무스비 <하마마쯔 포토닉스(주)>
　　　 46장: 미노시마 카오루 <공업기술원 계량연구소>
　　　 47장: 타카하시 히로노리 <하마마쯔 포토닉스(주) 중앙연구소>

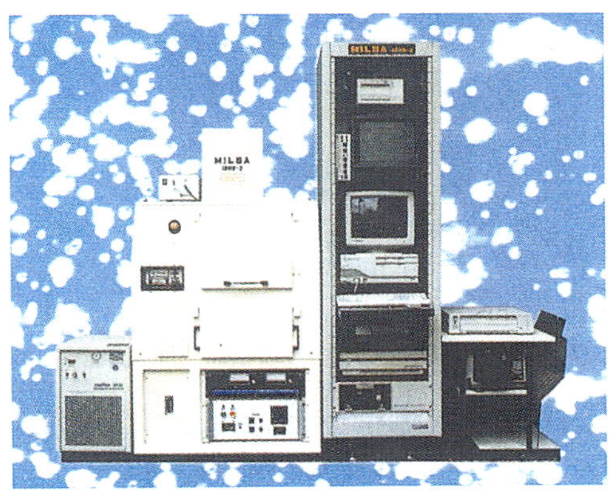

◀ 실리콘웨이퍼 표면의 미소한 결함을 광산란법으로 검출하는 레이저산란 토모그래피 장치 (본문 p.34 참조)

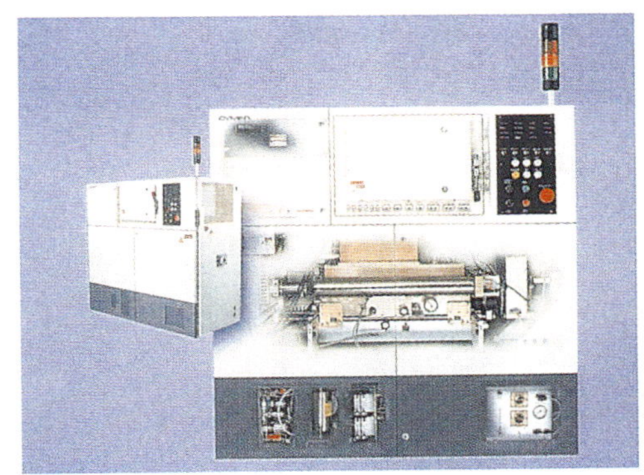

▶ 파장 248nm의 스테퍼용 KrF 엑시머레이저
0.25 μm 공정에 적용 개시
0.18 μm 공정에도 사용될 가능성이 높다 (본문 p.42 참조)

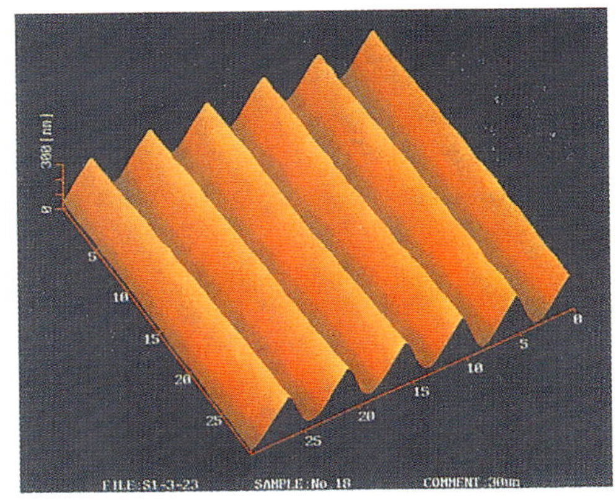

◀ 레이저 가공으로 제작된 회절격자의 AFM 상
(피치: 5 μm, 깊이: 0.5 μm) 2광속 간섭을 이용하여 광가공성 유리에 레이저광을 조사하여 회절격자를 만든다(본문 p.71 참조)

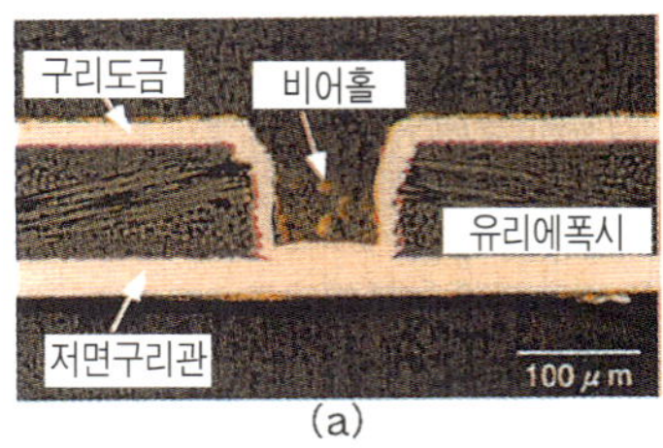

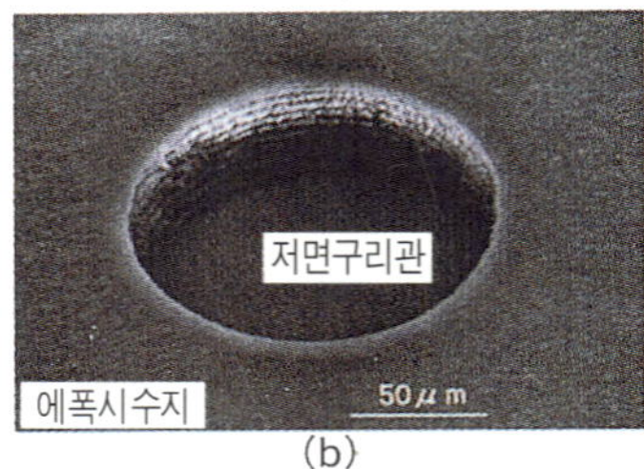

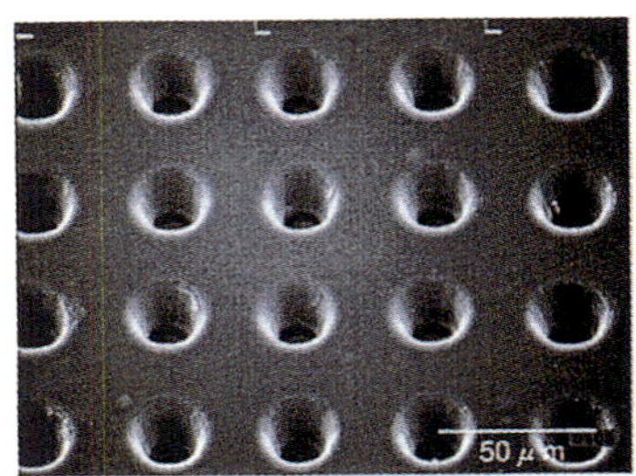

▲다중 반사광학계 엑시머레이저에 의한 미세구멍 일괄 가공 예

에너지 밀도: $0.4J/cm^2$, 두께: $25\,\mu m$의 폴리이미드 기판(아랫면은 동박)에 $\varnothing\,25\,\mu m$의 구멍을 일괄가공(p.75 참조)

◀고첨두출력 단펄스 CO_2 레이저에 의한 비어홀 가공 예
(a) 유리 에폭시 기판(표면도장 후)
(b) 에폭시 기판 (본문 p.76, p.77 참조)

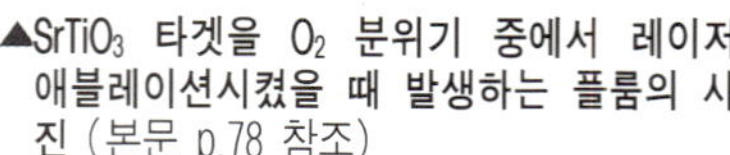

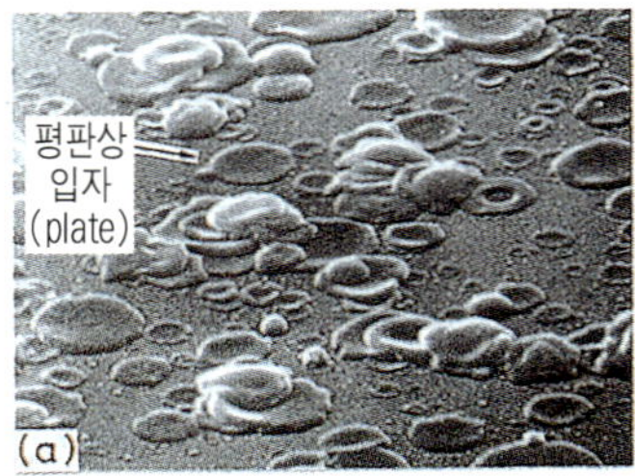

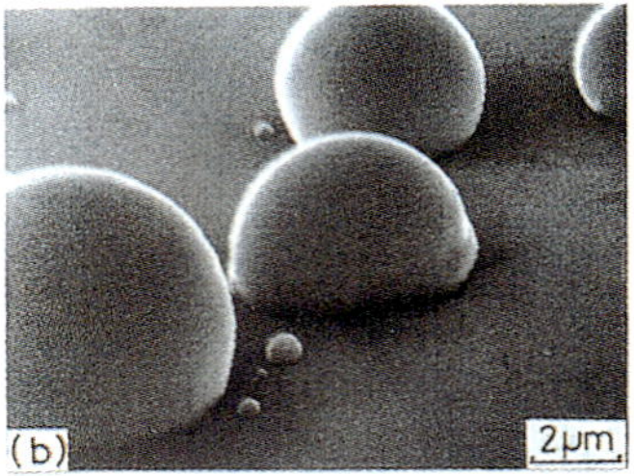

▲$SrTiO_3$ 타겟을 O_2 분위기 중에서 레이저 애블레이션시켰을 때 발생하는 플룸의 사진 (본문 p.78 참조)

▶다른 레이저광 강도로 조사한 경우 금속 퇴적물의 SEM사진
(a) 레이저광 강도 : $F = 9.2kJ/m^2$
(b) 레이저광 강도 : $F = 3.4kJ/m^2$

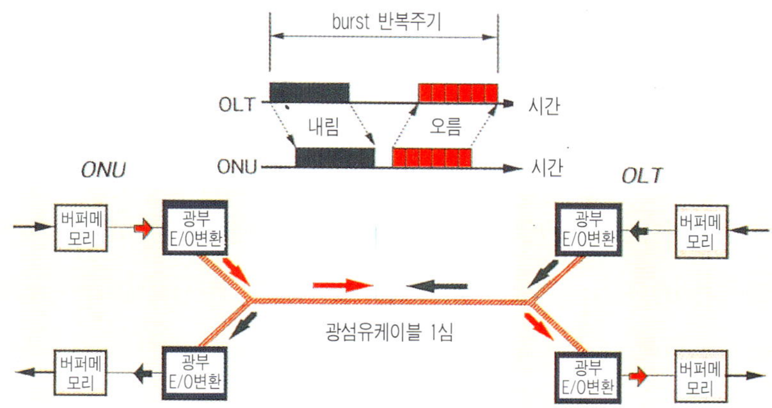

▲ 디지털 신호다중법의 하나인 TCM(Time Compression Multiplexing)의 원리 (본문 p.88 참조)

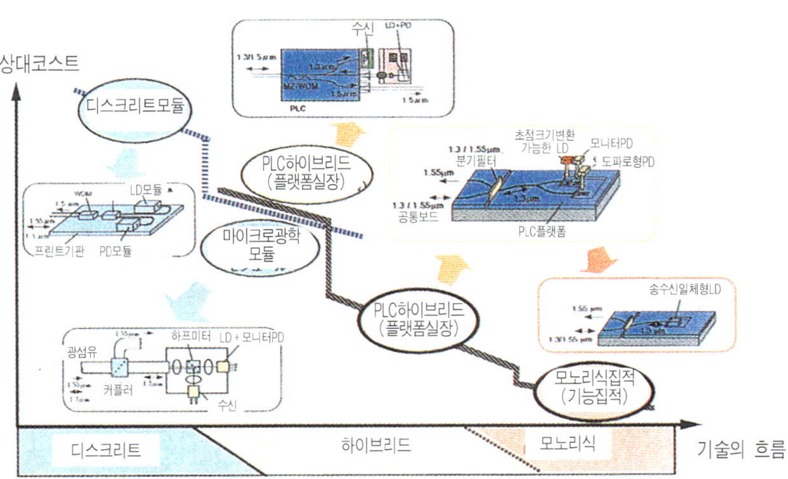

▲ 광액세스망 경제화 달성을 위한 광트랜시버 모듈의 경제화기술 단계 (본문 p.92 참조)

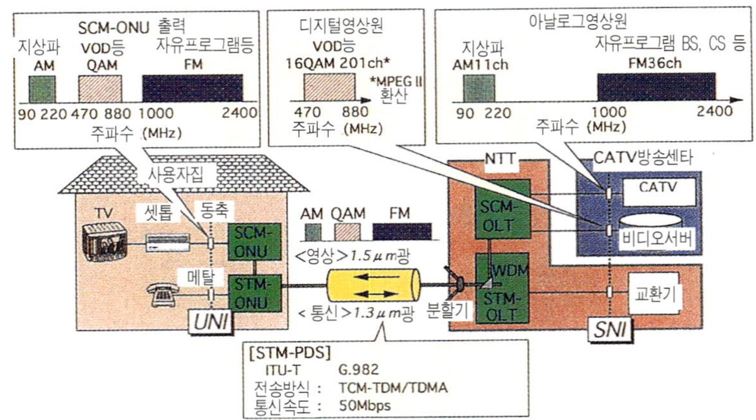

▲ STM-PDS와 SCM-PDS를 합친 FTTH 시스템의 구성 (본문 p.92 참조)

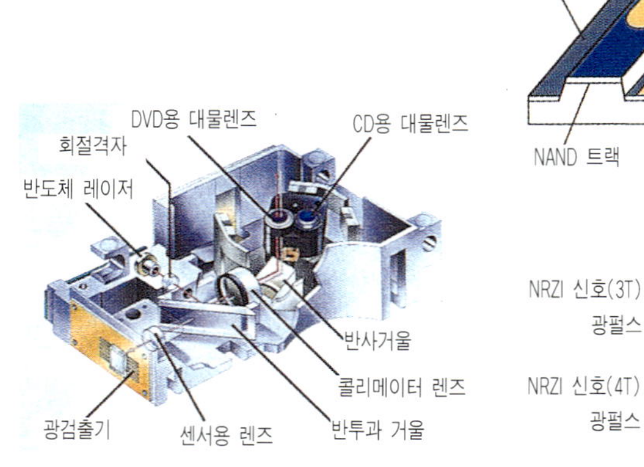

▲두 개의 대물렌즈(DVD용, CD용)를 한 개의 렌즈 액츄에이터에 탑재한 트윈 렌즈 픽업의 구조와 광로계 (본문 p.99 참조)

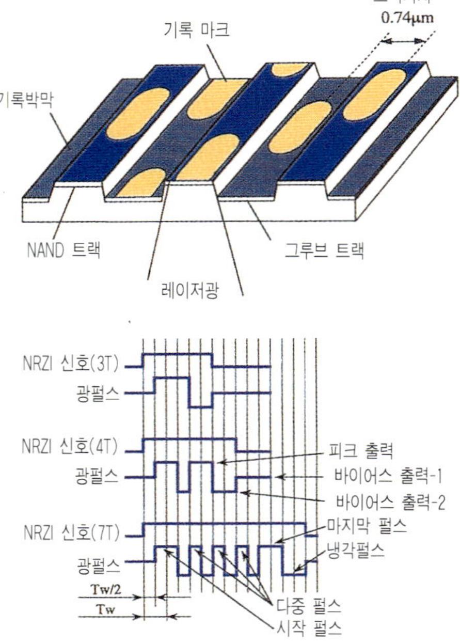

▲ DVD-RAM 드라이버의 트랙 구성(상) 기록 펄스파형(하) (본문 pp.105~106 참조)

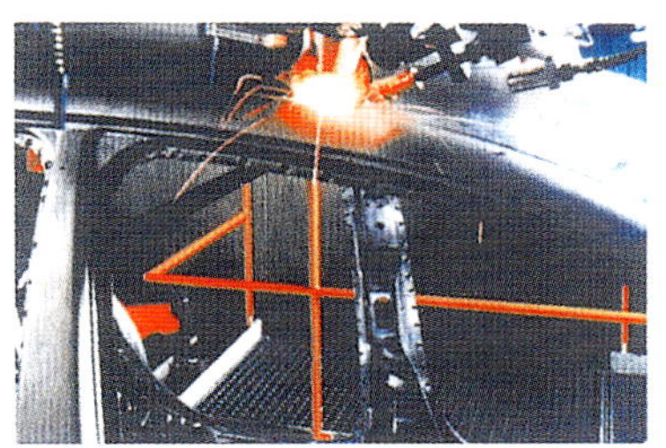

◀ 독일의 자동차업체 등에서 채택하고 있는 루프 및 센터필러 부분의 3차원 레이저용접 (사진제공: 산요기공(주)) (본문 pp.114~116 참조)

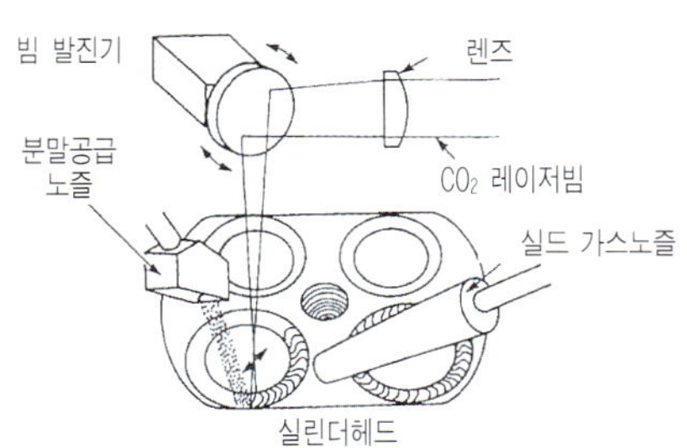

◀ 알루미늄 합금제 실린더헤드에 밸브시트를 레이저로 직접 담금질하는 기술의 모식도, 가공기 및 제품 (사진제공: 토요타자동차(주)) (본문 p.120, p.122 참조)

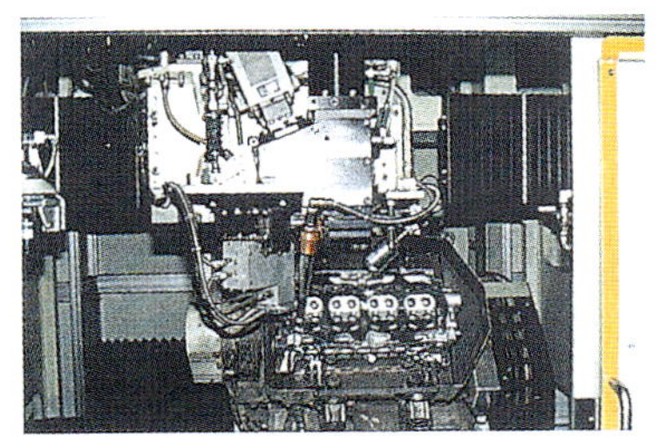

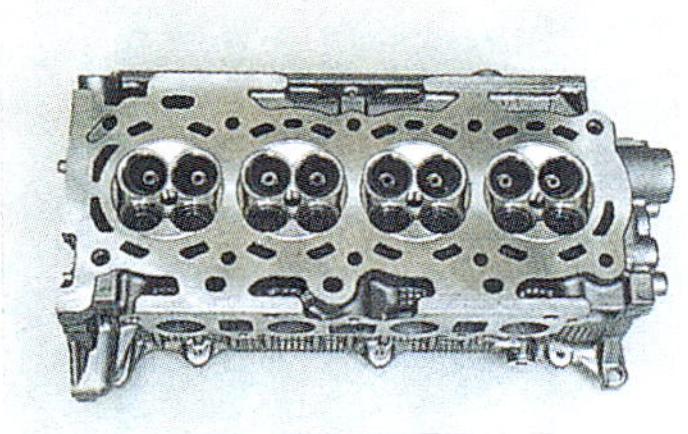

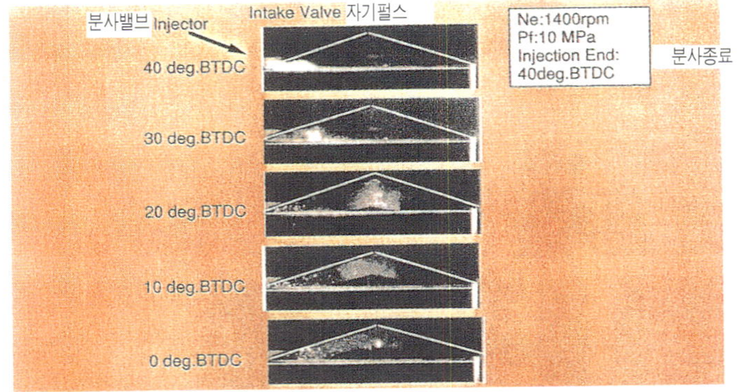

▲ 후방산란 레이저 유기 형광법에 의한 수직분출 가솔린엔진의 층 형성과정
의 가시화 (사진제공: 닛산자동차(주)) (본문 p.135 참조)

▲ 레이저 처리한 제올라이트 모르타르의 외관. 표면유리화에
의하여 디자인이 크게 향상되었다 (본문 p.145 참조)

◀ 제올라이트 모르타르의 디자인 예.
금속산화물의 첨가로 색깔을 입힐
수 있다 (본문 p.146 참조)

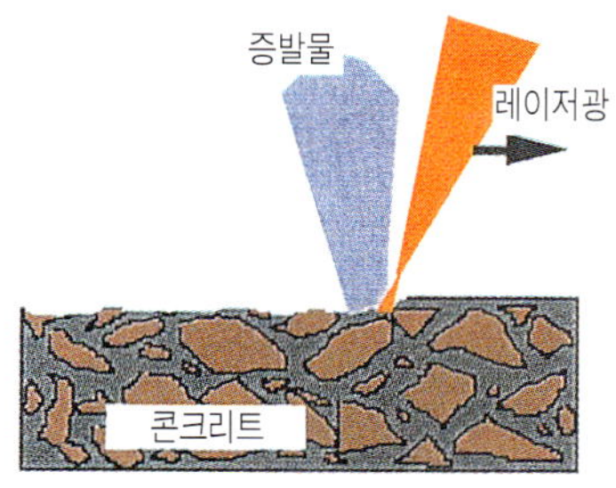

▲ 수 kJ/cm^{2}으로 레이저 조사를 하여 표면
증발을 이용한 콘크리트의 표면 제염방법
(본문 p.153 참조)

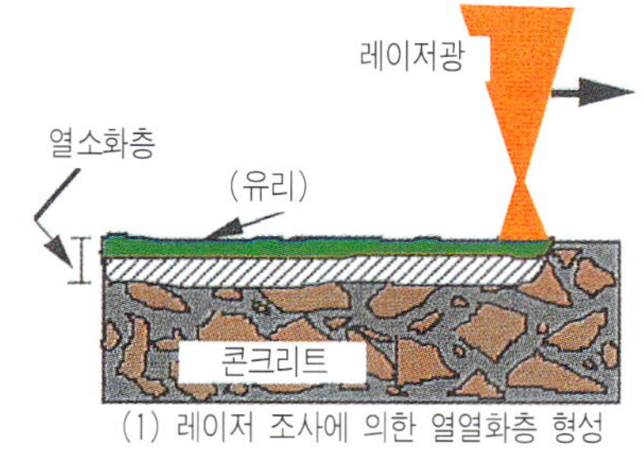

(1) 레이저 조사에 의한 열열화층 형성

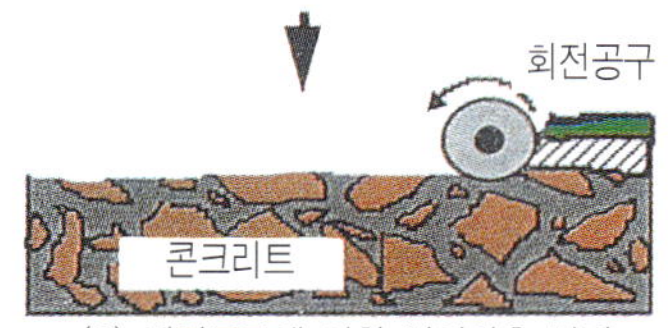

(2) 회전공구에 의한 열열화층 박리

▲ 열열화(熱劣化)를 이용한 콘크리트의 제염
방법
레이저조사에 의하여 열열화시킨 후 회전
공구로 열열화층을 떼어낸다. (본문 p.154
참조)

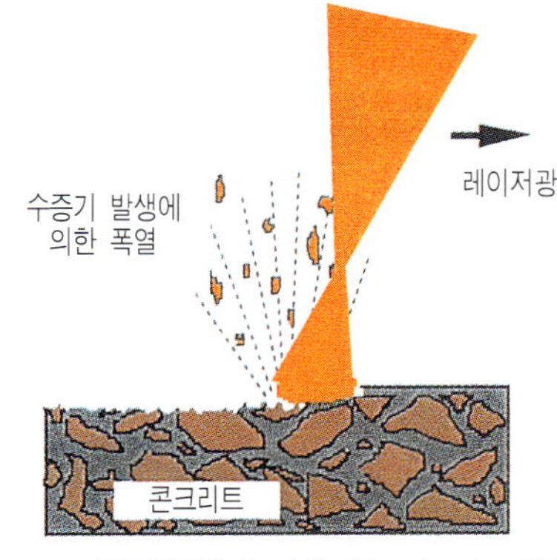

▲ 표면폭열(爆裂)에 의한 콘크리트의 제염
방법
레이저 조사로 콘크리트 내부에 포함된
수분을 기화시켜 표층을 폭열시켜 오염물
을 제거한다. (본문 p.155 참조)

▲ 레이저에 의한 콘크리트의 제염
레이저로봇으로 콘크리트를 제염하는 상상도
이다. (본문 p.155 참조)

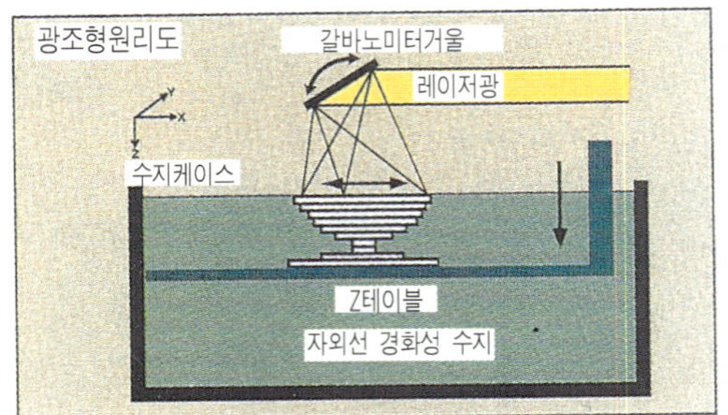

◀ **광조형 원리도** (본문 p.160 참조)

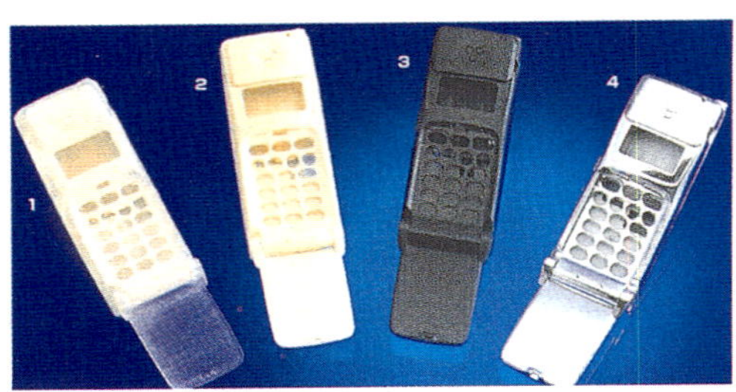

광조형으로 제작된 입체모델
  1. 레이저 조형장치로 직접 제작된 입체 모델
  2. 1에서 본을 뜬 플라스틱 모델
  3. 2를 표면 도장한 것
  4. 모델로부터 진공주형(注型)에 의해 제작된 플라스틱 모델 (본문 p.163 참조)

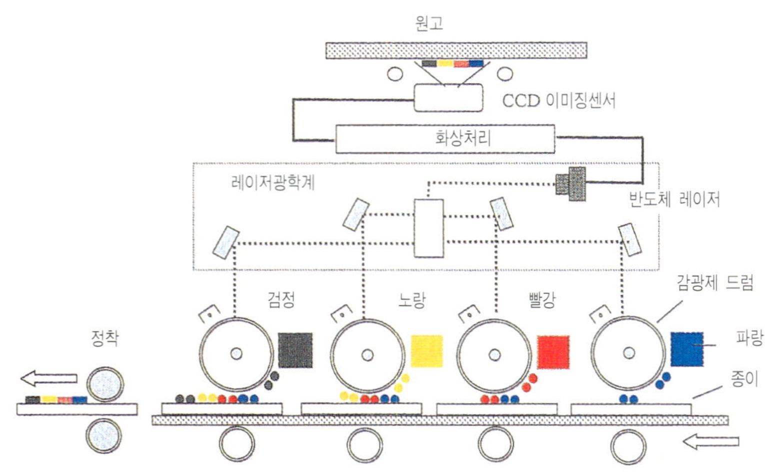

▲ **디지털 컬러복사기**
  시안, 마젠타, 옐로우, 블랙의 4색 토너 화상을 종이 위에 겹쳐서 컬러 화상을 만들고 있다. (본문 p.165 참조)

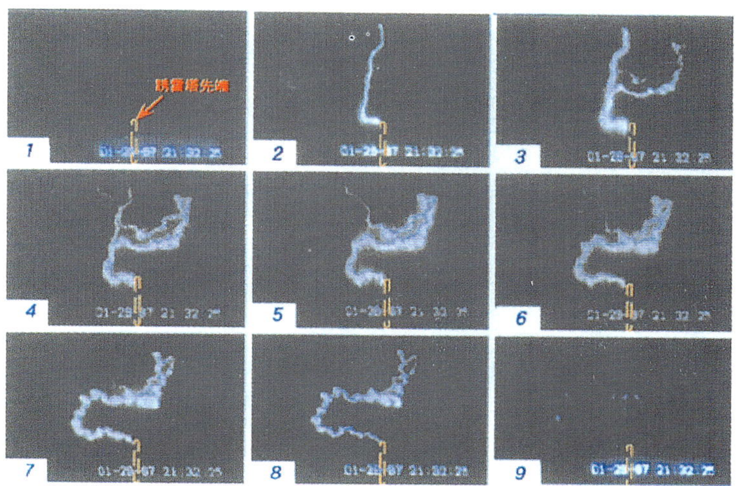

▲ 레이저플라즈마에 의해 유발된 리드의 진전 모양
연속사진은 1997년 1월 29일 유뢰 선단에 발생한 윗방향 리드를 표시하고 있다.
(본문 p.177 참조)

▲ 다양한 파장의 LED를 이용한 상추의 재배
왼쪽 위에서 오른쪽 아래 순서대로 파장: 660nm,
660nm+450nm(R/B 비 10), 660nm+450nm(R/B 비
5), 595nm, 450nm, 525nm (본문 p.182 참조)

◀ 적색 LD와 청색 LD에 의한 상추의 재배 (R/B 비 10,
광양자속 밀도 50 μmol/m^{2}s) (본문 p.183 참조)

◀ 특정 파장의 레이저광 흡수를 이용하여 멜론의 당도를 비파괴적으로 측정하게 되었다
(본문 p.187 참조)

▶ **생체조직 내부의 후방산란광의 전파**
체표면에서 빛을 조사하여 생체조직에서 나오는 후방산란을 검출하고 있다.
(본문 p.194 참조)

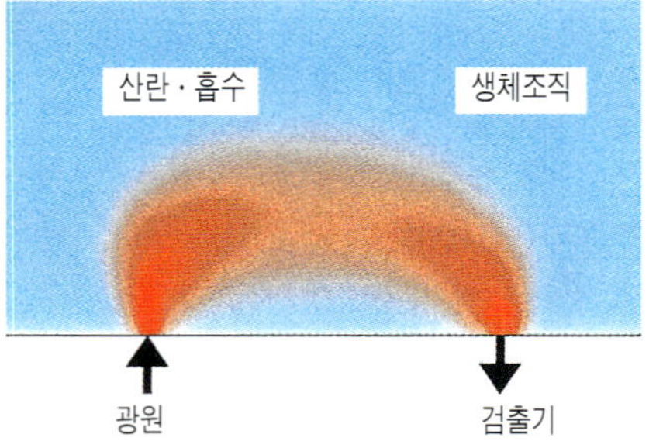

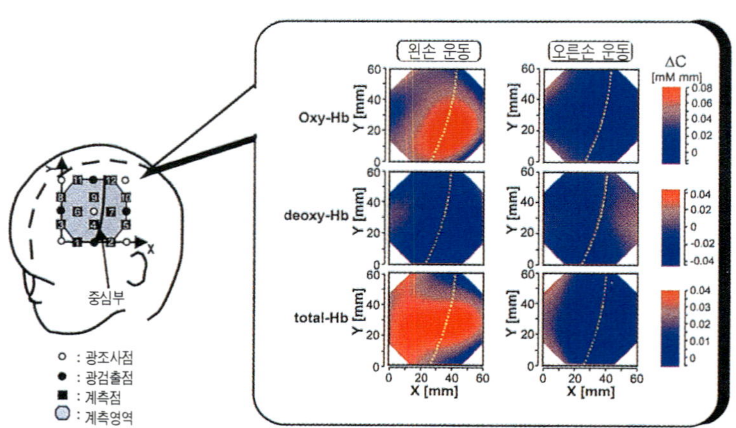

▲ **광단층상에 의한 뇌활동의 계측**
광조사용/수광용 광섬유를 두피 위에 배치하여 뇌피질의 활동을 측정하여 화상화한
예(히타치 중앙연구소) (본문 p.193 참조)

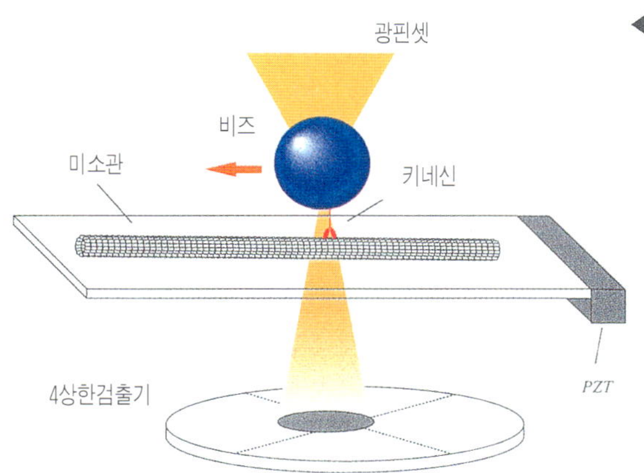

◀ **모터분자**
   키네신 운동의 나노미터 계
   측 (본문 p.199 참조)

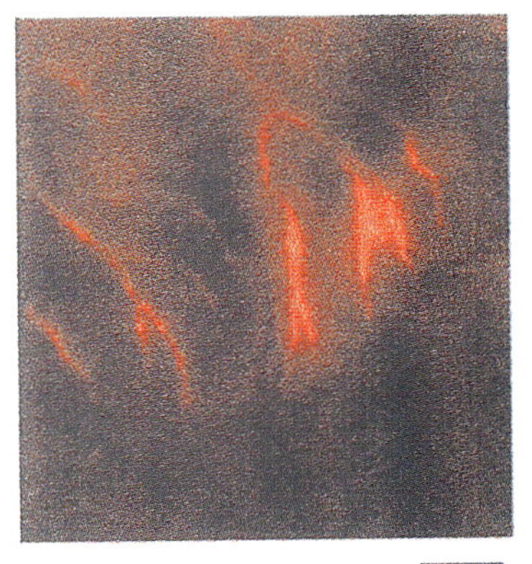

5 mm

▶ **토끼 관동맥의 선단 세동맥에 존재하는 동맥경
   화부의 형광화상(NPe6)** (본문 p.205 참조)

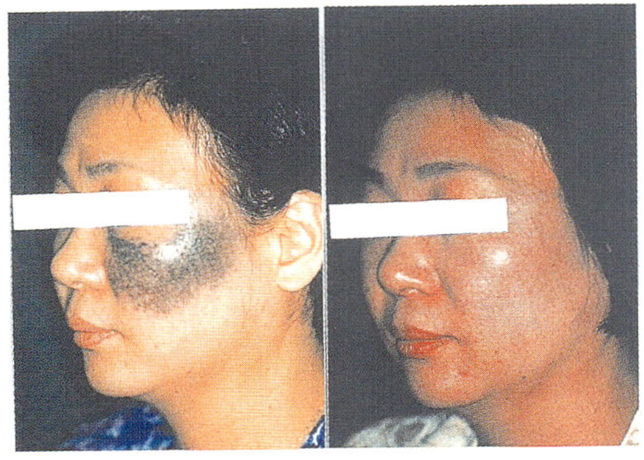

◀ **태전(太田)모반**
   (a) 치료전, (b) Q스위칭 레이
   저치료 후 (본문 p.208 참조)

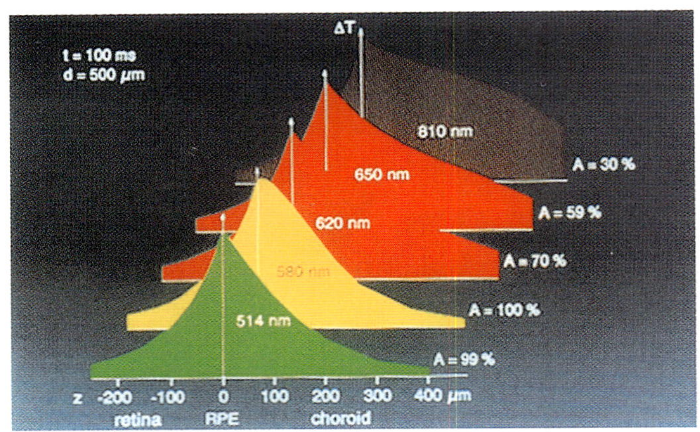

▲ 광응고시의 망막, 맥락막 내 온도변화(V-P Gabel 교수 제공) 가로축은 색소 상피(上皮)에서의 거리, 왼쪽이 망막, 오른쪽이 맥락막을 나타낸다. 파장에 따른 맥락막 내의 온도분포의 차이가 보인다. (본문 p.215 참조)

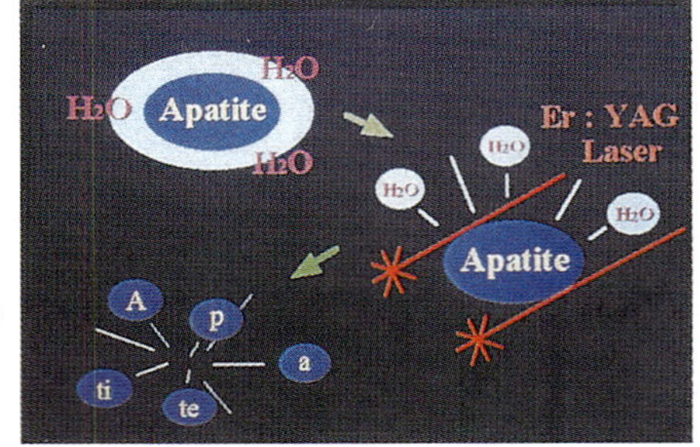

▶ Er: YAG 레이저에 의한 아파타이트 붕괴의 모식도 (본문 p.219 참조)

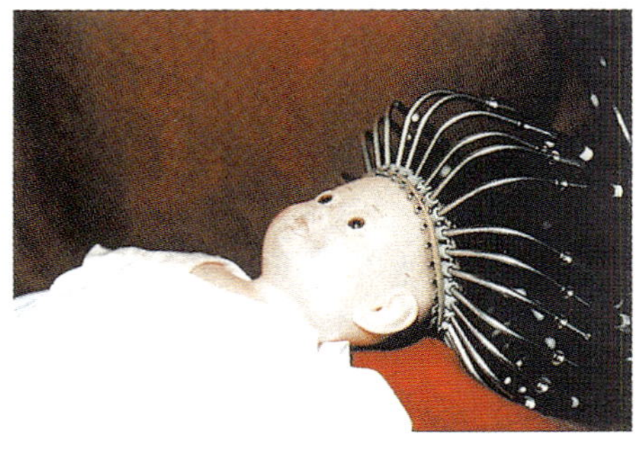

◀ 측정장면 개념사진 피험자(사진에서는 모형)의 측정 부위에 여러 개의 광섬유를 배치하여 단층화상을 얻는다. 장착된 광섬유는 송광부와 수광부가 일체형으로 되어 있다. (본문 p.225 참조)

▲ 우주개발사업단이 차기 광통신위성 OICETS에 탑재 예정인 위성간 광통신 장치의 외관 (구경 26cm의 망원경 사용) 통신용 레이저로서 출력 20W의 반도체 레이저 사용
(본문 p.235 참조)

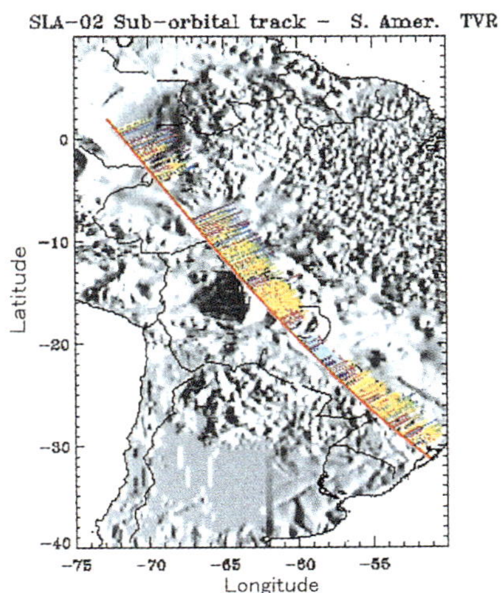

▲ NASA의 아마존 수원지 (서아마존 분지의 SLA(Shuttle Laser Altimeter) 단면 측정 예 지표고도의 변화 및 식생의 높이를 보인다.
(본문 p. 245 참조)

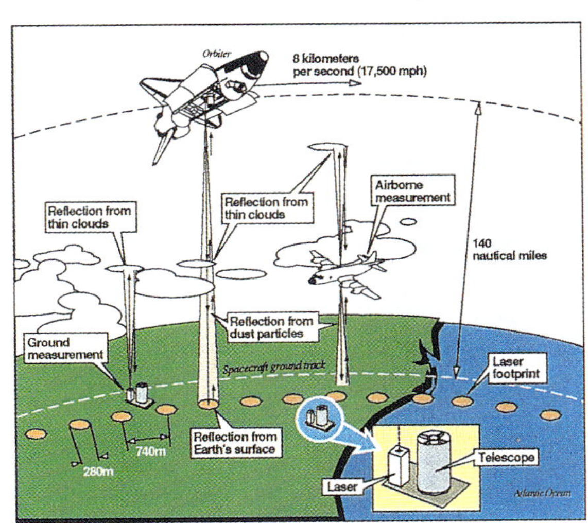

◀ LITE (Lidar In-space Technology Experiment) 계획의 개념도
1994년 9월 9일 발사된 우주선 STS-64에 탑재, 플래시 램프 여기 Nd:YAG 레이저의 3파장 (344, 532, 1064nm)을 이용 (본문 p. 244 참조)

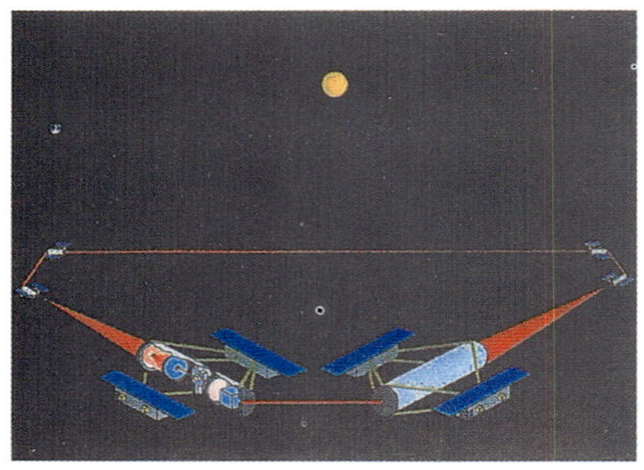

◀ 우주중력파 안테나 LISA (Laser Interferometer Space Antenna) 계획
(본문 p.250 참조)

▶ 분자레이저법 우리늄농축 광학시험
장치 (100kHz 레이저시스템)
(본문 p.261 참조)

◀ 분자레이저법 우리늄농축 광학시험
장치 (불화 우라늄 공급회수 시스
템) (본문 p.261 참조)

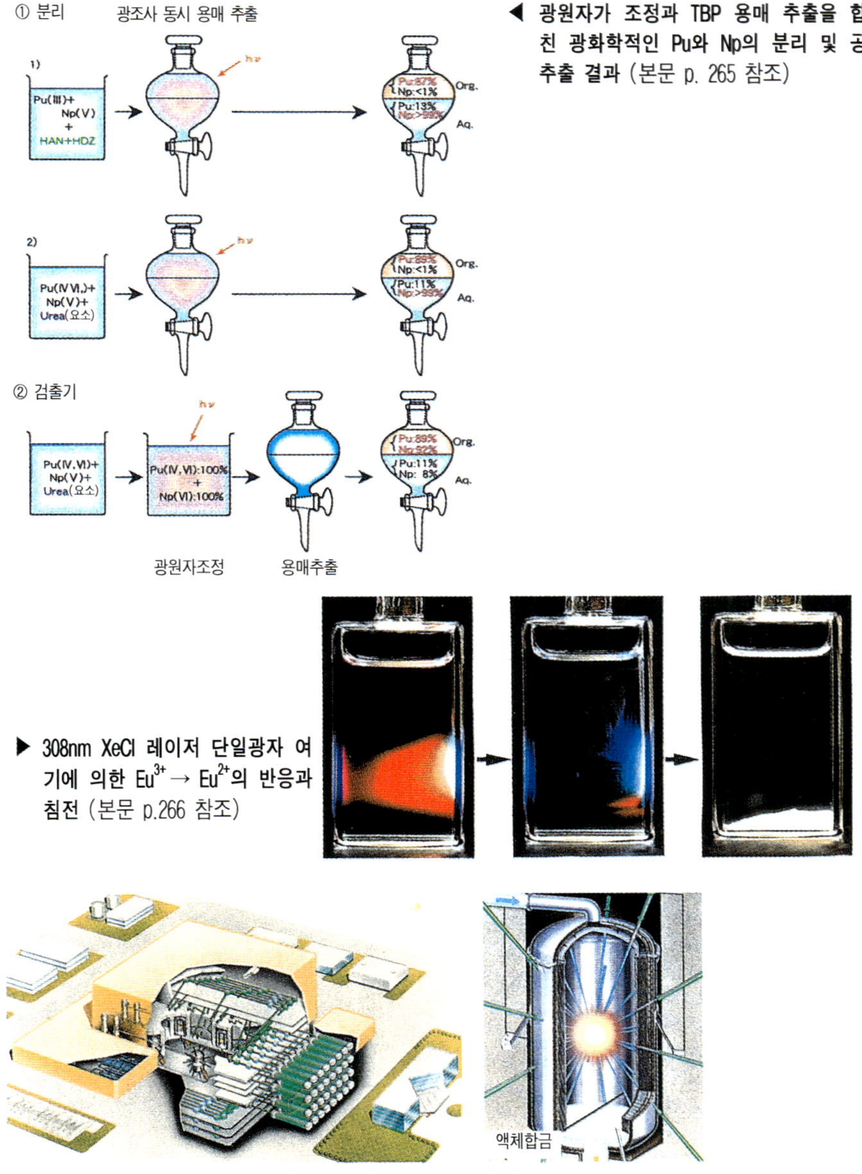

◀ 광원자가 조정과 **TBP** 용매 추출을 합친 광화학적인 **Pu**와 **Np**의 분리 및 공추출 결과 (본문 p. 265 참조)

▶ 308nm XeCl 레이저 단일광자 여기에 의한 $Eu^{3+} \rightarrow Eu^{2+}$의 반응과 침전 (본문 p.266 참조)

▲ 레이저핵융합로 '광양'과 노(爐) 쳄버(오사카대학)
(본문 p.271 참조)

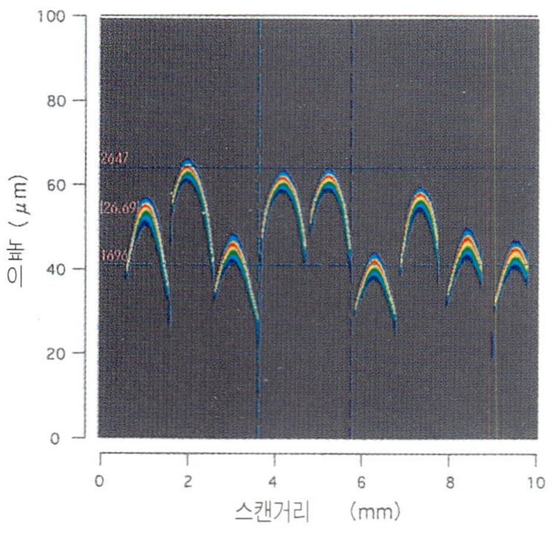

◀ 레이저 단층현미경으로 마이크로렌즈
배열의 표면 형상을 측정한 예
(본문 p.285 참조)

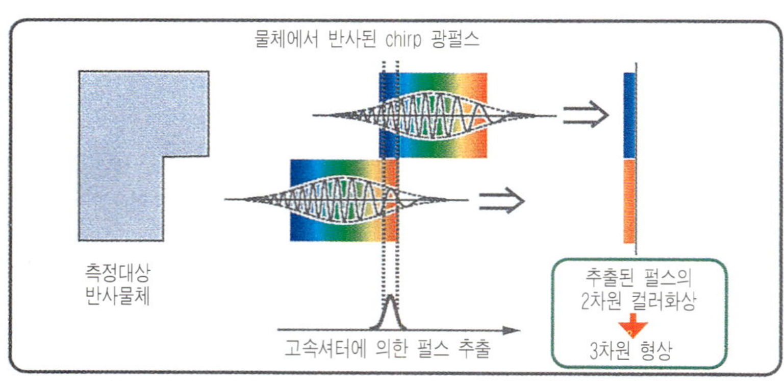

▲ 초단펄스 레이저를 이용한 새로운 3차원 형상 측정법의 원리
(본문 p.288 참조).

▶빛을 산란시키는 시계침의 측정 예
(본문 p.290 참조)

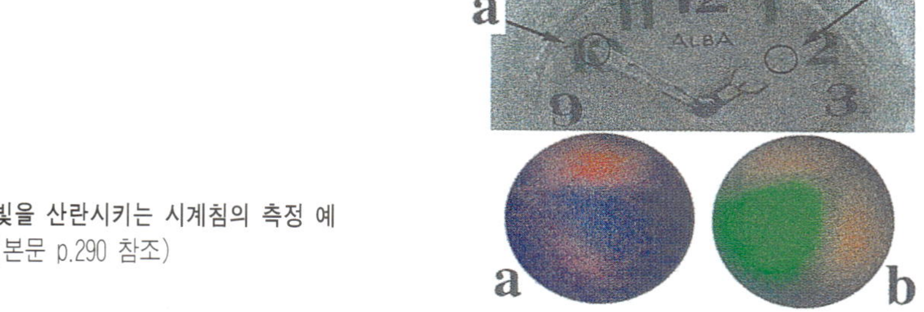

제 1 부
반도체 집적회로 분야

지금부터 약 100년전인 1897년에 톰슨이 전자를 발견한 뒤 50년 후, 쇼클리(Shockley), 바딘(Bardeen), 브라텐(Brattain)[1]으로 구성된 유명한 삼총사가 트랜지스터를 발명하여 전자공학의 20세기를 만들어 왔다. 이제 21세기는 광자공학(Photonics)의 시대라고 일컬어진다. 전자가 크게 활약하던 세계가 빛(photon)이 활약하는 세계로 바뀌어지는 것이다. 전자가 해 온 역할을 빛이 대신하는 것이지만, 빛은 병렬동작, 다중동작, 고속동작 등이 가능하다는 점에서 전자보다 우수하여 주역의 자리를 노리고 있는 것이다. 그리고, 전자가 가장 잘 움직이는 장소인 집적회로(IC)를 만드는 데 빛이 대활약을 한다는 것은 잘 알고 있을 것이다. 반도체 집적회로는 작은 공간 안에 수많은 트랜지스터, 저항, 콘덴서를 만들어야만 한다. 이것을 만들 때 사진제판기술이 사용되는데 광원으로 수은램프가 이용된다.

최근에는 이 수은램프를 대체하여 엑시머 레이저가 이용된다. 본 글에서는 IC 제조공정에 관련된 광원 중에서도 레이저 응용기술의 역할과 기대에 대하여 개략적으로 알아보는 것이 주목적이다. IC공정과 레이저의 관계는 대략 다음 세 가지 분야로 나누어 생각할 수 있다.

첫째는 계측기술, 둘째는 광여기 과정, 셋째는 리소그래피 기술이다. 계측기술에 대한 레이저의 응용은 많은데, 최근 미세화에 동반하여 높은 분해능이 요구되고 있는 가운데, 전자선을 이용한 관측이나 계측이 필요해지고 있다. 반사, 굴절, 간섭, 편광, 분광 등의 다양한 수단이 쓰일 수 있는 점과, 무엇보다도 대기 중에서 간단히 계측할 수 있다는 것은 광측정기술의 유리한 점이다. 이 분야 중에서 극소 결함검사에 위력을 발휘하는 레이저 토모그래피에 대하여 설명할 것이다.

---

1) 역주 : 반도체연구와 트랜지스터 효과의 발견으로 1956년 노벨물리학상 수상

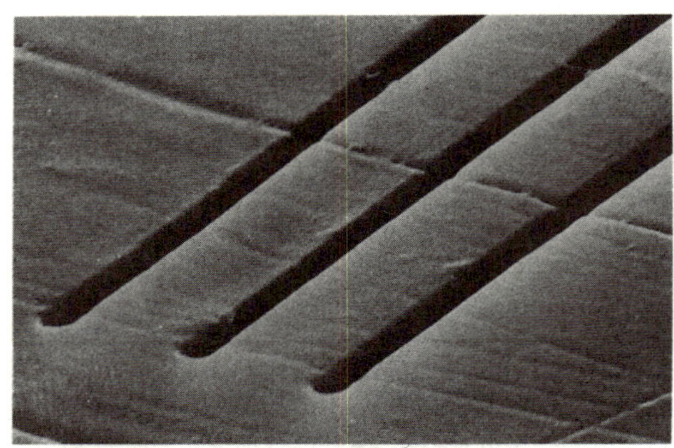

그림1. 이화학연구소에서 1982년 세계 최초로 ArF 엑시머 레이저를 이용하여 0.5 μm 선폭 라인을 PMMA 위에 전사한 예

두번째인 광여기 과정에 대하여는, 레이저 CVD(Chemical Vapor Deposition), 레이저 에칭, 레이저 도핑 등 레이저를 이용한 광화학 반응이 연구개발되어 어느 정도 성과를 내었다. 하지만, IC 제조과정에 도입된 적은 없었다. 최근 실리콘 웨이퍼 위의 극소 이물질을 제거하는 기술이 개발되었으므로 레이저 클리닝이라고 불리는 신기술을 소개한다.

세번째의 리소그래피 공정은 반도체 제조공정 중에서도 중심적 역할을 하는 것으로, 최근 이 공정에 종래의 수은램프 대신에 KrF 엑시머 레이저의 도입이 이루어지고 있으며, 레이저 분야에서 보았을 때 최근 가장 뜨거운 화제이다. 또 KrF 엑시머 레이저에 이어 각종 단파장 레이저의 이용이 이루어져, 곧 레이저와 반도체 제조공정은 떼려고 해도 뗄 수 없는 관계를 계속 유지할 것이다. 본문에서는 KrF 엑시머 레이저 및 ArF 엑시머 레이저를 이용한 노광기술의 소개와 차후의 동향에 대하여 설명한다.

리소그래피 기술에 엑시머 레이저를 이용한 응용 사례는 일본이 최초인 것을 아는 이가 적은 것 같다. 그림1은 1982년 세계 최초로 ArF 엑시머 레이저를 이용하여 0.5 μm의 폭을 갖는 선을 PMMA 기판 위에 전사(轉寫)한 예를 나타낸다.

제 1 장
레이저 산란 토모그래피에 의한 결함 검사

반도체산업에서 레이저 광산란 토모그래피는 규칙적인 원자가 일정하게 배열된 결정 내부에 존재하는 결함이나 불순물의 존재 및 그 분포를 알고자 하는 목적으로 사용되고 있다. 광산란은 '광파에 의하여 생긴 전기쌍극자로부터의 쌍극자 방사'로 생각하는 것이 가능하다. 그러므로 광의 전기장에 대하여 결정 내에 전기분극을 일으킬 필요가 있다. 반도체의 밴드갭은 1eV 전후이므로, 그 이하의 에너지를 가지는 전자적 결함을 검출하기 위해서는 적외선을 이용하는 것이 잘 맞는다.

회절현상은 $\sin(q/l)$에 비례하므로, 파장이 X선의 1만배, 또는 그 이상 긴 적외선에서는 X선 소각(小角)산란으로 관찰되는 장주기 구조 등의 결함을 90° 광산란으로 관측하는 것이 가능해진다. 즉 적외선 산란법은 반도체 내의 격자결함, 미소결함, 클러스터링 등에서 생기는 '밀도 요동'의 검출에 적절한 수단이라고 할 수 있다.

한편, X선의 흡수계수는 원자번호에 거의 비례하여, GaAs, InP 등의 무거운 원자를 포함하는 결정은, 결정을 박막화하지 않으면 안 된다. 그러나 적외선은 이러한 반도체를 쉽게 투과하여, 수 센티미터의 결정도 박막화하지 않고 내부관찰이 가능하다. 레이저 산란 토모그래피용의 광원으로는 비교적 간단하게 취급할 수 있는 YAG 레이저를 이용하는 것이 가능하며, 상전이의 공간적 배치와 결정성장과의 관계를 명확하게 알아낼 수 있다.

그러므로 결정성장 이력과 격자 결함의 관계를 확실하게 하는 것이 가능하다. 샘플에 조사하는 레이저의 입사방향과 산란광의 관찰방향, 조사위치의 스캔 유무 등에 의하여, 90° 광산란법, 브루스터각 조명법, 내부 전반사 조명법, 전방산란법과 같은 4종류의 관찰법이 있으며, 각각 다른 특징을 가지고 있다. 또 현미경 관찰에 의한 낙사(落射)현미경 상이나 적외선 투과상도 함께 관찰 가능하도록 한 장치가

그림2. 레이저 산란 토모그래피 장치

많이 있다. 그림2는 라토크사 제품인 레이저 산란 토모그래피 장치(MILSA/ IFFQ-2)의 외관을 보여준다.

실리콘 웨이퍼 공정에 대한 레이저 산란 토모그래피 사용의 개요를 중심으로 기술한다. 실리콘 결정에서는 격자 결함이 없는 결정을 다루는 것이 당연하지만, 도핑이 많이 된 실리콘이나 최근 고조파 장치로 중요한 GaAs, ZnSe 등의 화합물 반도체에서는 아직 내부 불균일성이나 격자결함(dislocation)이 많이 보이며, 이러한 것들의 해석에도 많이 쓰이고 있다.

1. 90° 광산란법

그림3(a)에 원리를 나타냈다. 집광한 레이저를 결정 내에 조사하여, 레이저광과 현미경의 광축이 되는 면과 수직하게 시료를 주사하여 레이저빔의 축에서 결정 내의 격자단층상을 얻는다. 웨이퍼 거울면의 옆에서 레이저를 입사하여, 벽의 개면측(開面側)에서 관찰하면, 에칭할 필요없이 산소 석출물이 고감도로 검출된다. IG-Si 웨이퍼는 일반적으로 어닐닝(annealing)에 의해 표면에는 결함제거층(Deduced Zone : DZ층)이, 내부에는 산소를 함유하는 석출물의 형성이 일어나는데, 이 석출

물의 밀도분포를 측정하는 데 이용된다 (그림4). 또, 레이저광의 주사면을 일정 간격으로 하여 단층상을 얻어 컴퓨터 그래픽으로 결함에 대한 3차원 분포상을 얻을 수 있다.

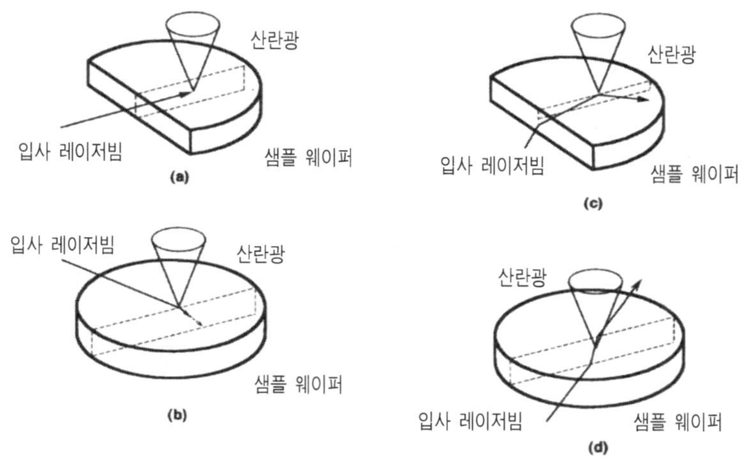

그림3. 레이저 산란 토모그래피의 여러 가지 배치
(a) 90° 광산란법, (b) 브루스터각 조명법, (c) 내부전반사 조명법, (d) 전방산란법

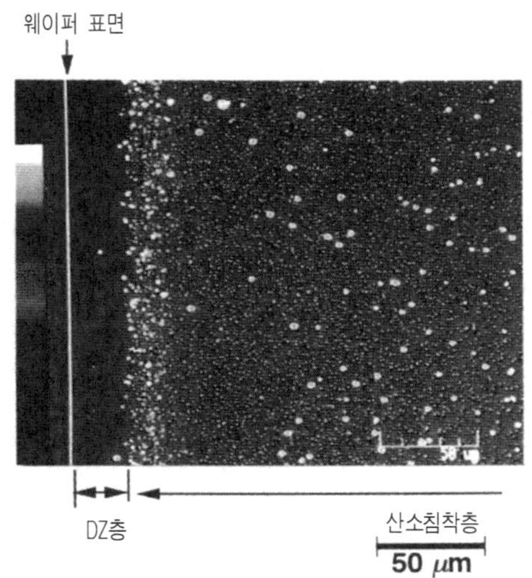

그림4. 90° 광산란법으로 관찰한 실리콘 웨이퍼 내의 결함 제거층과 산소

2. 브루스터각 조명법

그림3(b)은 원리도를 나타낸다. 웨이퍼 표면으로 레이저빔을 브루스터각으로 조사하면 P편광을 100% 결정 내에 도입하게 되어 표면반사가 없어진다. 여기에서 레이저의 집광점을 웨이퍼 표면의 광축상의 점으로 하고, P편광성분으로 결정 내부를 조사하여 결함에 의한 후방산란을 현미경으로 관찰한다. 이 방법에 의해 웨이퍼의 벽개면(壁開面)을 열지 않고 내부 결함을 관찰하는 것이 가능하다. 실리콘 웨이퍼는, YAG 레이저의 파장 λ=1mm 전후에서 침입 두께가 많이 달라지므로, 웨이퍼 표면 근방의 결함만을 관찰하기 위해서는, 침입 두께를 짧게 하기 위해 밴드갭보다 짧은 파장의 레이저광을 사용한다. 특히 파장가변 티타늄 사파이어 레이저나 파장이 다른 복수의 반도체 레이저를 이용하여 원하는 두께까지 결함을 관찰하는 시스템도 개발되어 있다 (그림5).

3. 내부 전반사 조명법

원리도를 그림3(c)에 나타냈다. 레이저광을 실리콘 웨이퍼의 벽개면(壁開面)에

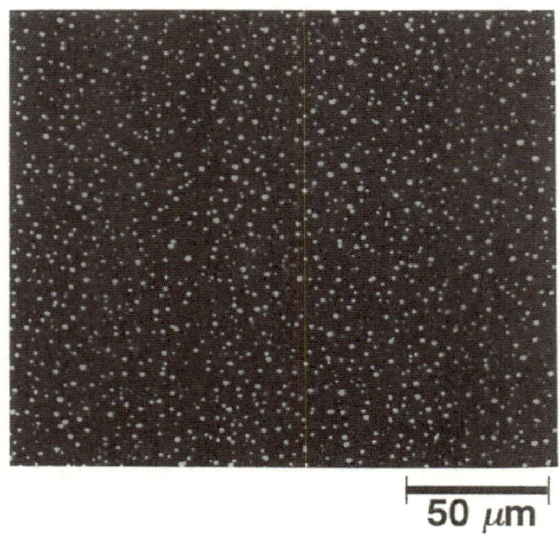

그림5. 브루스터법으로 관찰한 실리콘 웨이퍼 표면 근처의 점결함

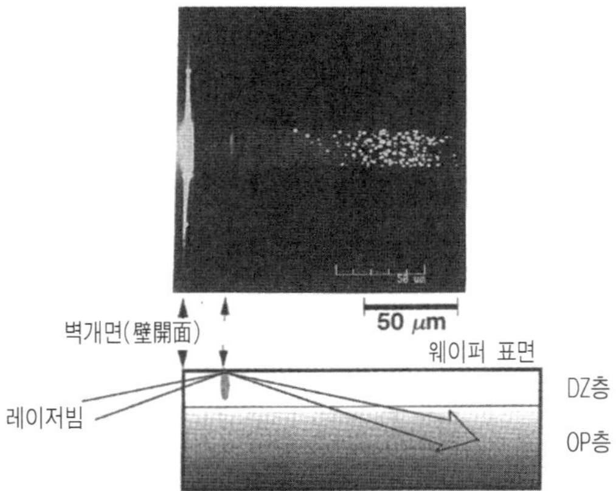

그림6. 내부전반사법으로 관찰한 실리콘 웨이퍼 표면 근처의 미소점 결함

경사지게 입사시켜, 유리면의 관찰점 바로 아래에서 집광시킨다. 레이저광은 관찰점에서 전반사되어, 거울면 바로 아래의 결함에서 산란된 광만이 부분적으로 웨이퍼 거울면에서 바깥으로 나온다. 이 방법은 노이즈광을 발생시키지 않고 거울면 바로 아래를 조명하는 것이 가능하여, 종래의 레이저 산란 토모그래피 조명에서는 관찰이 불가능했던 표면 바로 아래의 극미소 결함을 관찰할 수 있다 (그림6). 또 브루스터 조명에 비하여 웨이퍼 표면의 거칠기(roughness)에 대한 감도가 낮고, 내부 결함의 검출감도는 높으므로 에피택셜 막 내부의 미스핏(misfit) 격자결함이나 디바이스 공정 후 금속을 떼어낸 웨이퍼의 표면 바로 아래의 결함 관찰이 가능하여, 디바이스 불량과 결정 결함의 관계를 직접 관찰할 수 있다.

4. 전방 산란법

원리도를 그림3(d)에 보인다. 전방산란법은 웨이퍼의 표면 옆에서부터 레이저광을 브루스터각으로 조사하여 표면 옆에서 관찰한다. 투과광은 대물렌즈 내에 들어가지 않도록 피하여, 결함에서 나오는 전방산란광 만을 관찰한다. 양면 연마 웨이퍼의 결함 걸출에 이용된다. 벽면을 열 필요가 없으므로 비파괴로 내부결함을 관찰하는 것이 가능하다.

제 2 장
레이저 클리닝

　전자공학의 집적화가 진전되고 미세화가 진행됨에 따라 지금까지 문제가 되지 않았던 작은 먼지나 유기 오염물을 제거하는 기술의 개발이 필요해졌다. 고체의 표면과 먼지와의 사이에 작용하는 힘을 크게 나누면, 반데르발스 힘, 정전기력, 모세관 힘 등이 있다. 이러한 힘을 이겨내고 먼지를 제거하는 것이지만, 먼지가 작아질수록 먼지와 재료 표면 사이의 결합이 강해져 종래의 방법으로는 제거가 어렵다. 여기에 등장한 것이 레이저 펄스를 조사하여 먼지를 제거하는 기술이다. 레이저 펄스의 경우, 레이저의 파장, 펄스 폭, 조사 에너지 등을 제어하는 것이 간단하고, 재료에 닿게 하지 않고 클리닝이 가능한 이점을 이용하여, 재료에 손상을 주지 않고 다양한 크기의 먼지가 있어도 제거가 가능하다.

　레이저 펄스로 먼지를 제거하는 과정은 음향 충격파의 발생, 광화학반응, 광열적 결합파괴, 애블레이션(ablation) 원리에 의한 제거 등을 생각할 수 있으며, 먼

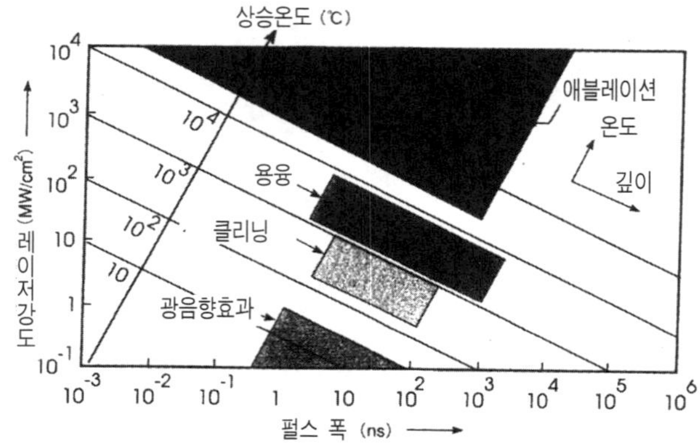

그림7. 여러 강도와 펄스 폭을 가지는 레이저로 조사하였을 때 고체표면에서 생기는 여러 효과

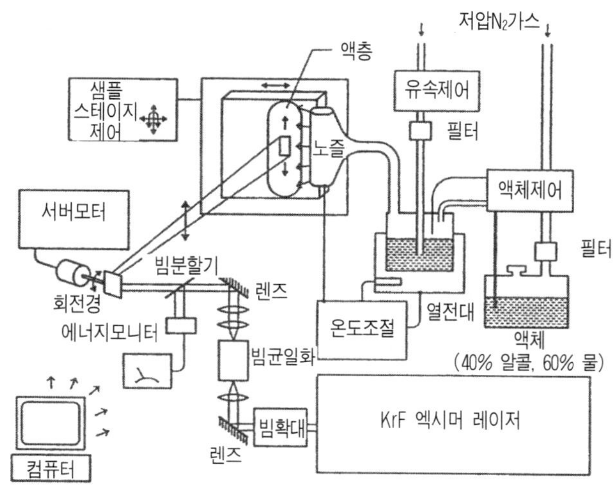

그림8. KrF 엑시머 레이저를 이용한 레이저 클리닝

지의 종류나 크기에 따라, 또 레이저의 종류 등에 따라 달라진다. 그림7은 레이저 강도 I(MW/cm^2)와 펄스 폭 τ(ns)를 좌표축으로 하고, 재료의 광학적 특성과 열적, 기계적 특성을 기초로 하여, 어떤 반응을 일으킬지를 나타내는 것이다. 또 경사진 축 T$_p$(℃)는 레이저 펄스 조사로 상승하는 표면온도를 나타낸다.

레이저광의 강도가 높은 검은 영역에서는, 재료의 온도가 10,000도를 넘어 재료가 날아간다. 말하자면 애블레이션이 발생한다. '용융'이라고 써 있는 영역에서는, 재료의 표면층을 날려버릴 정도는 아니지만 표면을 용융시킨다. 이러한 영역에서는 클리닝이 아니고 재료의 표면을 변화시켜버리게 된다. 레이저의 강도가 점점 낮아진 '클리닝' 영역에서는 재료의 변화 없이 표면의 오염물질 만을 제거하는 범위를 보이고 있다.

더욱 낮은 강도의 경우는, 표면의 온도가 10℃ 정도 올라가는 정도로, 가역적인 열파를 발생하게 된다. 즉, 펄스 폭이 너무 짧으면 표면 손상이 이루어지고 긴 펄스를 사용하면 아무런 변화도 일어나지 않는다고 할 수 있다. 이 그림은 스테인레스판의 경우를 계산한 결과로 I=1~10MW/cm^{2}이고, 펄스 폭 τ=10~100ns 정도의 펄스를 조사하면, 표면 온도가 100~1000℃ 정도 상승하여, 표면 클리닝이 가능한 것을 나타낸다. 실리콘 웨이퍼 등의 경우에도 비슷한 계산이 가능하여, 예상되는 레

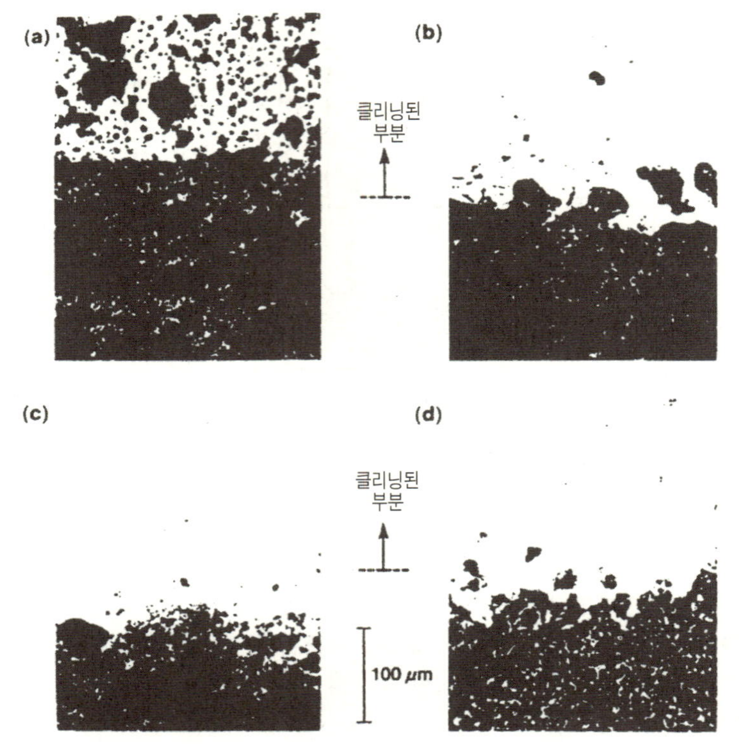

그림9. 실리콘 웨이퍼를 KrF 엑시머 레이저로 클리닝한 표면의 현미경 사진

(a) 드라이 클리닝 2회
(b) 드라이 클리닝 2회 후 상기 클리닝 3회
(c) (b)를 반복
(d) (c)로 레이저 클리닝된 표면을 10분간 증류수로 초음파 세정

이저 강도와 펄스 폭의 최적 범위를 알 수 있다.

레이저 클리닝 기술에는 액체막을 이용하여 보다 고효율로 클리닝하는 기술도 개발되어 있다. 즉 에타놀이나 이소프로판올을 10% 정도 섞은 물을 재료 표면에 바르면, 표면에 마이크로미터 두께의 액체층이 만들어지는데, 레이저를 조사하여 순간적으로 증발시키면 표면 오염물질이 제거된다. 건식 레이저 클리닝법은 입자와 오염 양쪽에 유효한 경우만 비교하면, 이 스팀 레이저 클리닝은 입자의 제거에 건식법보다 훨씬 효율이 높다. 그러므로 실제 표면을 클리닝하려는 경우는 스팀 클리닝과 건식 클리닝을 조합한 방법이 가장 좋다.

그림8은 KrF 엑시머 레이저를 광원으로 한 레이저 클리닝 장치의 개략을 나타낸다. 반도체 뿐만 아니라 금속, 세라믹, 폴리이미드 등의 클리닝에 적절한 수십～수백 mJ/cm^{2}의 펄스를 가지고 200cm^2/min의 속도로 입자와 오염의 클리닝이 가능하다.

그림9는 1 μm 크기의 알루미늄 입자와 미크론 두께의 에폭시막에 오염된 실리콘 웨이퍼의 표면 클리닝 공정을 나타낸다. (a) 건식 클리닝, (b) 건식 클리닝과 스팀 클리닝을 이용한 경우, (c) 건식 클리닝과 스팀 클리닝의 사이클을 반복시킨 경우, (d) 레이저 클리닝 후에 초음파 세정을 한 경우에 대한 표면사진이다. (d)에서는 커다란 알루미늄 입자만 제거되었다. (c)와 비교하면 오염물질이 남아있는 것을 알 수 있다.

결론적으로 레이저 클리닝법을 이용하면, 0.1 μm의 크기의 입자 제거도 가능하며, 비접촉이므로 반도체 공정 중에 포함시키는 것도 용이하여 차후 점점 실질적으로 도입될 것으로 예상된다. 또 반도체 표면 뿐만 아니라, X선 노광용 마스크의 클리닝에도 위력을 발휘할 것으로 기대된다.

제 3 장
엑시머 레이저 리소그래피

반도체의 대규모 집적화를 실현한 원동력의 하나는 축소투영 노광(stepper)을 핵으로 하는 자외선, 즉 광리소그래피 기술에 의한 미세가공기술의 진전이다. 광리소그래피 기술의 해상도 향상의 주요인은, 스테퍼의 고(高) NA(Numerical Aperture, 렌즈의 개구수)화, 단파장화 및 레지스트 해상도 향상을 들 수 있다. 수은의 i선(파장 365nm)을 이용한 0.35 μm의 실용화에 이어, KrF(파장 248nm) 엑시머광으로 1/4 미크론(quater micron)의 미세가공기술이 개발되어 엑시머 리소그래피에 대한 기대가 크다. 1997년에는 KrF 엑시머 노광장치가 각 반도체 메이커의 양산 라인에 도입될 것으로 추측되었다. 이후 3년 동안에 4배의 디바이스 트랜드(device trend)가 유지된다면, 2001년에는 0.18 μm 디바이스의 양산이 개시된다. 그림10에 사이머(Cymer)사의 스테퍼 탑재용 KrF 엑시머 레이저의 외관을 나타냈

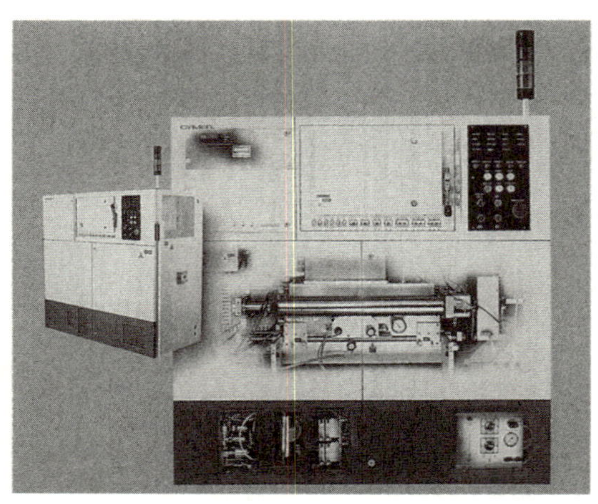

그림10. 스테퍼용 KrF 엑시머 레이저

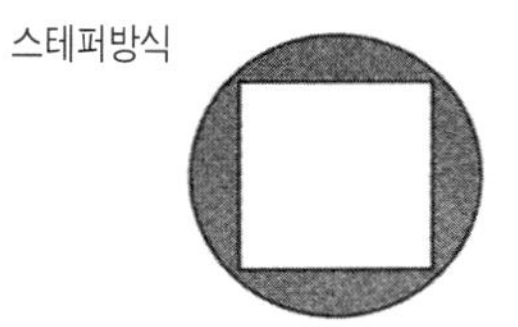

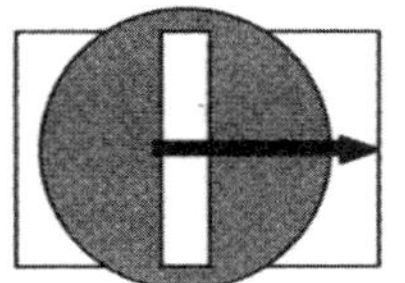

렌즈의 노광필드에 대하여 22mm 각의 노광면적을 가진다

슬릿을 놓아 레티클, 웨이퍼를 동기하여 스캔함으로써 25mm×35mm의 면적을 노광한다.

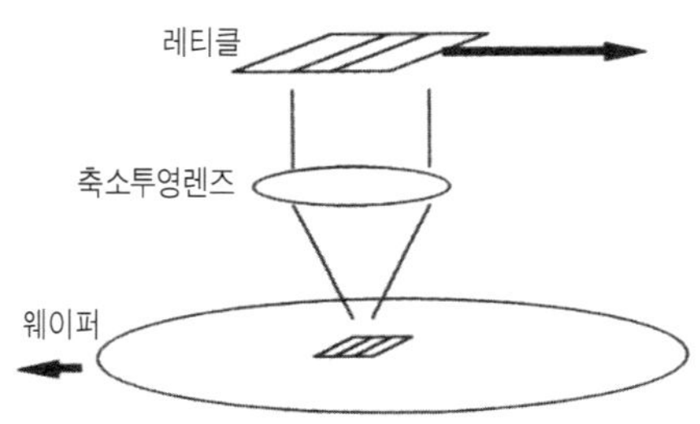

그림11. 스테퍼에 의한 스캔방식

다.

파장 248nm의 KrF 엑시머 레이저를 이용한 노광장치가 $0.25\,\mu m$ 공정에 적용되었으며, 많은 반도체 메이커는 $0.18\,\mu m$의 공정에도 KrF를 사용할 것을 생각하고 있다. 즉 광의 파장보다도 미세한 해상도의 실현이 요구되는 것이다. 이것은 과거의 리소그래피 기술의 발전에서는 보이지 않았던 것으로서 여기에는 다음과 같은 이유가 있다.

먼저, 개발투자의 회수 : i선에서 KrF 레이저로 이행된 점으로, 장치에의 투자 외에 리지스트로 대표되는 재료도 변했다. 여기에는 막대한 개발투자가 이루어져, 이것을 회수하기 위해서는 $0.25\,\mu m$의 1세대만으로는 무리가 있다고 생각되고 있다. 다음으로, ArF의 실용화 시기에 문제가 있다. KrF의 차세대 광원으로 가장 유력하다고 생각되는 ArF 엑시머 레이저(파장 193nm)의 실용화에는 아직 시간이 걸린다고 보고 있다. 또 노광장치의 기술, 즉 파장보다 미세한 해상도를 얻기 위해 필요한 신기술이 확립되어 있다는 것을 들 수 있다.

다음은 노광장치의 개별 기술에 대하여 알아본다.

1. 스캔 기술

종래의 노광장치는 step and repeat 방식이었지만 스캔 방식에서는 그림11에서 보는 것처럼 슬릿의 범위만을 노광하여, 마스크와 웨이퍼를 동기시켜 스캔한다. 이 것에 의하여 256M-DRAM이나 고기능 MPU(Main Processing Unit)에 필요한 커다란 화면각에 노광이 가능하다. 또 스캔 방식의 노광장치에는 '평균화 효과에 의한 왜곡의 감소', '노광 필드 안의 집광/레벨링이 가능하므로, CD 균일성이 높음' 등의 특징이 있어, 보다 미세한 해상도가 실현 가능하다. 그림12에 보이는 사진 'FPA 4000-ES1'도 이 스캔방식의 노광장치이다. 현재는 아직 스텝퍼 방식의 제품이 주를 이루지만, 스캔방식의 비율이 차후 확대될 것으로 예상된다.

2. 광학계 기술

노광장치의 해상도는 k_λ(계수) $\times \lambda$(파장)/NA(렌즈의 개구수)로 나타내다. k는 리지스트 특성이나 위상변위 등의 초해상 기술을 반영한 계수이다. 이 계수를 작게 하려는 다양한 기술이 개발되어, 노광장치에 요구되는 렌즈나 조명계의 개발이 이루어지고 있다. 또 NA는 노광장치 렌즈의 사양이지만, 현재 0.6~0.63 정도의 제품이 사용되고 있다. 그리고 0.65~0.70 정도의 렌즈의 개발이 진행되고 있다. 일반적으로 렌즈의 개구수를 크게 하기 위해서는 렌즈의 직경을 확대하지 않으면 안 된다. 고정밀도 가공은 아주 어려운 기술이지만 어느 정도 양산 가공기술의 길

그림12. KrF 엑시머 레이저 탑재 스캐너

이 다져지고 있다.

3. CMP(Chemical Mechanical Polish : 화학적 기계연마)의 대응기술

노광장치의 초점심도는 k_2(계수) $\times \lambda$(파장)$/(NA)^2$으로 표현된다. 종래에는 노광면이 평탄하지 않으므로 초점 심도를 크게 할 필요가 있어 NA에 제약이 있었다. 그러나 CMP 기술의 실용화에 의해 평탄화된 면을 노광하면 좋으므로, NA에 자유도가 커져 해상도를 향상시키는 것이 가능하게 되었다. 그런데 평탄화된 웨이퍼는 노광장치에 대한 정렬(위치결정)이 곤란하다는 새로운 문제가 발생했다. 여기에 대하여, 디바이스(칩) 제조사와 가공장치 제조사의 협력에 의해 문제해결이 급속히 진전되고 있는 상황이다.

이상과 같이 엑시머 레이저 기술의 진전에 의해 리소그래피의 실용화가 발전한다. 그러나 반도체 제조공정에 널리 쓰이기 위해서는 아직 몇 개의 해결되지 않은 과제가 있는 것이 사실이며, 그 대표적인 예를 기술한다.

(1) 가격의 삭감 : 현재의 레이저는 노광장치의 가격이 상당부분 점유하고 있다. 각 반도체 제조사는 COO(Cost Of Ownership)의 시점에서 효율이 좋은 설비투자를 하는 것을 깊이 생각하고 있다. 엑시머 레이저의 기간(基幹) 부분은 소모품이 되므로 이것의 교환 가격이 막대하게 된다. 수년전과 비교하여, 이러한 수명은 대폭 개선되었지만 새로운 개선이 강력하게 요구되고 있다.

(2) 펄스의 안정화 : 차후 시대의 주류가 될 것으로 생각되는 스캔 방식은 좁은 슬릿을 통과하여 노광하므로, 펄스가 안정화되어 있지 않으면 상의 성능에 영향을 주기 쉬워진다.

(3) 고출력화 : 각 반도체 제조회사는 설비의 투자효율을 매우 중요하게 생각하므로, 노광장치의 생산성을 강하게 의식하고 있다. 장치의 throughput[2] 향상에 대한, 레이저의 고출력화는 중요한 역할을 맡고 있다. 종래의 600Hz 레이저 대신에 현재는 1kHz 레이저가 주류로 되어 출력도 상당히 커졌으나, 새로운 진전이 기대되고 있다.

---

2) 역주 : 단위시간당 웨이퍼 생산량, 예 : 100 wafers/hour

(4) 스펙트럼 폭 : 렌즈의 개구수 NA가 커지면 각종 수차가 발생하기 쉽다. 이 것을 억제하게 위한 한 가지 수단으로, 레이저의 스펙트럼 폭을 작게 하는 것이 노광장치 측에서 강하게 요구된다.

계속해서 $0.18\,\mu m$ 이상의 미세 선폭 디자인을 생각해 본다. 현재 KrF 엑시머 리소그래피를 이용하여 $0.15\,\mu m$를 가공할 수 있는지에 대한 검토결과는 아직 얻어지지 않았다. 또한 ArF 엑시머 리소그래피 실용화의 목표 선폭은 $0.18\,\mu m$ 디바이스의 제2세대로 예상되는 $0.15\,\mu m$이며, 달성시기는 2002년도이다. 장치 제조사가 노광장치의 시제품을 공급하는 것은 1999년도이다. 시제품 노광장치 공급 이후 대략 1년반에서 2년 사이에 공학적 샘플(engineering sample)을 출하할 기술을 확립하지 않으면 안 된다. 이 계획을 달성하기 위해서는 지금까지와는 다른 빠른 개발속도가 필요하다.

그림13에 NA 0.60의 시험장치를 이용하여 패턴을 형성한 결과를 보인다. 0.5 μm의 두께로 실리콘 기판 위에 형성했다. 초해상기술은 아무 것도 이용하지 않았다. $0.13\,\mu m$의 분리해상도가 얻어졌으나, 아직은 $0.16\,\mu m$까지의 해상도가 가능하다. 강도는 $300mJ/cm^2$이다.

당초, 노광 광학계의 유형으로 완전굴절 시스템으로 할 것인지 반사 시스템으로 할 것인지에 대한 토론이 있었으나, 지난 1년 사이의 경과에서 판단하면, 합성 석영과 플루오르화칼슘(CaF_2)을 이용하여 색소처리한 완전굴절계의 광학계로 결정될

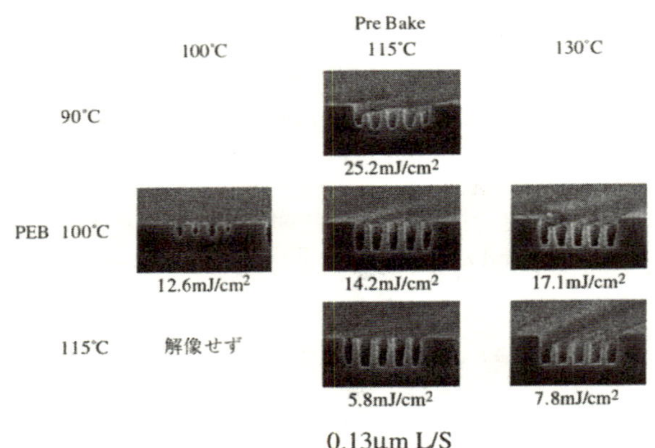

그림13. 지환족계(指環族系) 리지스트를 이용한 $0.13\,\mu m$ 패턴

것으로 본다. 그림14에는 NA 0.60의 시험장치를 이용하여 0.12 μm 폭의 로직회로 및 DRAM 제작을 위한 패턴 전사 결과를 보인다. CrF계의 half tone 위상전이 마스크를 이용하여, 0.4 μm의 리지스터를 이용하고 있다.

텅스텐 실리사이드를 이용한 타겟 구조 위에 실리콘 옥시나이트라이드 막을 이용한 반사 방지막에 패턴을 형성하고 있다. 0.12 μm의 양호한 패턴이 형성되어 있다. 이것은 어디까지나 최고의 데이터이지만 차후 ArF 광학계에 의한 고NA화나 리지스트의 진보에 의하여 대략 0.13 μm를 단층 레지스트에서 가공할 수 있음을 보이고 있다. 남아있는 과제는 공정 마진의 확대를 어느 정도 할 것인지이다.

위에서 기술한 ArF 엑시머 리소그래피의 현황과 차후 기대되는 진전에 의해서 0.13 μm 정도까지는 확실히 가능하다고 생각된다. 그러면 0.10 μm를 생각한다면 어떻게 될 것인가? 그림15는 NA 0.60의 시험 노광장치를 이용하여 0.09 μm의 패턴을 형성한 경우의 사진이다. 양호한 형상으로 해상되었다. 시릴화 공정을 레빈슨 위상전이(Levinson Phase Shift) 마스크와 조합하여 형성했다. 즉 ArF 엑시머 리소그래피의 연장선에서 가능성 있는 것으로서, ArF 엑시머 리소그래피 이후의 기술 구축도 계획할 필요가 있다.

후보가 되고 있는 기술은 등배율 X선, 전자빔 direct writing, SCALPEL (Scattering with Angular Limitation Projection Electron-Beam Lithography),

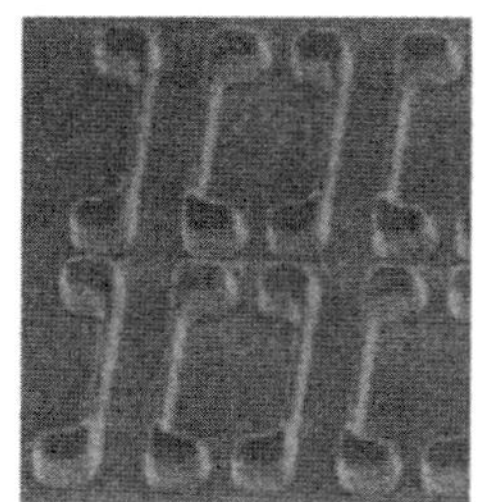 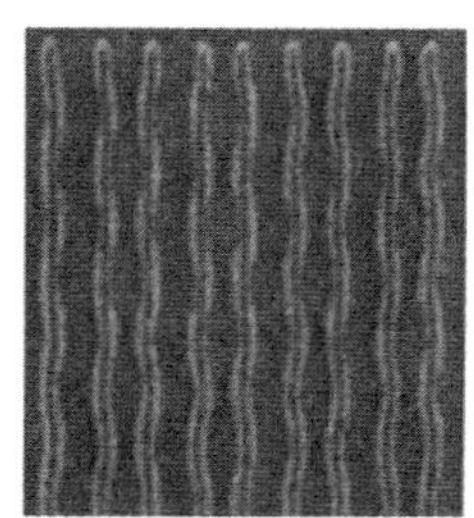

그림14. ArF 엑시머 리소그래피를 이용한 0.12 μm 패턴 형성 예

그림15. ArF 엑시머 리소그래피를 이용한 0.09 μm 패턴 형성 예

IPL(Ion Beam Projection Lithography) 이외에, 파장 157nm의 F_2 레이저, 파장 126nm의 Ar_2 레이저 및 파장 13nm의 극자외선(EUV: Extreme Ultra Violet) 등이 있다. $0.10\,\mu m$의 실용화 시기는 2007년이며, KrF나 ArF 엑시머 리소그래피의 개발 경위 및 그 개발의 난이도를 생각하면, 올해 안으로 본격적인 개발에 착수할 필요가 있다고 생각된다.*

---

* 역주 : 2004년 말 현재 극자외선 리소그래피 연구는 니콘, 캐논, ASML 등이 액침(液浸) 기술 이후 45nm 이하의 미세가공을 위한 해결책으로서 노광장치개발에 주력하고 있다. 13.5nm의 파장을 내는 광원으로 레이저플라즈마(LPP: Laser Produced Plasma)와 방전플라즈마(DPP: Discharge Produced Plasma)가 동시에 연구개발되고 있다. 이 외에 EUV 광학계, 마스크, 리지스트 연구개발을 포함하여 막대한 연구비 투자가 필요하여 미국, 일본, 유럽 각국은 정부와 여러 회사들이 투자하는 연구개발 콘소시엄을 구성하여 EUVL의 상용화에 박차를 가하고 있다.

제1부의 요약

20세기 최대의 발명은 트랜지스터와 레이저와 컴퓨터이다. 지금 이것들이 서로의 특징을 살리며 융합하여 새로운 시대를 만들어 가고 있다. 기술대국 일본에 있어서는 자동차와 반도체 집적회로가 하이테크 기술의 쌍벽을 이루고 있다. 레이저는 그 자체로 대산업을 형성할 정도에 이르지는 않지만, 다른 산업을 지원하는 기술로서 중요한 역할을 하고 있다. 즉 자동차 산업에서도 레이저 절단이나 레이저 용접을 위한 로봇의 개발이 진행되며, 레이저 로봇의 도입에서는 일본의 자동차 제조사가 세계의 절반 이상의 레이저 로봇을 채용하고 있다.

또 다른 영웅인 반도체 제조분야에 대한 레이저의 역할은, 1997년에 스테퍼 탑재가 결정된 이래 급속히 중요 기술이 되었다. 한편, 집적회로의 제작용 광원으로 지금까지의 개발진도를 보면 많이 늦어졌다. 미세화가 진전됨에 따라 짧은 파장의 빛이 필요하게 되는 점과 진공 자외(紫外)의 파장에 들어감에 따라 지금까지의 광 스테퍼 기술의 연장선상에서 멀어질 것으로 예상된다. 종래의 광응용기술이 어디까지 사용될 것인가? 어느 시점이 되면 새로운 개념이 필요해질 것인가?

레이저를 보면, KrF 엑시머 레이저와 ArF 엑시머 레이저가 본격적으로 탑재를 향한 걸음을 시작했고, 기대에 부응하기 위한 기술개발도 진전하고 있다. 그 다음에 올 것으로서 157nm의 F_2 레이저, 146nm의 Kr_2 엑시머 레이저, 135nm의 ArKr 엑시머 레이저, 126nm의 Ar_2 엑시머 레이저 등이 유망하다.

희귀기체 엑시머 레이저의 개발도 국내외에서 개시되었으며, 가까운 시기에 반도체 제조기술에 커다란 선택의 가지를 하나 더할 것이다. 한편 광기술의 연장선에 있지는 않지만, 레이저 생성 플라즈마에 의한 극자외선(EUV) 투영계도 선택할 사항 중의 하나이다. 이러한 기술에서는 0.1 μm 이하의 미세화가 가능하다.

초단펄스 레이저의 개발에 의한 연X선(Soft X-ray) 발생장치도 소형이 될 것이다. 타겟 재료도 지금까지의 금속고체에서 얼음이나 희귀기체 제트가 개발되고 있으며, 회절격자 등의 광학계를 오염시키지 않고 고효율로 극자외선 발생이 가능하다. 다층막의 반사경도 고반사율을 향하여 개발이 진행되고 있다.

리소그래피 이외에는 이 글에도 있듯이 웨이퍼 클리닝 기술이나 마스크 클리닝 기술과 같이, 레이저 애블레이션이 중요한 기술이 될 것으로 생각된다. 반도체 제조에 관한 기간장치나 주변장치에 레이저가 중요해지고 있으며, 아주 재미있는 시대가 될 것이다. 탄생에서 40년 가까이 되어, 인간으로 말하면 불혹의 연령을 맞이하고 있는 레이저가 새로운 시대를 만들고 있다. 정말로 빛이 활약하는 시대가 도래했다.

제 2 부
전기 · 전자 산업분야

제조업에서는 공업제품의 고부가가치와 다품종 적량생산, 지구환경·생태계와의 조화 등이 추구되고 있다. 고속·고정밀도 가공, 고정밀도 장치, 신소재의 가공, 플렉서블한 가공, 깨끗하고 자원을 절약하는 가공 등을 가능하게 하는 레이저 가공은 이러한 제조업에서 온갖 기술과제의 해결책으로 많이 적용되고 있다. 이를 위해 레이저 가공은 제조업에 한층 활발하게 도입되었으며, 전기·전자 산업분야에서도 움직임이 현저해졌다.

전기·전자 산업분야에서 실용화되고 있는 대표적인 레이저 가공 응용예를 표1에 나타냈다. 여기에 있는 예에서도 알 수 있듯이, 회로부품·전자기기·전원 등

제품 구분	대표적 제품 예	레이저 가공 응용 사례
회로부품	LSI, 액정 회로	마스크·회로의 수리, 폴리 Si 어닐링
	칩 회로부품	칩 부품의 트리밍, 각종 마킹
	실장(實奬)기판	고밀도 실장 기판의 비어홀 천공
	기구 부품	릴레이, 커넥터 등의 점 용접
	광모듈	광모듈의 정밀 용접
전자기기	디스플레이	전자총의 용접, TFT LCD의 어닐링
	하드 디스크	하드디스크의 텍스쳐 가공
	프린터	잉크젯 노즐의 천공
	휴대전화·PHS	키패드 등의 마킹
전원	리튬 전지	금속 케이스 밀폐용 씰 용접
	박막 태양전지	태양전지 모듈 형성용 패터닝

표1. 전기·전자 산업의 대표적인 레이저 가공 예
(공통 목적 : 고성능화, 고기능화, 고신뢰도화, 클리닝화, 저가격화)

의 각종 영역에서 다양한 레이저 가공이 광범위하게 도입, 보급되고 있다. 전기·전자 산업에서의 가공용 레이저는 많은 경우 발진동작 형태가 다양하고 유연성이 뛰어난 YAG 레이저가 이용되고 있다. 그러나 가공목적에 따라 자외선 영역이나 중적외선 영역에서 고효율인 엑시머 레이저나 CO_2 레이저가 이용되고 있다.

고첨두출력의 짧은 펄스 발진출력이 쉽게 얻어지는 Q스위칭 발진을 이용한 YAG 레이저 가공기는 수리(repairing), 트리밍(trimming), 마킹(marking) 등 마이크로 가공용으로 전기·전자 산업계에 광범위하게 보급되고 있다. 또 YAG 레이저광은 그 발진파장이 $1.06\,\mu m$의 근적외선 영역이어서, 저손실 광섬유를 이용하여 유연하게 고효율로 출력을 전송한다. 광섬유와 조합된 YAG 레이저 가공기는 전기·전자 산업분야에서 전자총이나 릴레이, 광모듈 등의 스폿 용접, 전지나 적층 트랜스, 압력 센서 등의 틈새(shim) 용접용으로 많이 이용된다.

멀티미디어 기기의 고기능화, 휴대전화기의 소형·고성능화 등의 요구에 따라 전기·전자 분야에서의 레이저 가공은 박막구조 가공의 미세화와 대면적 박막 고효율 가공의 양 극을 향한 기술이 근래 한 단계 진전되었으며, 단파장·단펄스에 의한 가공, 고펄스 에너지에 의한 대면적 일괄 가공 등이 활발하게 연구되고 있다.

제 4 장
엑시머 레이저 어닐링법으로 제작된 다결정 실리콘 TFT LCD

최근 차세대의 대표적 디바이스로 주목되고 있는 드라이버 일체형 다결정 실리콘(Polycrystalline Si : Poly-Si) TFT LCD를 실현하기 위해 중요한 결정화 기술의 하나인 엑시머 레이저를 이용한 어닐링법(Eximer Laser Annealing : ELA)의 개발 현황과 Poly-Si TFT LCD에 대해 기술한다.

레이저를 이용한 어닐링법은 일반적으로 YAG, CO_2, Ar 레이저 등을 조사하여 시료 전체의 온도를 상승시켜 열적으로 가공하는 방법이다. 그런데 Poly-Si TFT LCD의 경우, 기판에 열적 손상을 주는 일 없이 결정화시킬 필요가 있다. 그러므로 시료 전체가 가열되는 방법은 적용이 불가능하다. 여기서 시료의 표면만 가열 가능한 엑시머 레이저 어닐링법이 제안되어 저융점의 유리와 플라스틱 위에 고품질의 Poly-Si막을 형성하게 되었다. 그러나 당초 엑시머 레이저의 광출력이 낮고 안정성이 떨어지며, 정형화된 빔의 균일성이 나쁜 것 등의 문제가 있어, 대면적 유리 기판 위에 균일한 Poly-Si막을 얻는 것이 불가능했다. 최근 엑시머 레이저를 포함한 어닐링 장치의 개량이 진전되어, ELA법이 Poly-Si TFT LCD의 양산 라인에 도입되기까지 이르렀다.

그림1에 ELA 장치의 개략을 보인다. 레이저광은 거울, 빔균일기(homogenizer)에 의해 반사되어 a-Si막을 입힌 유리 기판 위에 광밀도 약 $300\sim400\mathrm{mJ/cm^2}$로 조사한다. 엑시머 레이저는 펄스 발진이므로 10^{-9}초 대의 광펄스를 수~수십 펄스 조사한다. 균일하게 고품질의 Poly-Si막을 얻기 위해서, 기판을 X-Y 스테이지 위에 위치시켜, 기판을 이동시키면서 라인 위의 빔을 기판 표면 전체에 걸쳐 조사하는 방법이 채용되고 있다. 이 방법은 빔과 빔이 중첩되는 영역에서 불균일한 Poly-Si막이 형성되지만, 빔 모양, 조사 펄스의 수, 기판온도의 최적화에 의해 실

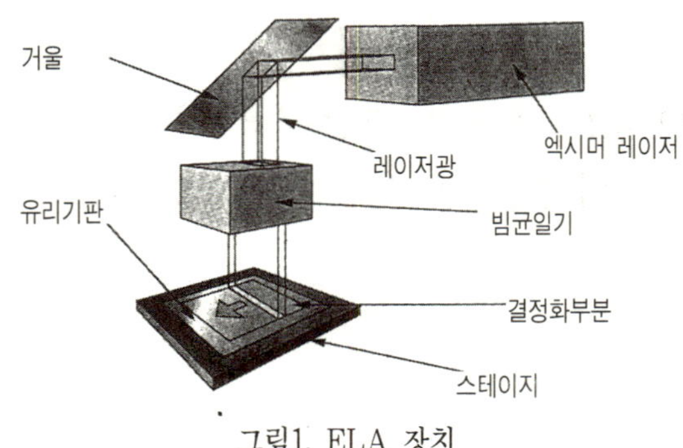

그림1. ELA 장치

용상 문제가 없는 정도까지 되었다. 한편 대출력(45J) 엑시머 레이저를 이용하여 $12 \times 16 cm^2$의 영역을 단일 조사(single shot)로 결정화시키는 방법도 제안되어 대규모 양산라인에 도입토록 검토되고 있다.

엑시머 레이저 조사에 의해 a-Si막에서 Poly-Si막이 형성되는 원리는, 일반적으로 레이저 조사와 동반하는 a-Si막의 용융과정과 냉각과정에 따른 고체화이다. Poly-Si의 경우, 특히 냉각과정이 막의 질을 크게 좌우한다. 그림2는 레이저 조사시의 기판온도를 실온 및 400℃에 설정한 경우의 Poly-Si막(막두께 : 500Å)의 주사전자 현미경(Scanning Electron Microscope : SEM) 사진이다. 기판온도를 400℃로 올리면(그림2b), 결정입자는 실온의 경우(그림2a)에 비하여 약 4배 커진다. 이는 기판온도를 올리는 것에 의해 냉각속도가 느려져 결정의 횡방향 성장이 촉진되기 때문이다. 결정입자가 커지는 과정에서 TFT의 특징이 개선되므로, ELA 조

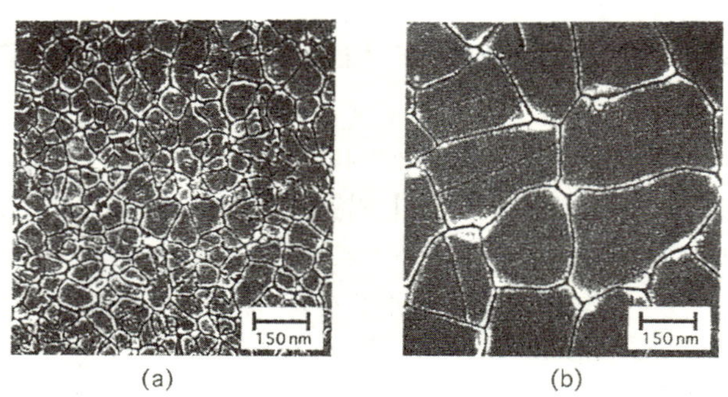

그림2. ELA법에 의해 제작된 Poly-Si막의 SEM사진
(a) 기판온도 : 실온, (b) 기판온도 : 400℃

건의 최적화는 중요하다.

Poly-Si TFT의 제작공정의 기본은 LSI 기술을 답습하고 있다. 공정의 특징은 Poly-Si 형성에서 전술한 ELA법을 이용하는 점, 새로운 배선의 저항화 및 불순물의 활성화에 고속 열처리(Rapid Thermal Annealing : RTA)법을 이용하는 점으로, 최고 공정온도를 600℃ 이하로 하여 유리 기판 위에 Poly-Si TFT를 제작하는 것이 가능하다. 이러한 저온공정을 이용하여 제작한 LCD는 일반적으로 저온 Poly-Si TFT LCD라 불린다.

일반적으로, Poly-Si TFT의 이동도(μ_{FE}~$100\mathrm{cm}^2/\mathrm{V}\cdot\mathrm{s}$)는 a-Si TFT의 이동도($\mu_{FE}$<$1\mathrm{cm}^2/\mathrm{V}\cdot\mathrm{s}$)에 비하여 약 100배 높은 점에서 화소의 스위칭용 TFT 크기를 작게 하는 것이 가능하여, 높은 개구 효율화, 고정밀화가 쉽게 가능하다. 또 고이동도를 가지므로 화소를 구동하는 드라이버 회로를 화소 주변에 monolithic으로 집적하는 것이 가능하다.

그림3에 드라이버 일체형 Poly-Si TFT LCD(좌)와 TAB(Tape Automatic Bonding)방식에 의한 구동형 LSI를 붙인 a-Si TFT LCD(우)를 나타냈다. Poly-Si TFT LCD는 a-Si TFT LCD의 구동에 이용되는 주변의 LSI를 패널 내부에 집어넣는 것이 가능하므로 소형 · 경량화, 저가격화, 전력 절감화가 된다.

ELA법에 의해 유리 기판 위에 고성능의 Poly-Si TFT 제작이 가능해져서 현재의 TFT를 이용한 드라이버 일체형 저온 Poly-Si TFT LCD가 시판되기까지

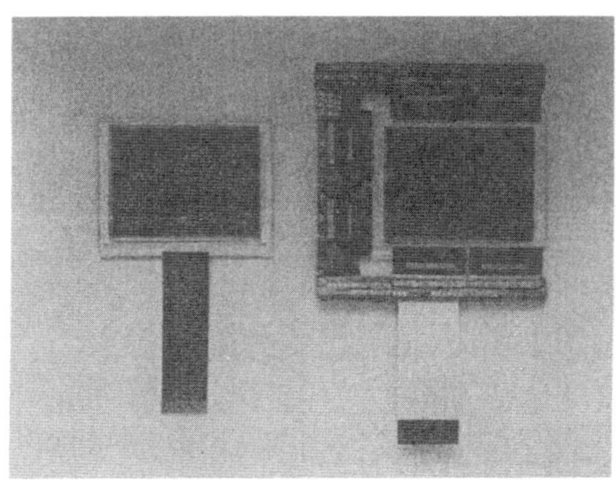

그림3. 드라이버 일체형 Poly-Si TFT LCD(좌)와 드라이버 회로를 TAB방식으로 붙인 a-Si TFT LCD(우)

이르렀다. 표2, 그림4에는 대표적인 Poly-Si TFT LCD의 특징 및 표시 예를 보인다. Poly-Si TFT LCD의 화소수는 a-Si TFT LCD의 약 3배, 개구율도 약 1.5배이고, 고정밀도 미세구조로 밝은 LCD가 얻어진다.

엑시머 레이저의 고출력화, 안정성·신뢰성의 향상에 의해 대형 유리기판 위에 형성한 a-Si막을 균일하게 결정화하는 기술이 확립되어, LCD 분야에 새로운 한 장을 열었다. 차후 엑시머 레이저의 특성이 개선되어감에 따라, 시스템 온 글래스 (system on glass)로 대표되는 각종 기능을 탑재한 저온 Poly-Si TFT LCD가 개발될 것이다.

항목	사양
화상 크기	대각 2.4 인치
화소수	320×3×240
화소 배열	스트립
개구율	55%
콘트라스트 비	> 300 : 1

표2. 대표적인 저온 Poly-Si TFT LCD의 특징

그림4. 저온 Poly-Si TFT LCD의 표시 예

제 5 장
하드디스크의 레이저 텍스쳐 가공

하드디스크의 기록밀도는 현재 수 $Mbit/mm^2$에 이르고 있다. 이 고기록 밀도화를 떠받치는 기술로서 자기헤드 기술과 하드디스크 기술이 있다. 이와 관련된 최근의 진전으로, 자기헤드에 관해서는 고감도 · 고분해능의 MR헤드나 GMR헤드의 기술개발 등이 있으며, 또 하드디스크에 관하여는 저잡음 자성층의 생성기술, 저부상화(低浮上化)를 위한 평탄성이 높은 하드디스크 기판의 개발 등을 들 수 있다.

자기 디스크 장치에서는 회전하는 자기디스크와 세로 방향으로 탐색하는 자기헤드와의 상대운동에 의해 시간적 정보를 위치적 정보로 자기(磁氣) 기록한다. 이 경우에 하드디스크와 자기헤드가 비접촉으로 정보교환이 일어나는 곳에 최대의 특징이 있다. 비접촉이므로 기계적 신뢰성을 높이는 반면, 헤드가 떨어져 있는 것 만큼 자기장의 분해능이 저하되어 기록밀도가 제한된다. 이를 위해 자기헤드 부상량의 저감은 중요한 기술개발 테마이다.

여기서는 자기헤드의 저부상화 기술의 중요한 기술인 레이저 텍스쳐링 가공기술에 대하여 기술한다.

자기헤드의 최근 부상량은 40nm-50nm이다. 동작 시에는 회전하면서 하드디스크의 자기헤드가 면 위를 40-50nm 부상하여 이동한다. 하드디스크의 표면의 구조

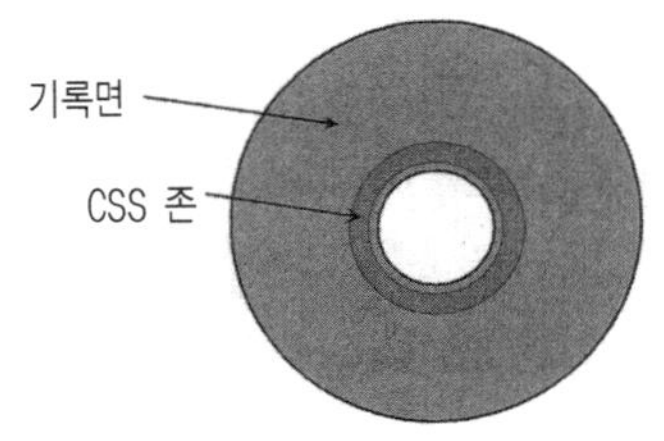

그림5. 하드디스크 표면의 구조

를 그림5에 나타냈다. 자기헤드는 동작이 종료되면 하드디스크의 내부 원주 근방에 위치한 CSS(Contact Start/Stop) 존에 정지한다.

종래 기술에서는 CSS 존에 기계적 방법에 의해 긁힘을 만들어, 약 100nm 전후의 긁힘에 의한 부풀림을 발생시켰다. 이 기술은 기계적 텍스쳐링이라 불리며, 현재는 가공 제어성에 관련된 기술적 한계에 접하고 있다. 기계적 방법에 의한 종래 기술의 CSS 존 범위의 제어는 약 $\pm 200\,\mu m$가 한계이다. 또 부풀림 값의 제어가 아주 어렵고, 높이의 제어는 약 100nm가 한계이다.

이러한 종래의 기계적 수법은 가공정밀도에 기술적 한계가 있어서, 최근에는 레이저에 의한 텍스쳐링 가공이 주류가 되었다. 레이저에 의한 텍스쳐링 가공을 함에 따라, CSS 존 범위의 제어를 $\pm 20\,\mu m$까지 높이는 것이 가능하여, 기록면의 이용범위를 최대한계까지 활용하는 것이 가능해졌다. 또 자기헤드의 부상량에 대한 중요한 값인 텍스쳐(범프) 높이의 제어는 50nm에서 10nm 정도까지 설정 가능하다.

CSS 존에 대해 레이저 텍스쳐 가공 예를 그림6에 보인다. 이 경우 범프의 가공직경은 범프의 링 모양 윗부분 외주(外周)에서 약 $\phi 10\,\mu m$이다. 이 가공 예는 편광현미경으로 촬영한 것이다. 또한 보다 가공경이 작은 가공 예로서 약 $\phi 2\,\mu m$의 가공 예를 그림7에 보였다. $\phi 2\,\mu m$에서는 편광현미경으로도 촬영이 어려우므로,

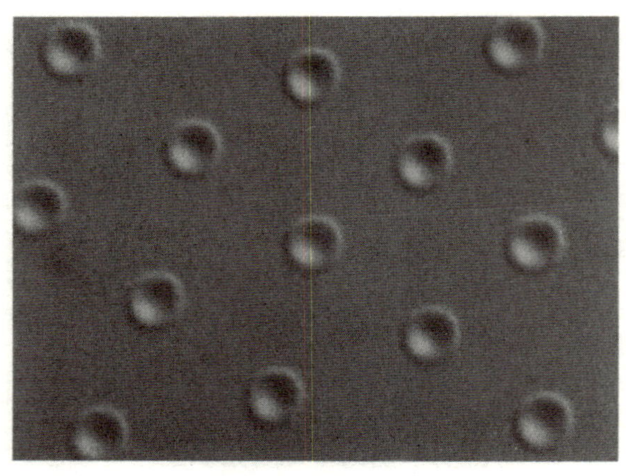

그림6. CSS 존의 레이저 텍스쳐 가공 예

범프의 가공 직경 : 약 $\phi 10\,\mu m$

표면거칠기 측정계를 이용한 입체계측을 했다. 그림7은 미국 Phase Shift사 제품 MicroXAM에 의한 3차원 가공 예이다.

　이러한 가공 예에서 쉽게 알 수 있듯이, 레이저 텍스쳐 가공에 의하면, 가공 피치 간격을 변화시켜 범프의 분포밀도를 쉽게 바꿀 수 있다. 또 범프의 가공 높이는 레이저 출력을 제어하는 것으로 바꿀 수 있다. 그리고 가공 직경은 집광 대물렌즈를 교환하여 바꿀 수 있다. 또 가공범위는 가공을 위해 하드디스크를 회전시키는 스핀들 모터가 이동하는 위치를 정확하게 읽는 것에 의해 정밀제어가 가능하다. 가공 직경과 분포밀도의 관계는 통상 반비례 관계이어서, 범프의 가공직경을 작게 하는 경우에는 통상 범프의 분포밀도를 높게 한다.

　레이저의 발진 주파수가 일정할 때, 범프의 분포밀도가 높아지면 총 가공시간이 길어져서 처리능력이 저하된다. 그러므로 가공직경을 작게 하는 경우에는 레이저의 발진주파수를 높게 하는 기술적 대응을 동시에 하지 않으면 안 된다. 또 가공 높이의 안정성이 중요하다. 범프 높이의 변동 표준편차값은 통상 σ로 나타내어, 레이저 텍스쳐 가공의 경우 이 값은 1nm 이하(범프 높이 20nm의 경우)가 가능하다. 이 높이의 안정성은 가공직경에 반비례하여, 작은 가공 직경이 되면 안정성은 악화된다.

　통상 범프가공 높이의 결정 파라미터는 레이저광의 펄스 에너지이다. 광펄스 에너지는 광펄스의 첨두출력(피크 파워) 펄스 폭에 비례한다. 가공 높이의 안정성을

그림7. 미소가공 직경의 레이저 텍스처 가공 예

범프의 가공 직경 : 약 $\phi 10\ \mu m$

향상하기 위해서는 첨두출력에 시간을 곱한 값이 일정할 때, 첨두출력을 낮게 하고 펄스 폭을 길게 한 쪽이 안정성이 향상된다. 또 첨두출력이 크고 펄스 폭이 짧은 Q스위칭 광을 이용하는 경우보다 CW광을 외부에서 스위칭한 펄스화된 레이저광을 이용한 쪽이 가공 높이의 안정성이 향상된다. 또 레이저 발진의 반복율은, 현재 Q스위칭 펄스 레이저에서는 100kHz가 최대이지만, 외부 스위칭 소자로 EO(전기광학)변조기를 이용하여 쉽게 1MHz까지 높이는 것이 가능하다.

이러한 안정화 대책으로 하드디스크에 대한 레이저 텍스쳐 가공은 소가공직경, 고분포밀도화가 가능해져, 차후 한 층 레이저 텍스쳐화가 진전할 것으로 생각된다.

제 6 장
박막칩 부품의 트리머블 레이저 가공

반고정 저항기는 가변 동작부를 가지므로, 구조상 진동·충격으로 움직일 가능성이 있는 점과, 접촉점이 기계적으로 접촉하게 되어 장기간 안정성과 신뢰성을 얻는 것이 대단히 어렵다. 또 실제 사용시에 자동으로 회로 조정을 하는 것은 고도의 자동기계를 필요로 하고, 가격상으로도 문제를 안고 있다. 트리머블 박막 저항기는 YAG 레이저를 이용한 저항치의 조절에 의해 고정밀도로 고속 자동조정을 하는 것이 가능하다. 자유롭게 저항값을 조절하기 위해 트리머블 박막칩 저항기의 보호막으로 SiO_2(유리)막을 사용하고 있다. 이는 트리밍 후의 passivation을 하지 않고, 장기간에 걸친 신뢰성이 확보 가능한 점이 커다란 특징이다.

트리밍에 대해서는 저항체의 온도계수가 작으므로, YAG 레이저에 의한 트리밍을 수행할 때도 온도에 의한 영향이 적어 간단하게 고정밀 조정이 가능하다. 레이저 트리밍은 저항값의 정지 정밀도가 높고 트리밍 종료 후의 변화가 거의 없다. 따라서 간단하게 0.1% 이하의 값에 조정이 가능하다. 레이저 가공에 의한 트리밍은 광 리소그래피에 의한 패터닝과 유사한 상태가 얻어지므로 상당히 광범위한 저항값의 조절이 가능하다. 이를 위하여 트리밍 전 값의 몇 배 (현재 최대 15배)의 저항값까지 정밀하게 조절할 수 있다.

그림8에 트리머블 박막칩 저항기의 외관을 보인다. 또 단면구조의 한 예를 그림9에 보인다. 트리머블 박막칩 저항기는 기판에 99.5%의 알루미늄 세라믹을 사용하여 이 표면에 스퍼터링법으로 저항이 되는 크롬계 금속합금 박막 및 전극 부분을 형성하는 구리합금 박막을 착막시키고 있다. 이것을 광리소그래피 기술로 패턴을 형성하여 저항소자를 만들고 있다.

고객으로 하여금 YAG 레이저에 의한 트리밍을 수행하도록 하기 위해 보호막으로 SiO_2막을 플라즈마 CVD법으로 착막을 한다. 이 SiO_2 보호막은 트리밍용의

그림8. 트리머블 박막칩 저항기
(왼쪽부터 1005, 1608, 2012 사이즈)

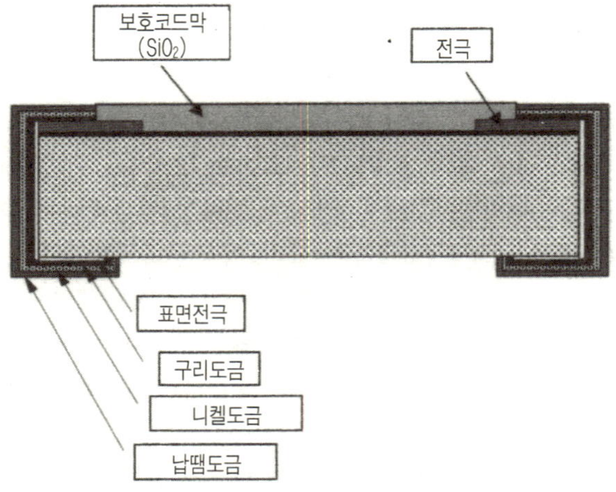

그림9 트리머블 박막칩 저항기의 단면도
(왼쪽부터 1005, 1608, 2012 사이즈)

YAG 레이저광을 흡수하지 않으므로, 저항체(박막금속)에만 레이저 에너지를 전달하는 것이 가능하다. 그러므로 SiO_2막에 대한 레이저 트리밍시에 손상이 발생하지 않아 전술한 바와 같이 트리밍 후에 passivation을 할 필요가 없다.

그림10 레이저 트리밍 후의 트리머블 박막칩 저항기의 외관

YAG 레이저로 트리밍을 한 후, SEM(주사전자현미경)에 의한 보호막 표면의 관찰 및 ESCA(전자선 마이크로 분석기)에 의한 NiCr계 박막 저항의 트리밍 궤적의 표면관찰 및 조성분석을 수행하여 트리밍 원리를 확인했다. YAG 레이저로 조사한 부분의 저항체를 구성하는 박막 저항은 레이저에 의해 주어진 열에너지 때문에 금속산화물로 변화한다. 결국 박막 저항체의 레이저 조사 부분이 절연물인 금속산화물로 바뀌는 것에 의해 절연 분리되므로, 전류의 경로를 변화시키는 것이 가능하여 저항값의 상승을 얻을 수 있다.

레이저 트리밍 후의 트리머블 박막칩의 외관 예를 그림10에 보인다.

1. 저항체의 두께와 트리밍의 관계

트리밍성 평가 결과를 표3에 보인다. 박막저항체의 두께가 두꺼워지면 SiO_2에 대한 손상이 커지며, 레이저의 출력을 내릴 필요가 있다. 이는 레이저에 의한 금속의 발열량이 증가하기 때문에 막에 대한 손상이 커지는 것으로 생각된다. 또 막에 대한 트리밍성에 대하여 레이저 출력의 범위는 어떤 막의 두께에도 차이가 보이지 않는다. 이 사실로부터 박막저항체의 두께가 두꺼워 짐에 따라 트리밍 가능범위가 좁아진다. 그러나, 현상태의 막두께 범위에서는 최소 0.4~0.7W의 범위에 있어 취급상 관리 가능한 출력 범위에 있다.

레이저 출력(W)	막두께 50nm			막두께 25nm			막두께 12nm		
	SiO_2 손상	단선 상태	종합 판정	SiO_2 손상	단선 상태	종합 판정	SiO_2 손상	단선 상태	종합 판정
0.3	○	×	×	○	×	×	○	×	×
0.4	○	○	○	○	○	○	○	○	○
0.5	○	○	○	○	○	○	○	○	○
0.6	○	○	○	○	○	○	○	○	○
0.7	○	○	○	○	○	○	○	○	○
0.8	×	○	×	○	○	○	○	○	○
0.9	×	○	×	○	○	○	○	○	○
1.0	×	○	×	×	○	×	×	○	×
1.1	×	○	×	×	○	×	×	○	×

표3. 트리밍성 평가 결과 : 막두께 vs. 레이저 출력

2. 기판 표면상태와 트리밍의 관계

YAG 레이저의 출력 0.35W로 레이저 트리밍을 하는 경우 기판의 재질에 따른 트리밍 후의 상태 차이에 대해서 통상의 박막칩 저항에 사용되고 있는 96%, 99.5%의 알루미늄 기판을 이용하여 비교했다 (표4 참조). 96% 기판에 대해서는 ⑧⑨ 이외에서는 보호막에 이상(보호막 파괴)이 발생했다. 99.5%기판에서는 ①만이 보호막 이상이 발생했으나 다른 것에는 이상이 보이지 않았다. 또 96% 및 99.5%의 알루미늄 열전도율(cal/cm · se · ℃) 및 표면 거칠기는 각각 0.05, Ra = 0.4 μm, 0.07, Ra = 0.08 μm이다.

보호막 두께	저항체 막 두께		
	50nm	25nm	12nm
5 μm	①	②	③
10 μm	④	⑤	⑥
15 μm	⑦	⑧	⑨

표4. 트리밍 평가수준(알루미늄 96% 및 99.5%에 적용)

현상으로는, 트리밍 가능 범위가 좁은 99.5%에서 트리밍할 수 있으나 낮은 출력에서는 저항막의 잔사(殘渣)가 발생하고 있다. 또 99.5%에서 가능하더라도 높은 출력이 되면 박막 파괴가 발생한다. 이것은 기판 표면의 거칠기 차이 및 재질의 열전도율의 차이라기보다 레이저 트리밍에 의한 열 발생에 의한 박막의 손상이 다르기 때문으로 생각된다.

3. SiO₂ 두께와 트리밍의 관계

위 시험에서, SiO₂ 막 두께와 레이저 출력 사이에 관계가 있는 것을 알았다. 99.5% 기판에 대해 보호막 두께 5 μm의 경우 및 96% 기판에 대해 보호막 두께 15 μm의 결과를 보면, 같은 레이저 출력으로 조사했음에도 저항체의 막 두께가 두꺼워짐에 의해 보호막에 대한 손상이 커지는 것이 확인되었다. 이 사실만 보아도 박막 저항체의 막두께가 두꺼워짐에 따라 동일 출력이라도 발열량이 커져 보호막에 손상을 주는 것이 확인되었다. 또 막두께가 두꺼워질수록 보호막의 두께도 두꺼워질 필요가 있는 것을 알았다. 이는 레이저에 의한 손상 때문이 아니라 발열에 의한 팽창의 문제이기 때문에 기계적인 강도가 필요한 것으로 생각된다.

이상의 사실에서 SiO₂를 보호막으로 사용함으로써 보호막을 파괴하는 일 없이 레이저 가공에 의한 트리머블 박막칩 저항기 제조가 가능하다는 것을 알았다. 조건으로는 표면 거칠기가 작은 기판의 사용과 보호막의 두께를 관리하는 것이 필요하다. 이러한 결과로부터 현재는 99.5%의 부드러운 알루미늄 기판을 시용하여 보호막 두께를 15 μm 정도로 하여 제조를 하고 있다.

박막의 트리머블 저항기는 트리밍 조건에 관계없이 금속박막의 특성을 충분히 살리는 것이 가능한 저항기이며, 높은 안정도, 가동부분이 없는 점에 의해 장기간의 안정성, 또 트리밍의 용이함에서 현재는 진동, 충격이 많은 기기, 온도조건이 심한 기기, 예를 들면 자동차용 기기, 핸디 무선마이크, 휴대전화기, 노트북 컴퓨터의 전원(AC/DC 콘버터) 등에 그 특성을 살려 소형화 등의 장점이 이용된다. 장기 안정성에서 하이브리드 IC나 측정기의 헤드 부분, 또 자동조정이 가능한 장점도 살려 응용이 증가하고 있다.

제 7 장
레이저 가공에 적절한 광가공성 유리의 개발

유리는 주택, 빌딩, 자동차의 창유리 등 생활에 밀접한 재료일뿐만 아니라 고도의 첨단기술 중에도 광섬유, 광통신용 각종 광학부품, 디스플레이용 유리 등에 폭넓게 사용되고 있다. 유리재료의 가공방법은 연삭, 연마, 에칭 등이 그 목적에 따라 이용되고 있다. 최근 광통신 등의 광학부품의 제작·실장(實奬) 등에서 유리의 미세가공을 저가격으로 해야 할 일이 많으며, 레이저를 이용한 가공방법의 확립이 하나의 후보로 생각되고 있다. 그럼에도 불구하고 유리의 레이저 가공에 관하여는 한정된 형태 밖에 사용되지 않고 있으며, 아직 충분한 진전을 보이지 않는 현황이다.

통상의 유리는 SiO_2를 주성분으로 하여, 목적에 따라 Al_2O_3, Na_2O, CaO 등의 산화물을 혼합하여 재료화 한다. 이러한 유리는 많은 경우 가시영역에서는 투명하지만 자외선 영역에서는 흡수를 점점 증가시킨다. 레이저 가공을 할 경우, 가공에 이용하는 파장에 대해 재료가 어느 정도 흡수할 필요가 있다. 일반적인 유리의 경우는 단파장 레이저에 의한 가공이 필수적이다. 전부터 193nm의 파장에서 발진하는 ArF 엑시머 레이저가 적용되어 왔다. 이 보다도 더 긴 파장의 레이저에 의한 유리 가공의 경우, 레이저광의 침투 깊이가 깊어짐에 따라 깨짐이나 손상이 발생하기 쉬워 미세한 가공을 하기에는 불충분한 상태이다. 엑시머 레이저 기술이 진보한 현재에는 자외선 레이저를 사용하는 것도 가능하나, 가공가격과 유지의 면을 생각하면 레이저 가공의 보급에는 역시 Nd : YAG 레이저 등의 고체 레이저의 사용이 요구된다. 이러한 점이 유리의 레이저 가공기술의 발전에 장벽이 된다고 생각된다.

그런데 최근, 은이온으로 이온교환한 유리는 193nm 보다 긴 파장에서 레이저 가공성이 극적으로 개선되어, YAG 레이저의 사용이 가능하다는 것이 알려졌다.

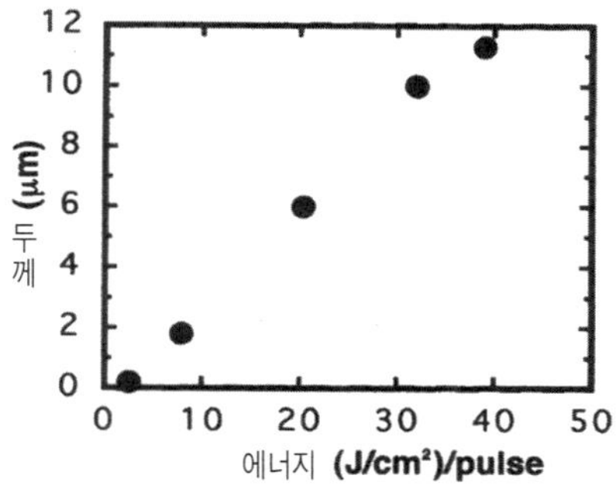

그림11. 355nm에서 레이저 에너지 밀도와 가공량의 관계

이러한 레이저 가공에 적합한 유리를 우리는 '광가공성 유리'라고 부르며, 아래의 특성을 가지고 있다.

(1) 가시영역에서 자외선 영역의 빛으로 가공이 가능

(2) 가공에 따른 깨짐이나 손상이 발생하지 않는다.

(3) 가공량(加功量)이 레이저광 에너지에 의해 조절 가능하다.

유리의 이온교환은 종래부터 잘 알려진 현상이다. 통상의 다성분계 유리에는 Na^+가 포함되어 있다. Na^+는 유리 안에서 이동도가 높고, 다른 1가 양이온을 포함한 용융염(溶融鹽) 중에서 처리함으로써 유리 중의 Na^+와 용융염 중의 다른 이온과 이온교환을 하는 것이 가능하다. 종래부터 Na^+와 K^+의 이온교환이 강화유리에 이용되어 왔다. K^+는 Na^+보다 이온 반경이 크므로, 유리 표면에 압축응력을 생성시킨다. 은을 이온교환하는 경우에는 질산은 등의 염을 용융시켜 그 안에서 유리를 처리한다. 표면에서 Na^+가 용출되고 그 대신 Ag^+가 유리 중에 진입하여 은을 포함한 유리가 된다. Ag^+는 Na^+와 이온반경이 거의 같으므로, 이온교환 후에 유리 내부에 왜곡이 생기지 않는다. 물론 이 공정은 표면의 반응이며, 전체를 이온교환하려면 그에 따른 시간을 요구하는데, 표면 미세가공을 염두에 두는 경우에는 30분에서 1시간 정도 처리로 충분하다.

한편, 유리 안에 은을 미리 용융하는 방법도 생각할 수 있으나, 은을 어느 일정량 균일하게 유리 중에 용해시키는 것은 어려워 아주 특수한 조성에 한정되고 만다. 이것에 비하여, 이온교환법은 Na^+를 포함하는 유리이면 적용이 가능하며 광범위한 응용이 가능하다.

은이온 교환한 유리가 레이저 가공에 적절한 이유는 아직 불분명한 점이 많다. 주된 요인은 레이저광 조사에 따른 은의 콜로이드가 유리 안에 석출되어, 흡수계수를 크게 하는 점을 들 수 있다. 이 외에도 이온교환에 의한 물성의 변화가 그 특징을 보이는 것으로 생각되고, 차후에 밝혀질 부분이 많다.

레이저를 이용하여 미세가공을 하기 위해서는 절삭량을 어느 정도 조절할 수 있는가가 중요하다. 그림11에 보인 것과 같이 가공량과 에너지양은 비례관계에 있어 레이저 가공에 적절하다는 것을 알 수 있다. 한편 이온교환하지 않은 유리에서는 가공량이 일정하지 않아 미세한 가공에 적절하지 않다. 가공량이 일정하지 않은 것은 깨짐 등에 기인하는 부분이 많으며 정확성이 정해지지 않은 것으로 생각된다.

위에서 기술한 바와 같이 레이저 가공성을 가지는 유리를 이용하여 회절격자를 제작할 수 있다. 회절격자는 표면에 미세한 요철구조를 갖는 광학소자로, 광의 회절현상에 기초한 분광소자로 이용되고 있다. 일반적으로는 부드러운 금속을 다이아몬드로 정확하게 조각하며, 이것을 마스터로 하여 수지성형으로 제작한다. 또 리지스트 등을 이용하여, 2광속 간섭노광으로 미소한 요철을 제작하기도 한다.

2광속 간섭을 이용하여, 레이저광의 에너지를 애블레이션 임계치까지 올려, 앞에서 기술한 광가공성 유리에 조사하면 회절격자를 얻을 수 있다. 그 표면의 AFM 상을 그림12에 보였다. 가공에는 펄스 Nd : YAG 레이저의 제3 고조파인 355nm의 광을 이용했다. 펄스 에너지는 200~300mJ 정도였다. 레이저 발사 수는 10~20회 정도이므로, 수 초만에 가공이 종료된다. 회절격자에서는 특정 파장의 회절효율을 높이기 위해 요철형상을 비대칭으로 한 braze grating이 중요하다. 그러한 가공도 조사(照射)방향을 연구하면 가능하다.

소개한 회절격자 제작 이외에 미세한 구멍 가공, 유리 위에 긴 홈 등도 제작 가능하다. 그림13은 KrF 엑시머 레이저(248nm)로 가공한 예이다. 이 가공에서는 구멍이 열린 금속 마스크를 전사하는 방법으로 가공했다. 이온교환하지 않은 유리에서는 구멍이 생기기 전에 깨져서 주변이 날아가 버리지만, 이온교환한 것은 배열이 깨끗하게 된다. 이 예에서는 $100\,\mu m$ 두께의 유리를 이용하고 있다. 이러한 구멍 배열은 광섬유의 가이드 구멍으로 응용이 기대되며, 반도체 레이저와 광섬유로 구성된 장치 등에서 유용한 부품이 될 것으로 생각한다.

유리의 가공에 있어서 기계가공으로는 $100\,\mu m$ 이하 직경의 구멍 가공은 어렵다. 또 광리소그래피와 에칭을 조합한 가공은 수 μm 이상의 두께를 가공하기에는 시간이 걸리는 공정이다. 레이저 가공은 이러한 종래의 가공방법으로는 어렵다고 생각되던 크기의 영역에서 그 특징을 발휘할 가능성을 가지고 있으며, 차후의 전개가 기대되고 있다.

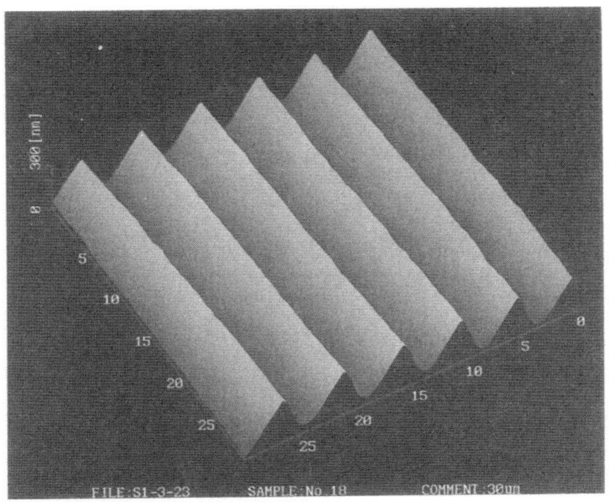

그림12. 레이저 가공으로 제작한 회절격자의 AFM 상

(피치 : 5 μm, 두께 : 0.5 μm)

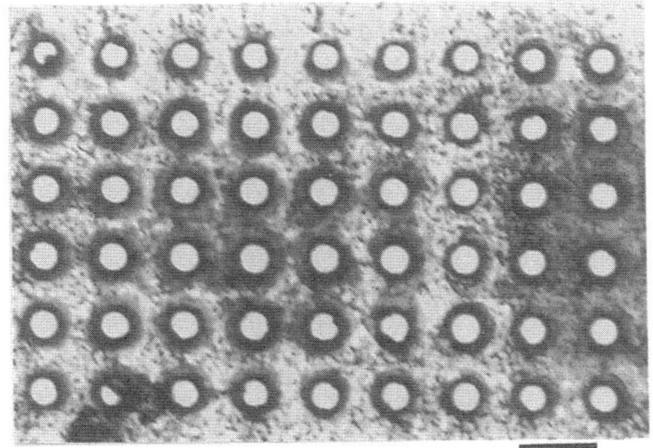

그림13. 레이저 가공으로 제작한 미소구멍 배열

(유리두께 : 100 μm)

제 8 장
고밀도 다층 프린트 기판의 비어홀 형성

휴대전화, PC 등 최근의 정보통신 기기를 중심으로 한 전자기기는 소형·경량·고기능화의 진전과 더불어 프린트 배선판(이하 PWB)의 고밀도화가 가속되고 있다. 이에 대응하여 PWB의 제조방법은 얇은 구리판을 펼쳐서 두께 $200\,\mu m$ 정도의 배선판을 다층으로 적층하여 직경 $300\,\mu m$ 정도의 신호접속을 위한 관통 구멍(through hole)에서 층 사이를 접속시키는 종래의 적층법에서, 직경 $150\,\mu m$ 이하의 신호 접속용 구멍(비어홀)에서 두께 $100\,\mu m$ 이하의 층 사이를 접속하는 빌드업(build up) 법으로 변화되고 있다.

여기에서는 이 빌드업 형 PWB의 비어홀 형성에 적용되는 레이저 천공에 대해 소개한다.

1. 빌드업형 PWB의 제조과정과 비어홀 형성방법

빌드업형 PWB는 그림14에 나타낸 바와 같이, 기반(base)이 되는 기판(코어 기판)을 제작한 후, 절연층을 형성하고 비어홀 천공 가공을 한 뒤에 배선 패턴을 형성하여 배선층을 만든다. 그림14에 보인 ②에서 ④의 공정을 반복하는 것에 의해 다층화 즉, 빌드업되어 간다.

비어홀 형성법으로는 여기에서 기술하는 레이저 비어 가공 이외에 광 비어 가공이라는 방법이 고안되어 일부 대형 제조업체에서 실용화되어 있다. 광 비어 가공은 다수의 구멍을 노광·현상함으로써 일괄 가공이 가능한 점은 우수한 방법이라 할 수 있으나, 이 방법에서는 현재 다음의 과제가 있다.

① 회로를 형성하는 기판재료가 감광성의 수지에 한정되어, 전기특성이 뛰어난 (저유전율, 고내열성, 내흡수성, 고절연성 등) 재료(유리, 에폭시 등)에 적용 불가

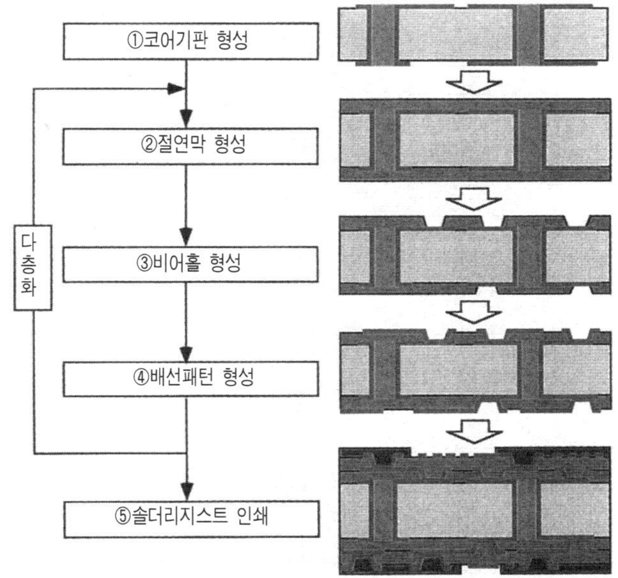

그림14. 빌드업형 프린트 배선판의 제조공정

능하다.

　② 현상액 등의 공정관리가 어렵고 생산 속도가 느리다.

　③ 직경 $100{\sim}200\,\mu m$의 구멍 직경이 실용화 수준으로, 직경 $100\,\mu m$ 이하의 구멍에는 적용이 곤란하다.

　이상의 과제를 해결하여 생산성이 높은 가공법으로 레이저 천공 가공이 기대되고 있으며, 실용화도 이루어지고 있다. 현재 PWB의 천공가공에 적용되고 있는 레이저로는 CO_2 레이저, YAG 레이저(제3, 4 고조파), 엑시머 레이저를 들 수 있다. 이하에서 각각에 대하여 소개한다.

2. CO_2 레이저 천공장치

　CO_2 레이저는 천공가공에 적용되고 있는 레이저 중 생산성과 가공 가격이 뛰어나므로, 현재 가장 많이 이용되고 있다. CO_2 레이저가 구리에 반사되는 특징을 이

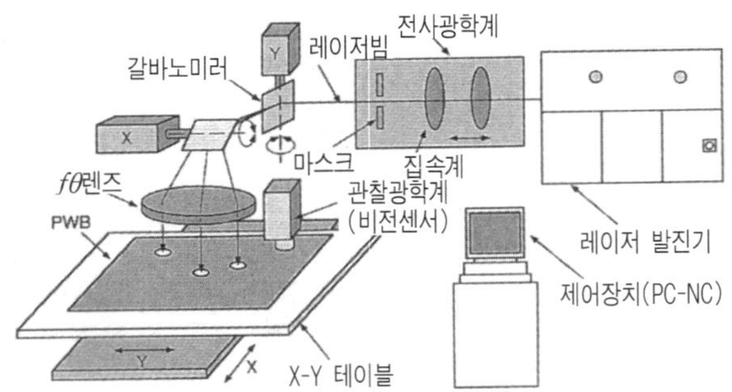

그림15. 프린트배선판용 CO_2 레이저 가공기의 구성

용하여 상층에 있는 절연재료를 제거하고, 하층의 얇은 구리로 구멍을 막아 마지막 구멍을 형성한다.

PWB 천공용 CO_2 레이저 가공기의 구조를 그림15에 보인다. 레이저빔을 고속으로 회전하는 갈바노 미러와 $f\theta$ 렌즈로 PWB의 50mm×50mm의 스캔 면적에 고속으로 위치를 정하여 천공가공을 한다. 스캔 면적 내의 가공이 종료되면, XY 테이블에서 다음의 스캔 면적에 PWB를 이동시켜 레이저빔을 조사하는 반복동작

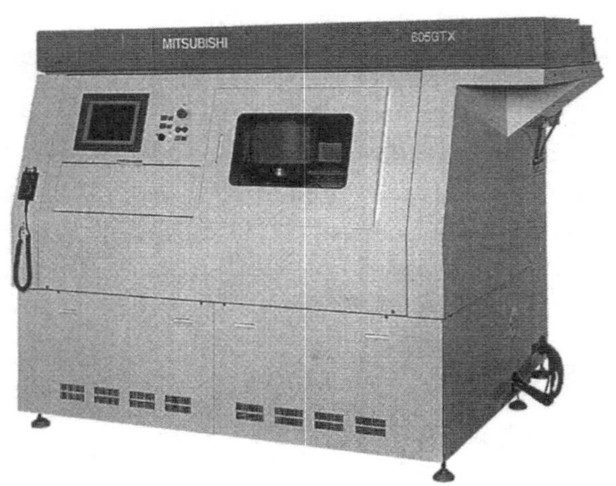

그림16. 프린트 배선판용 CO_2 레이저 가공기의 외관

으로 PWB 전체를 가공한다. 가공 구멍 직경은 전사광학계의 마스크 직경을 바꿈
으로써 최대 $\phi300\,\mu m$에서 최소 $\phi50\,\mu m$까지 바꿀 수 있다. 장치 전체는 그림16
에 나타낸 것과 같이 일괄 배치하여 공간을 절약하고 있다.

그림17(a)는 두께 $100\,\mu m$의 유리 에폭시(FR-4)에 대해, $\phi100\,\mu m$의 구멍을
CO_2 레이저로 가공하여 구리로 코팅처리한 비어홀 단면의 확대사진이다. 구멍 내
벽의 유리재료와 수지가 동시에 분해 제거되어, 거의 평탄한 내벽면이 되어 있다.
일반적으로 유리를 포함하는 복합재료는 유리와 수지의 열특성이 달라 CO_2 레이
저에 의한 가공이 곤란한 재료로 되어 있으나, 종래의 CO_2 레이저를 고첨두출
력·단펄스화 하는 것에 의해 대폭 가공품질을 개선했다. 또 유리를 함유하지 않

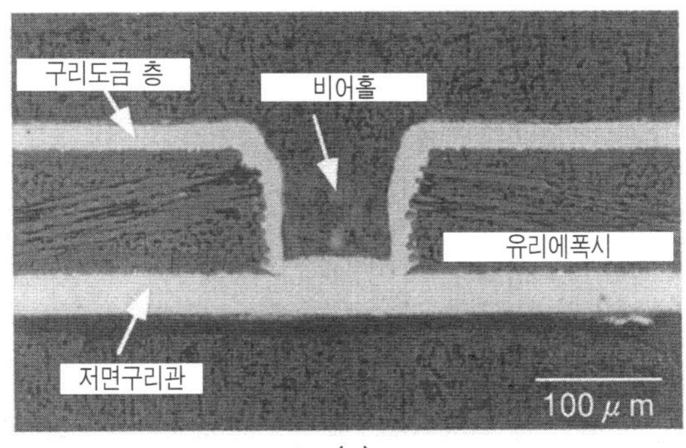

(a)

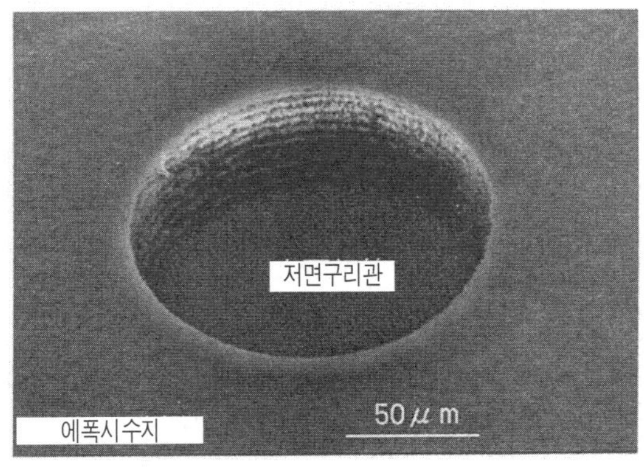

(b)

그림17. CO_2 레이저에 의한 비어홀 가공 예
(a) 유리 에폭시 기판(도금 후), (b) 에폭시 기판

은 재료에 대하여도 고첨두출력·단펄스화에 의해 품질 향상이 실현되고 있다. 그림17(b)는 두께 40 μm의 에폭시 수지에 가공한 $\phi150\,\mu m$ 구멍의 외관이다. 열의 영향이 적어 진원도(眞円度)가 높은 구멍이 얻어졌다.

3. YAG 레이저 천공장치

YAG 레이저의 경우, PWB에 대한 흡수특성이 좋은 제3, 제4 고조파(THG, FHG)가 이용된다. 이를 위해 파장변조에 이용되는 광학결정 때문에 가격이 높아지기 쉬운 점과, 효율(throughput)도 CO_2 레이저에 비해 낮으므로, CO_2 레이저에 비해 실용화가 늦어지고 있다. 그러나 CO_2 레이저 보다 단파장이므로 ① 미세 집광이 가능한 것 외에, 동박(銅箔: 얇은 구리판)으로 흡수가 비교적 높으므로 ② 동박의 제거도 가능한 점, 및 CO_2 레이저 가공으로는 구멍 저면의 동박 위에 수지의 찌꺼기가 남지만 (현재는 화학 에칭 후공정으로 제거), THG, FHG YAG 레이저에서는 ③ 수지의 찌꺼기가 거의 남지 않는 점 등이 우수한 특징이다.

4. 엑시머 레이저 천공장치

엑시머 레이저는 THG, FHG-YAG 레이저와 거의 같이 가공할 수 있고, 고출력 발진이 가능하기 때문에 대면적의 일괄 가공이 가능하다. 그러나, 종래 전극의

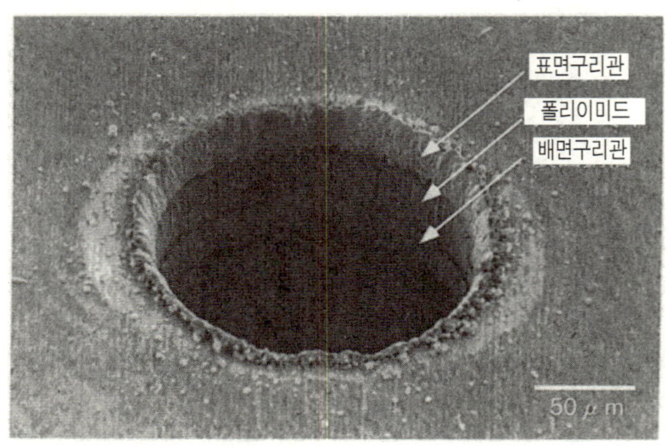

그림18. YAG 레이저(제3 고조파)에 의한 천공 가공 예

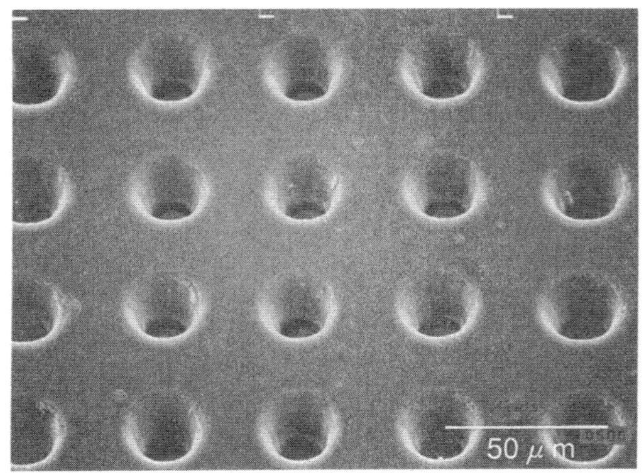

그림19. 엑시머 레이저에 의한 미세 구멍의 일괄 가공 예
에너지 밀도 : 0.4J/cm^2

수명이나 레이저 기체의 가격 등으로 광 가격이 가장 비싸, PWB에는 운용비용이 너무 높기 때문에 적용이 곤란하다고 생각했다.

이 과제의 해결책으로 다중반사나 홀로그램 등의 독특한 광학계를 가공기에 적용하여, 광의 이용율을 향상시킴으로써 운용비용 절감을 실현하고 있다. 다중반사 광학계에는 과거에 버렸던 마스크의 반사광을 반복하여 뒷면에서 반사시켜 재이용함으로써 광이용 효율을 최대 12배까지 증대시키는 것이 가능하다. 또 홀로그램 광학계에서는 홀로그램 광학소자를 이용하여 엑시머 레이저를 임의의 형상으로 집광시키는 것에 의해 광이용 효율을 대폭 증대시키는 것이 가능하다.

그림19는 저면의 동박(銅箔)을 늘린 두께 25 μm의 폴리이미드 기판에 다중 반사광학계로 $\phi 25\,\mu m$의 구멍을 일괄 가공한 가공부의 외관이다. 열 영향이 없는 고품질의 비어홀이 안정적으로 형성되어 있다.

제 9 장
레이저 애블레이션에 의한 전자부품의 박막 형성

　펄스 폭이 수10ns 이하의 고강도·단펄스의 레이저광을 조사시킨 타겟은, 레이저 애블레이션에 의해 플룸(plume)이라 불리는 발광영역을 펄스적으로 발생시킨다. 그림20은 $SrTiO_3$ 타겟을 1.3Pa의 산소 분위기 중에서 레이저 애블레이션시켰을 때 발생하는 플룸의 사진이다. 플룸을 구성하는 원자나 이온의 속도는 수eV〜수10eV로, 증발이나 스퍼터링 등의 박막 형성법의 경우보다 10〜100배 고속이다. 이것이 기판에 쌓여서 박막을 형성한다. 레이저 애블레이션법은 (1) 조성의 변화가 작고, (2) 높은 압력의 기체 도입이 가능하며, (3) 비교적 저온에서 박막형성이

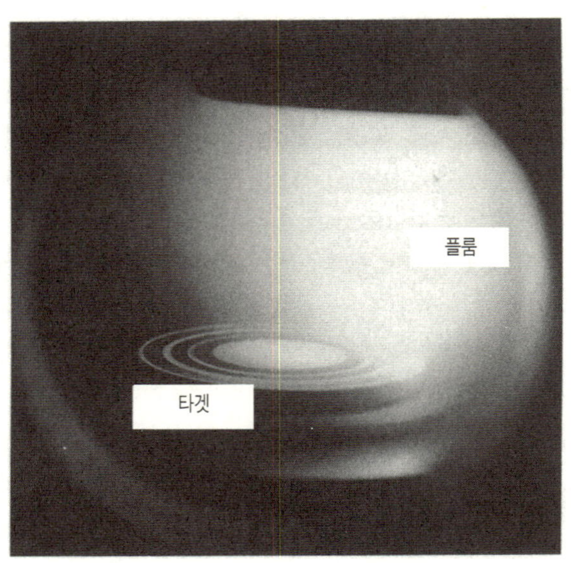

그림20. 타겟에서 발생하는 플룸의 사진

가능한 특징 외에도 초전도체, 유전체, 자성체 등의 기능성 박막을 이용한 전자부품의 연구나 개발에도 널리 이용되고 있다. 이하 레이저 어블레이션에 의한 금속 박막과 연자성(軟磁性) 페라이트 박막의 형성 및 그 응용 예에 대하여 각각 소개한다.

1. 금속 박막의 형성과 수정진동자의 주파수 조정 응용

여기서 기술하는 금속박막의 형성은 레이저광을 투과시키는 기판 위에 타겟으로 놓은 증착 금속층에 기재측에서 레이저를 조사하여 금속층과 마주보는 기판 위에 금속층 만을 쌓는 것이다. 그림21은 막두께 $0.33\,\mu m$의 Ni 박막 타겟에 강도가 다른 레이저광을 조사한 경우 퇴적물의 주사전자현미경 사진이다. 레이저 강도가 $9.2\mathrm{kJ/m}^2$인 (a)에서는 미세한 입자로 구성된 막상의 퇴적물 중에 평판입자(plate)가 퇴적되어 소수의 구상입자도 존재한다. 레이저 강도가 $3.4\mathrm{kJ/m}^2$의 (b)에서는 직경 $1\,\mu m$ 이하에서 수 μm의 구상입자가 얻어진다. 부착물의 형태는 타겟 두께와 레이저 강도에 의존하여 변화하며, 막두께 $0.05\,\mu m$에서는 중성원자와 이온을 발생시켜 막 상태로 쌓는 것도 가능하다.

이 방법으로 수정진동자의 전극부에 금속박막을 부착시켜 주파수 조정이 가능하다. 종래의 증착법에서는 주파수 미조정에 $1.3\times10^{-3}\mathrm{Pa}$ 정도의 고진공이 필요했다. 주파수 조정은 진공인 앞 공정에서 하지만, 진공 공정에서도 압전진동자의 발진주파수가 변화하므로, 완성품의 발진주파수의 고정밀 조정은 곤란하다. 또 레이저 가공으로 주전극을 제거하는 방법에서는, 진동편에 전기장을 주는 주전극을 부분적으로 제거하여, 주파수를 조정하면 할수록 제거 면적이 커져, 등가저항을 증대시키지 않는 주파수 조정량으로는 조정범위가 좁다.

그림22는 수정진동자의 전극부에 금속박막이 퇴적한 것을 보인 단면도이다. $1.3\mathrm{Pa}$에서 공기를 밀폐한 후, 발진주파수를 확인하면서 애블레이션하여 주파수가 조정된다. Ag를 두께 $0.6\,\mu m$으로 도포한 금속층에 강도 $40\mathrm{kJ/m}^2$로 YAG 레이저광이 조사된다. YAG 레이저광은 규산 유리를 거의 투과하므로, 금속층 만이 선택되어 반대방향의 주전극 위에 퇴적된다.

금속층은 분출 방향에 지향성이 있으므로 제거부에 가까운 면적에 주전극 위에 퇴적한다. 퇴적 후의 중량 증가에 의해 진동자의 발진주파수가 작아진다. 1회의 조사로 금속층이 제거되므로, 진동자의 발진주파수가 설정치에 이를 때까지 조사 위치를 바꾸어가며 레이저를 조사한다. 진동수 변화는 퇴적 위치에 따라 다르며, 전극 끝 부분은 작고 전극 중앙부에서는 크다. 조정 정밀도는 10Hz 이하로 가능하며, 4kHz의 조정범위가 가능하다.

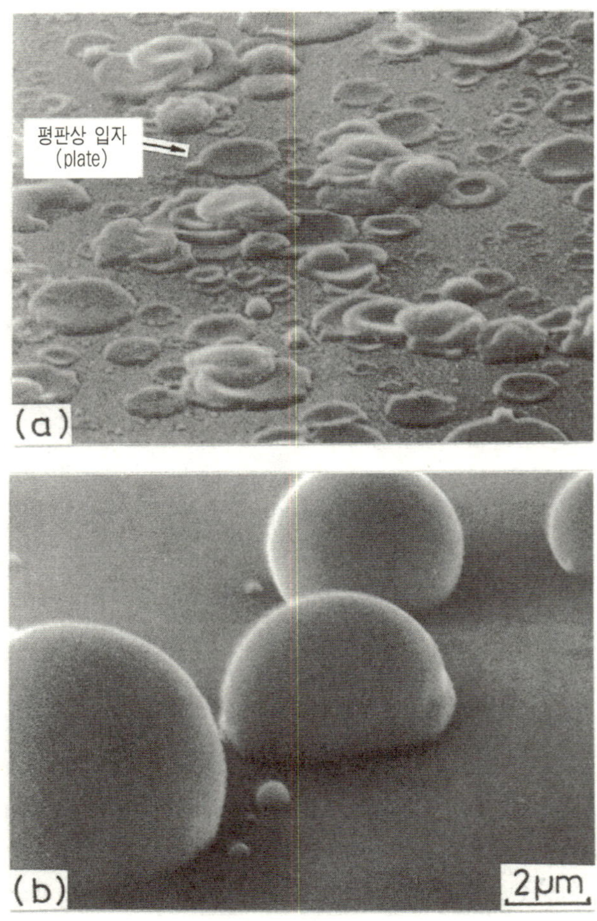

그림21. 금속 퇴적물의 주사전자현미경 사진
(a) $F = 9.2kJ/m^2$, (b) $F = 3.4kJ/m^2$

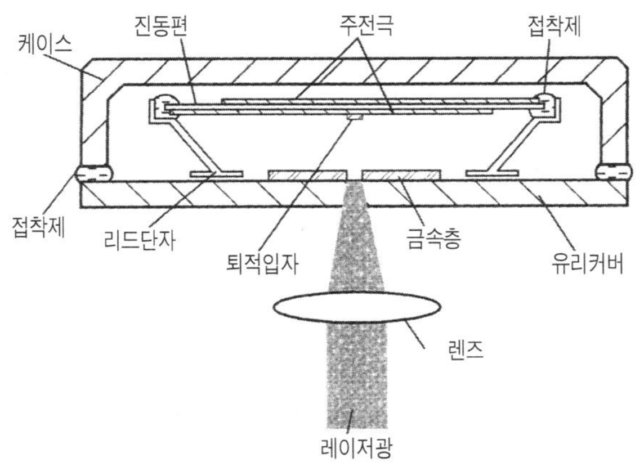

그림22. 전극에의 금속 입자의 퇴적

2. 연자성 페라이트 박막의 형성과 박막 인덕터의 소면적화

초고밀도 자기기록의 요구나 이동통신기기의 보급에 동반하여 고주파용 자기 디바이스에도 소형화·효율화가 요구되고 있다. 고주파 대역에서는 과전류 손실이나 자연 공명 손실을 주요인으로 하는 자기특성의 저하가 일어난다. 이것을 억제하기 위해서는 재료의 전기저항을 높이는 일이나 강한 자기 이방성이 필요하고, 전기저항이 높은 페라이트 박막화가 요구된다. 또 공정온도를 400℃ 이하로 낮추는 것이 가능하면 열에 약한 부품 등에도 응용범위가 넓어진다.

NiZn 페라이트의 박막화는 스퍼터링, CVD, 코팅(도금) 등의 방법으로 시험되고 있으나, 이것들의 보자력은 560~3440A/m, 기판온도 또는 막이 형성된 후의 소둔(燒鈍)온도가 400~1000℃로 높아, 종래의 방법으로는 양호한 특성이 얻어지지 않는다.

그림23은 2빔 방식의 레이저 어블레이션법의 장치 구성을 보인다. KrF 엑시머 레이저 발진기에서 나오는 레이저광은 광로 도중에 분할된다. 하나는 타겟에 조사되어 플룸을 발생시키고, 다른 하나는 기판 위의 박막 표면에 조사된다. 또 적외선 램프 가열에 의해 기판온도를 250℃로 하여, N_2O(과산화질소) 또는 NO_2(이산화질소) 기체를 도입한다. 이 방법으로 높은 기체압력 하에서 박막형성이 가능하여 타

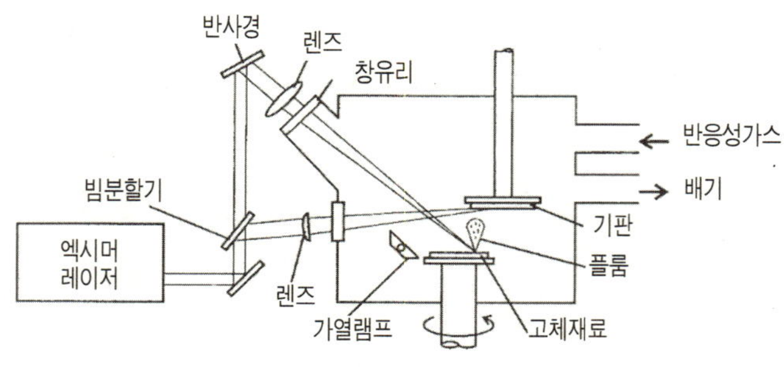

그림23. 박막 성장 장치의 구성도

겟에만 레이저를 조사하는 경우의 보자력 5600A/m에 비교하여 특성이 대폭 향상한다.

표5는 레이저 어블레이션으로 박막 형성 후에 400℃의 다른 분위기에서 형성한 박막의 자기 특성을 보인다. 대기 중의 경우가 진공 중이나 산소 중에서 보다 연자기 특성이 좋고, 산소분압의 영향을 받지 않는다. 대기 중에서 형성한 박막의 포화 자속밀도는 벌크의 절반인 0.145T이지만, 보자력은 112A/m으로 벌크의 값에 필적하고 있다.

종래의 자기소자는 벌크 상태의 자성체에 권선(卷線)을 감은 3차원 구조가 일반적이다. 박막 인덕터 등의 자기소자는 종래의 3차원 구조를 눌러 찌그러트린 것과 같은 구조인데 자성박막, 절연막과, 예를 들면 소용돌이 모양의 평면 코일을 다중 적층한 구조를 갖는다. 페라이트 박막은 전기저항이 높으므로 Cu 등의 코일 위에 직접 자성층을 형성하는 것이 가능하다. 현황의 페라이트 박막의 투자율은 벌크에 비해 10배 이상 작으나, 코일의 상하에 박막을 $2\,\mu m$ 형성함으로써 자심이 없는 공심코일의 절반 면적에서 같은 인덕턴스 값을 계산으로 알 수 있다. 투자율(透磁率)이 향상되면 한층 더 소면적화가 가능하다.

주변기체	Hc(A/m)	Bs(T)
진공	216	0.147
대기	112	0.145
산소	360	0.091

표5. 주변 기체와 자기 특성의 관계

또 다수의 인덕터를 한 장의 기판 위에 형성하기 위해 레이저광을 조사하는 것으로, 직경 50mm의 기판 위에 불규칙한 박막이기는 하지만 ±6%를 얻고 있다. 장치 구성과 조사 조건의 최적화에 의해 더욱 넓은 면적에서 막 두께를 균일화하는 것이 가능하다.

제2부의 요약

최근 실용화되거나 실용화를 향하여 개발이 진전되고 있는 레이저 가공 응용 중에 멀티미디어 기기나 휴대 전자기기 등의 하이테크 전자기기와 밀접한 관련이 있는 디스플레이, 하드디스크, 칩 부품, 광 부품, 고밀도 실장기판 및 박막기능과 부품 관계를 다루어 각각 기술개발의 프론티어로 활약하고 있는 기업의 기술자로부터 최신 응용사례를 소개받았다.

처음에 기술한 전기·전자산업분야에서는 각종 전자부품이나 기기 등에 레이저 마킹이나 정밀 레이저 용접이 널리 보급되고 있으며, 레이저 마킹이나 레이저 용접에 관하여도 고속·고정밀화, 플렉서블화(유연화), 가공 대상의 확대, 조작성의 향상 등, 최근 수년간에 현저한 기술적 진전이 있었다. 램프 여기 고체 레이저 대신에 LD 여기 고체 레이저를 탑재한 시판 레이저 가공기도 수선, 웨이퍼 마커, 박막·후막 트리머 등 그 종류가 급속하게 넓어지고 있다. 그러나 지면이 한정되어 있으므로 여기에서는 해설을 아꼈다.

최근에는 지구온난화 대책으로 에너지원의 클린화가 강하게 요청되어, 그 중에서 박막 태양전지의 저가격화와 그 보급이 요구되고 있다. 여기에서는 지면의 제약으로 이것을 설명하지 않았으나, 비정질 태양전지의 모듈 형성용 레이저 패터닝 응용에 대해서도 고속·고밀도화, 저가격화 등에 대한 기술적 비약과 그 보급이 차후 크게 기대된다.

제2부 참고문헌

1) 永井治彦 : レーザー研究 23 (1995) 1038.

2) 頭本信行, 出雲正雄, 八木俊憲, 田中正明 : レーザー研究 23 (1995) No. 5, 323.

제 3 부
정보 · 통신 산업분야

광전자공학이 오늘날과 같이 인식된 것은 일반인에게 친근한 분야인 정보 · 통신산업 분야에 빛이 사용되는 것이 알려졌기 때문이라고 생각된다. 고정밀 화상전송의 수요나 인터넷의 폭발적인 보급 등, 세상은 정말로 대량의 정보를 다루는 멀티미디어 시대에 돌입한 감이 있다. 이것을 지지하게 한 것은 광섬유를 근간으로 한 통신망(네트워크) 기술 및 광디바이스 기술이다.

제10장에서는 광통신기술 및 광디스크 기술의 최근의 진전에 대해 정리해 보았다. 먼저 광섬유통신망을 각 가정까지 연결하는 NTT의 대형 프로젝트 Fiber To The Home (FTTH : 광섬유를 가정까지)에 관한 현황에 대해 기술한다. 기지국에서 가정에 광섬유망을 설치하는 기본기술은 이미 완성되었으나 최대의 과제는 가격이다. 이 가격을 줄이기 위해서는 광섬유의 이용 효율을 높이는 것이 중요하며, '다중화'라는 새로운 기술에 도전하는 것과, 여기에 동반하여 광부품 수가 증가함에 따라 모듈이 복잡해지므로, 가격 절감을 위해서 이것들을 하나로 집적화하는 것이 필요하다는 점을 기술하고 있다.

제11장에서는 광섬유통신망의 국제화에 관한 현황을 KDD가 시행하고 있는 측면에서 정리한 것이다. 광해저 케이블의 전송용량이 통상의 중계기를 사용하여 560Mbit/s에서 1.1Gbit/s로 두 배 증가한 것이 이미 서비스에 들어간 점 및 광섬유 증폭기를 중계기로 사용하여 대용량화를 이끈 10Gbit/s의 시스템도 96년부터 서비스에 들어간 점 등이 기술되어 있다. 또 일본열도를 에워싸는 새로운 광섬유망인 일본정보고속도로 및 거기에 사용되고 있는 파장다중 기술에 대한 설명이 있다.

제12장과 제13장은 최근의 광디스크 기술을 소개한 것으로 CD(Compact Disk) 기술에 DVD(Digitial Versatile Disk)기술이 더해져, 광메모리 기술이 급진전하고

있는 상황을 정리한 것이다. 제12장은 CD 플레이어와 DVD 플레이어를 겸용토록 하기 위하여 필요한 픽업에 대해 소개하고, 다양한 광학기술의 특징이 잘 이용되고 있는 점을 잘 파악하기 바란다. 제13장은 DVD 시스템 전체의 소개로, 기록용량이 2중 기록층의 경우에는 8.7GB라는 대용량인 점, 고해상 TV화상의 녹화가 가능한 DVD-RAM 개발이 소개되어 있다.

이상 네 개의 장에서 최근의 통신·정보 분야의 동향을 꼭 읽어서 파악하면 좋겠다.

제 10 장
광파장다중 및 시간다중 기술에 의한 Fiber to the home 네트워크 시스템

멀티미디어 시대의 도래로 서비스 플랫폼이 되는 접속망의 광통신화가 통신사업자의 과제로 되어 있다. NTT에서는 기존의 금속망을 새롭게 고쳐나가며, 접속망을 경제적으로 광통신화하는 계획을 추진하고 있다. 광접속망은 ONU(Optical Network Unit : 전기신호와 광신호를 상호 교환하는 장치)의 설치장소에 따라, FTTH(Fiber To The Home), FTTC(Fiber To The Curb)의 형태로 대별할 수 있다. NTT에서는 서비스의 확장성과 보수·운용성의 관점에서 FTTH 실현을 목표로 하여 시스템 개발을 진행하고 있다.

광접속망의 토의는 약 20년 전부터 개시되었으나, "적당한 서비스가 없으므로 설비 구축이 불가능하다." 내지는 "설비가 없으므로 광대역 서비스를 제공할 수 없다."로 말하는 소위 "닭이 먼저냐, 알이 먼저냐"는 토론이 장기간에 걸쳐 있었다. 이 토론에 종지부를 찍는 데는 광접속망을 금속망의 가격으로 한 점이 유효했다. 그러므로 수년간 광접속 시스템의 연구개발에서 가장 중요한 기술은 경제화 기술이었다.

경제화를 달성하는 키포인트는 광의 광대역성을 활용하여 광섬유나 전송장치 등의 망(網)자원을 복수의 사용자 정보나 복수의 서비스로 공용하여, 한 서비스당 가격을 낮추는 것이다. 망자원을 공유하기 위하여 그림1에 나타낸 PDS(Passive Double Star) 구조(archtecture)가 각국에서 개발·도입되어 있다. PDS에서는 통신사업자 장치(OLT : Optical Line Terminal)에서 복수의 사용자에게 정보를 동시에 전달하여, 사용자 측의 ONU(Optical Network Unit)에서 자신의 정보만을 끌어낸다. 복수의 사용자에 대한 정보의 분배를 스플리터라는 수동적인(passive) 디바이스로 실현함으로써 PDS라는 이름이 붙었다. PDS에서는 OLT 및 OLT와

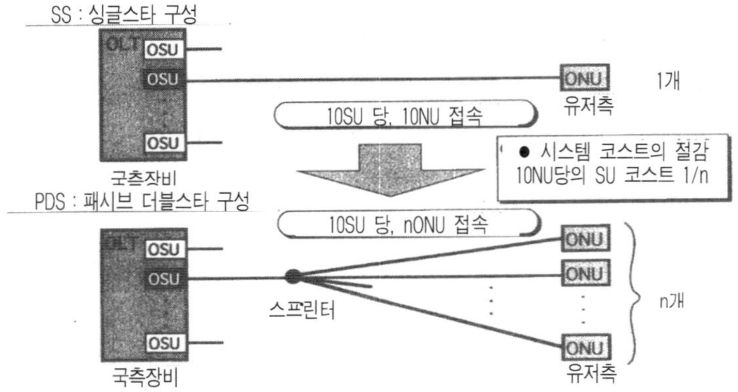

그림1. 다수의 사용자에 의한 망 리소스 공유

스플리터 사이의 광섬유 등을 복수의 사용자(ONU)가 공유하므로 ONU당 가격을 삭감하는 것이 가능하다.

시스템 설계상 가장 중요한 과제는 어떻게 복수의 사용자 정보나 서비스를 다중화 하느냐이다. 디지털 신호의 다중법은 시간다중(TDM/TDMA, TCM), 파장다중, 공간다중으로 대별된다. TDM(Time Division Multiplex)는 복수의 정보를 시간축상에 정렬시키는 방법으로, TDMA(Time Division Multiple Access)는 복수의 ONU에서 온 정보가 서로 부딪쳐 만나지 않도록 타이밍을 조정하면서 시간축상에 정렬시키는 방법이다. TDM은 OLT에서 ONU로, TDMA는 ONU에서 OLT

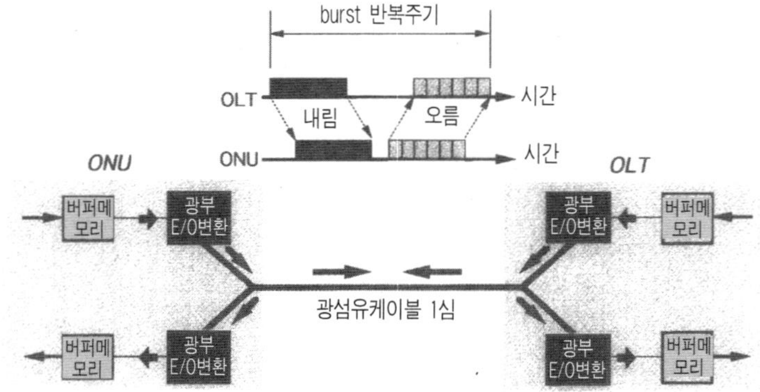

그림2. TCM의 원리

로 다중으로 조합되어 이용된다. TCM(Time Compression Multiplexing)은 올라가는 신호와 내려가는 신호를 교환하여 보내는 방법으로 (그림2 참조), 그 형태 때문에 핑퐁 방식이라고도 불린다. TCM에서는 상하 방향의 정보를 시간축 상에서 다중화하므로, 정보속도 보다 약 2배 빠른 전송속도가 필요하다.

파장다중은, 다른 정보를 실은 복수 파장의 광을 동시에 광섬유에 전송시키는 방법인데, 이용하는 파장간격에 따라 WDM, dense-WDM, O-FDM으로 대별된다. 광섬유의 전송특성을 고려하면, WDM에서는 2~3파, dense-WDM에서는 5파 정도, O-FDM에서는 100파 정도의 다중이 가능하다. 현황 기술에서는 가장 파장 간격이 넓은(다중도가 낮은) WDM이 경제적 관점에서 실용적이다. 다시 말하면 파장다중기술은 요구되는 다중도가 낮은 경우에 적용 가능하다.

공간다중(SDM : Spatial Division Multiplexing)은 다른 광섬유에 정보를 전송하는 방법이다. 다른 광섬유를 이용하므로 공통 사용에 의한 경제화는 기대되지 않으나, 대량의 정보를 전송하는 것이 가능하다.

이상 기술한 다중기술을 사용자 정보의 다중, 각종 서비스의 다중, 상하방향의 다중에 어떻게 적용할 지가 시스템 설계의 키가 된다. 현단계에서 실용적인 다중도와 다중기술의 특징을 고려할 때, 3종류의 다중 목적에 적용 가능한 다중기술은

- 사용자 정보 다중 : TDM/TDMA
- 서비스 다중 : TDM/TDMA 또는 WDM 또는 SDM
- 상하방향 다중 : TCM 또는 WDM 또는 SDM

이다.

NTT에서는 서비스성과 기술현황을 고려하여 그림3에 나타낸 것과 같이 3종류로 계열화하여 광접속 시스템을 개발하고 있다. STM시스템은 전화나 ISDN 등이 기존의 서비스를 중심으로 1ONU 당 최대 1Mb/s 정도의 정보를 쌍방향으로 통신하기 위한 시스템이다. SCM시스템은 다채널의 영상신호를 동시에 한 방향으로 전송하기 위한 시스템이다. 경제적으로 동보(洞報)서비스를 제공하기 위해서 SCM-PDS에는 광섬유 증폭기를 적용하고 있다. 한편 ATM 시스템은 1ONU 당 최대 수십Mb/s 정도의 정보를 쌍방향으로 통신하기 위한 시스템이다. 각각의 시스템에서 채용한 다중기술을 표1에 보였다. 사용자 정보의 다중은 STM-PDS, ATM-PSD과 함께 시간다중기술(TDM/TDMA)로 실현하고 있다. SCM-PSD에서는 모든 사용자에게 같은 정보를 제공하여, 사용자의 구별이 없으므로 사용자

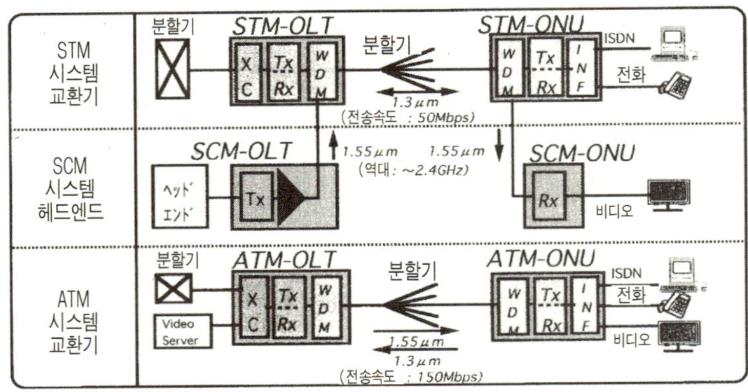

그림3. 계열화된 3종류의 광접속 시스템

정보 다중의 개념이 존재하지 않는다.

서비스 다중은 STM-PDS, ATM-PDS 모두 시간다중기술(TDM/TDMA)로 실현하고 있다. 단, STM-PDS에서는 영상분배와 같은 광대역 서비스를 제공하는 것이 불가능하다. 여기서 STM-PDS와 SCM-PDS에 다른 파장을 할당하여 (STM에는 저렴한 1.3 μm, SCM에는 광섬유 증폭기와 정합성이 있는 1.5 μm 양 PDS 시스템을 필요에 따라서 파장다중에 의해 결합함으로써 서비스 확장성을 가지도록 했다.

	STM-PDS	SCM-PDS	ATM-PDS
유저 정보 다중	TDM/TDMA	---	TDM/TDMA (엄밀히는 셀 다중)
서비스 다중	TDM/TDMA & WDM	TDM/TDMA & WDM	TDM/TDMA (엄밀히는 셀 다중)
상하방향 다중	TCM	---	WDM

표1. PDS 시스템에서 채용한 다중화기술

상하방향다중은 STM-PDS와 ATM-PDS에서 다른 기술을 채용하고 있다. STM-PDS에서는, '파장을 동보 서비스에서 확장용으로 사용하는 것', '1ONU당 정보속도가 그다지 고속이 아니므로, TCM의 채용에 의해 전송속도가 정보속도의 배가 되어도(약 50Mb/s) 저렴한 LSI 기술을 적용 가능한 점' 2가지 이유에서

TCM을 채용하고 있다. 한편, ATM-PDS에서는, '1ONU당 정보속도가 고속이므로 TCM을 채용하면 전송속도가 고속으로 되어 (수백 Mb/s 이상), 현재의 LSI 기술로는 고가가 되버리는 점'에서 WDM을 채용했다.

광접속망의 경제화를 달성하기 위해서는, 주요 부품인 광트랜시버의 저가격화도 중요하다. 그림4에 PLC(Planar Lightwave Circuit)기술을 이용한 광트랜시버의 예를 보인다. 이 트랜시버는 STM-PDS의 ONU에 적용된 것으로, 패키지 내에 1.3 μm의 발광/수광소자, TCM용의 2분지회로, WDM 용 커플러의 모든 것이 수용되어 있다. PLC 기술의 적용으로 종래의 개별 부품의 조합과 비교하여 부품 수와 조립시간을 대폭 삭감하여 가격 절감을 달성하고 있다. 광트랜시버 모듈의 경제화 기술의 단계를 그림5에 나타낸다. PLC를 이용한 플랫폼 실장기술, 트랜시버 집적기술과 새로운 경제화 기술의 개발에 의해 시스템은 한층 저가격화될 것으로 생각하고 있다.

97년 7월부터 STM-PDS와 SCM-PDS를 조합하여, 카나가와현 요코하마시에서 FTTH에 의한 서비스 제공을 개시했다. 시스템 구성을 그림6에 나타냈다. 이 FTTH망에서는 종래의 통신 서비스에 더해, Town TV 요코하마와 공동으로 CATV 영상전송 서비스를 시험 제공하고 있다. 또 STM-PDS 시스템을 이용하여 한 개의 ONU에 복수의 사용자를 수용하는 π시스템도 순차적으로 도입될 예정이다.

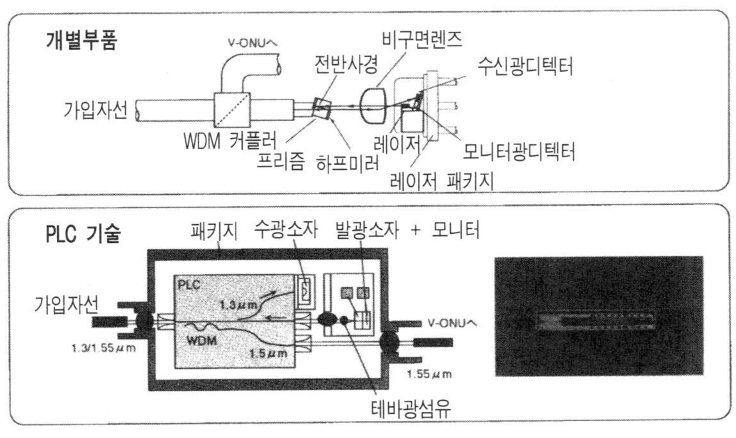

그림4. 광트랜시버의 예

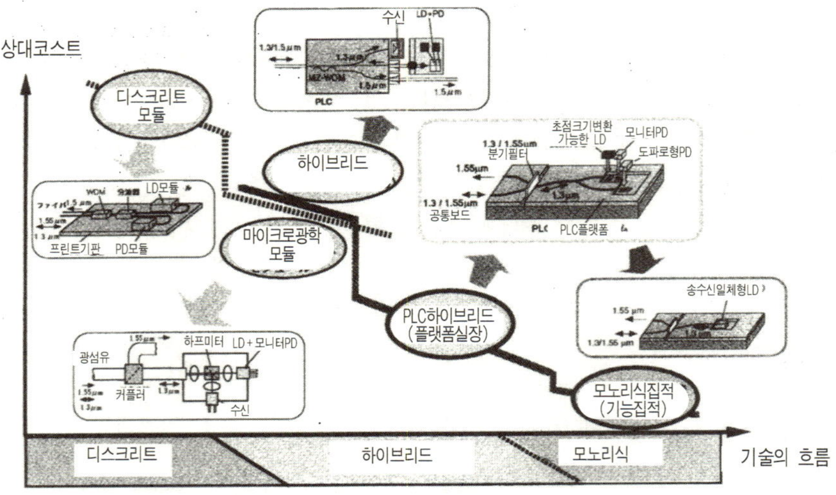

그림5. 광트랜시버 모듈의 경제화 기술 스탭

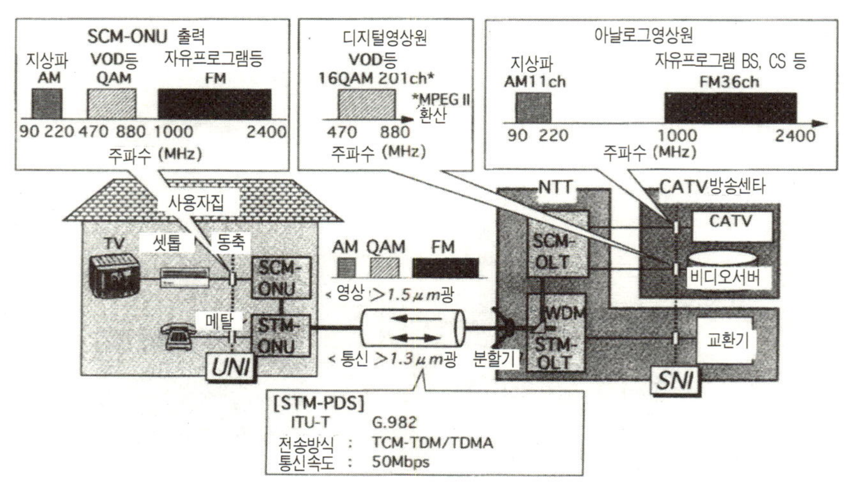

그림6. STM/SCM-PDS의 시스템 구성

제 11 장
광섬유 증폭기를 이용한 글로벌 네트워크 시스템

오늘날 고해상 화상전송의 수요나 인터넷의 급속한 부상에 의해 전송로에 요구되는 용량이 비약적으로 늘어나고 있고, 장거리 전송기술로서 광섬유 전송이 여기에 대응하는 형태로 발전하고 있다. 일본과 미국 사이의 광해저 케이블의 구체적 예를 그림7에 보인다. 광-전기-광신호 변환중계(재생중계)하는 제1세대의 전송 시스템 TpC-3(전송용량 : 560Mbit/s), TPC-4(1.1Gbit/s)는 각각 1989년, 1992년에 서비스를 개시하고 있다. 또 어븀 첨가 광섬유 증폭기 (EDFA : Erbium-Doped Fiber Amplifer)를 중계기로 채용하여 대용량화를 이끈 제2세대 시스템인 TPC-5CN(10Gbit/s)는 1996년부터 서비스를 개시하고 있다. 차후 용량의 수요는 점점 증가할 것으로 예상하고 있으므로, 광증폭 중계기의 광대역 파장 특성을 이용하여 파장다중기술을 도입한 제3세대 시스템이 일본 국내, 일본과 유럽을 연결하는 케이블에 도입하도록 되어 있다 (본 장에서는 광증폭기를 사용한 현재 전송 시스템과 장래 시스템의 주요 기술에 대하여 기술한다).

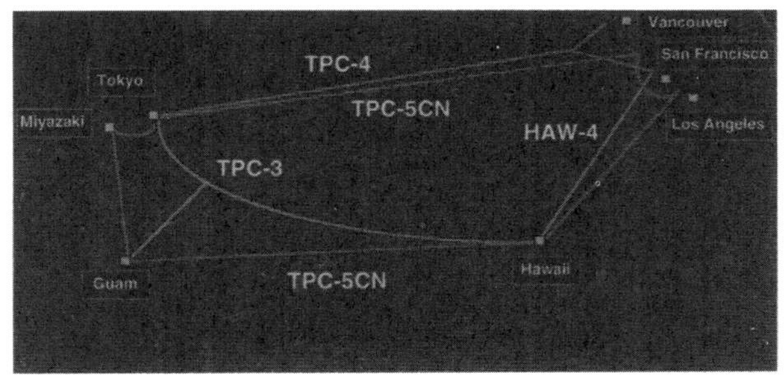

그림7. 일본-미국간 설치되어 있는 해저 케이블

1. 단일파장 광증폭기 중계전송 시스템

TPC-5를 시작으로 하는 광증폭 중계 시스템은 일종의 아날로그 시스템으로서, 전송경로에 기인하는 노화가 누적되므로 전송거리가 길어질수록 전송하기가 아주 어려워진다. 주된 노화 요인으로 아래와 같은 것을 들 수 있다.

1) EDFA가 내는 자연방출광 잡음(ASE : Amplified Spontaneous Emission)의 누적
2) 광섬유의 비선형에 의한 신호광과 ASE 사이의 사광자혼합(Four wave mixing)
3) 광섬유와 중계기에 사용되는 광학 부품이나 어븀 첨가 광섬유의 편광 특성

1)은 전송거리에 따라 중계거리를 최적화하여 줄일 수 있다. 2)는 신호광과 광섬유의 영분산(零分散)파장을 일치시키는 것이 아니라, 음의 분산을 갖는 광섬유를 어느 정도 사용한 후, 축적파장분산을 보상하기 위한 큰 파장분산을 가지는 광섬유를 넣어, 평균 파장분산을 작게 하는(분산등화) 것에 의해 억제 가능하다. 또 3)은 광섬유나 광학부품의 편광 특성을 작게 하는 것과, 송신광의 편광을 섞는 것으로 줄일 수 있다. 이러한 기술 도입으로 통상의 NRZ 펄스를 사용하여, 실험실에서는 10Gbit/s로 9100km까지 전송 예가 보고되어 있다.

광증폭중계기 시스템에서는 전송속도가 비약적으로 증가하므로, 종래 위성통신과의 조합에는 장해시 우회로 설정이 되지 않아, 광케이블끼리 네트워크를 구성할 필요가 대두되었다. 여기서 2개의 광섬유 짝으로 링네트워크를 구성하여, 한 쪽을 사용하고 다른 한 쪽을 백업으로 할당하여, 장해가 일어나면 역방향에 트래픽을 보내어, 장해의 영향을 최소화하는 셀프 링 원리가 TPC-5CN 등에 도입되어 있다.

2. 파장다중 광증폭기 중계전송 시스템

1대의 EDFA가 이득을 가지는 파장대역은 $1.53 \sim 1.56 \, \mu m$로 넓지만, 현황의 상용시스템에서는 1파장의 광신호를 전송하고 있어 광증폭기가 가진 성능을 충분히 활용하지 않고 있다. 몇 개 파장의 광신호를 다중시켜 전송하기 위하여는,

1) EDFA의 셀프 필터링 효과의 억제

2) 사광자혼합(FWM)의 억제

가 주된 과제이다. 1)의 해결은 그림8(a)와 같이 EDFA의 이득 파장 특성과 역이득 특성을 갖는 광필터(이득등화 소자)를 시스템 중간에 넣어, 시스템의 이득을 평탄화(그림8(b))하는 방식이 유망하다. 2)의 해결에는 파장이 다른 신호끼리 같이 달리는 거리를 짧게 하여, 광섬유의 파장분산을 어느 정도 크게 하는 방법(-2ps/nm · km)과 광섬유 내의 광신호 에너지 밀도를 낮추기 위해 광섬유의 유효단면적을 확대하는 방법이 유망하다.

실험실 단계에서는 이러한 기술을 도입하여 다음과 같은 결과를 얻고 있다. 2.5Gbit/s의 신호를 16파장 다중하여 9,240km 전송한 경우의 수신 스펙트럼을 그림9에 보인다. 7.5nm라는 아주 넓은 파장대역이 달성되고 있는 것을 알 수 있다.

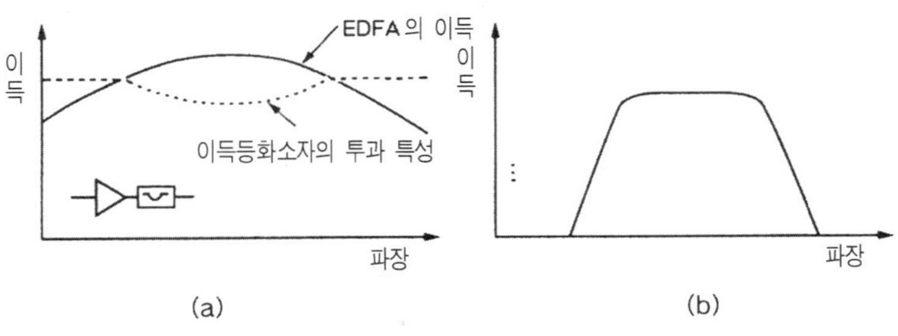

그림8. 이득균등화의 원리
(a) 1대의 광증폭기 이득과 이득균등화 필터의 파장 특성
(b) 광증폭 중계시스템 전체 이득의 파장 특성

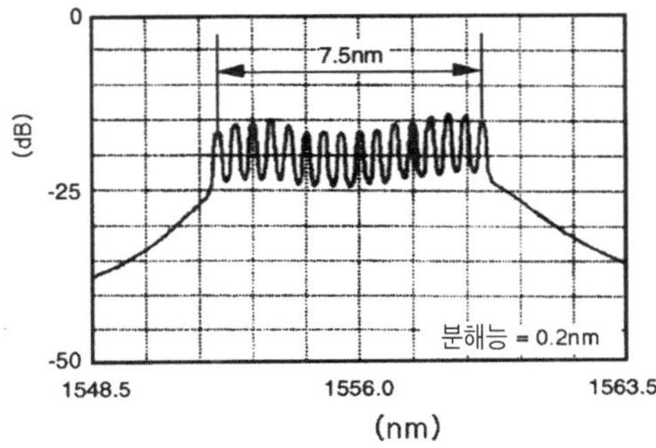

그림9. 9,240km 전송 후의 광스펙트럼

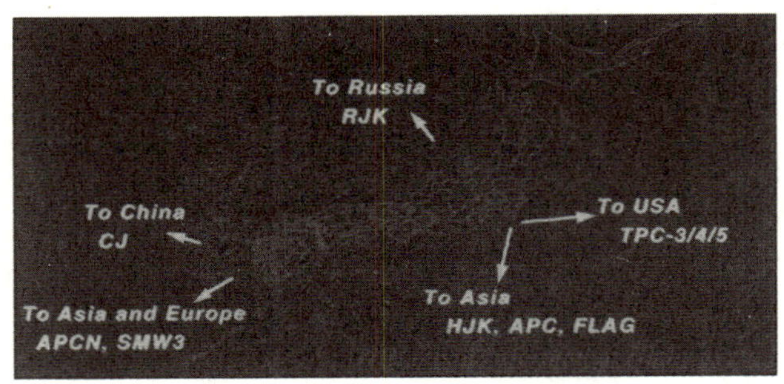

그림10. JIH 네트워크

수신신호의 평균 부호 오류율은 1.1×10^{-10}으로, 실험 단계로서 만족스러운 전송 특성이 얻어지고 있다.

이러한 파장다중 전송기술을 이용하여 수10Gbit/s의 시스템을 상용화하는 단계에 이르러, 예를 들면 그림10에 보이는 일본열도를 일주하는 JIH(Japan Information Highway)는 이미 건설이 시작되었다. 이 시스템은 세 개의 광섬유로 100Gbit/s의 용량까지 전송하려 하고 있으며, 총 케이블 길이는 약 10,300km, 비재생구간의 최장 거리는 약 1,600km이며, TPC-5CN에 사용된 링 네트워크를 이용한 셀프 링 구조가 채용되고 있다. 또 일본에서 동남아시아를 지나 유럽을 연결하는 SEA-ME-WE3에서도, 2.5Gbit/s 신호를 8파장 다중까지 사용한 시스템으로 건설이 시작되었다. 파장다중기술의 장점을 활용하여 특정 파장을 기지국에 떨어뜨리기도 하고, 기지국에서 올라오기도 하는 광ADM(Add/Drop Multiplexer)의 기능을 도입하고 있다.

한편 파장다중시스템의 전송용량을 100Gbit/s 이상으로 증가시키는 연구도 진행되어, EDFA의 여기용 레이저를 지금까지의 파장 1480nm에서 980nm로 바꾸어 잡음지수를 감소시켜 전송실험한 결과가 보고되어 있다. 예를 들면 5Gbit/s의 신호를 22파장다중하여 9500km 전송했을 때, 모든 채널에서 10^{-9} 이하의 부호 오류율이 얻어지고 있다. 980nm 레이저의 고신뢰화가 이루어지면, 100Gbit/s를 넘는 대륙간 전송도 가능하게 될 것이다.

현재 10Gbit/s급의 파장다중 전송 시스템이 건설되고 있으며, 차후 100Gbit/s급 이상의 전송 시스템의 연구·개발이 활발해질 것으로 생각한다. 100Gbit/s급 이상의 전송 시스템에서도 파장다중 전송기술이 열쇠가 되며, 중계기 뿐만 아니라 광섬유, 송신기지국, 광네트워크 기술의 새로운 진보가 필요할 것이다.

제 12 장
DVD/CD 겸용 광 픽업

DVD(Digital Versatile Disk)는 CD(Compact Disk)와 같은 직경 120mm, 두께 1.2mm의 디스크 크기로, 한 면 당 CD 7장 분에 상당하는 4.7 GB의 용량을 가지며, MPEG2의 디지털 압축신장기술에 의해 고화질 동화상과 돌비 디지털에 의한 입체감 있는 음성을 한 개의 면만으로 2시간 이상 축적 가능한 미디어이다. 이 DVD를 사용하여 하나는 영화를 대상으로 하는 비디오디스크 플레이어로서, 한편으로는 CD-ROM의 고밀도판으로서 자리잡은 데이터용 ROM드라이브로서의 개발이 진행되어, 1996년 가을부터 상품화가 시작되었다. 표2에는 DVD와 CD의 주요 사양을 비교해 보인다. DVD는 CD의 약 7배나 고밀도화를 실현한 CD와는 다른 새로운 기술이 들어있다. 광학적인 면부터 보면, 먼저 파장 635~650nm의 단파장 반도체 레이저(CD에는 780nm) 및 고개구수(NA=0.6) 대물렌즈(CD에서는 0.43~0.45)의 채용으로 집광 스팟을 작게 하고 있다. 집광 스팟 직경이 파장에 비례하고 대물렌즈 개구수에는 반비례하므로 DVD에서의 스팟 직경은 CD의 약 60%이다. 또 디스크 기판의 두께를 CD의 1.2mm와 비교하여 0.6mm로 반감시켜, 기판이 기울어져 발생하는 코마수차의 발생을 억제하고 있다. 코마수차의 크기는 대물렌즈의 개구수의 3승과 디스크 기판의 두께에 비례하고 파장에 반비례하여, 코마수차의 증대는 재생신호의 열화를 부른다. DVD에서는 기판 두께를 CD보다 반감시켜 기판 기울기에 의한 신호열화를 억제시키고 있으나, 동일 기판기울기에 대한 코마수차의 발생량은 DVD가 약 1.4배 크다. 그러므로 DVD에 대한 기판기울기의 여유는 CD에 비하여 제한적이라 할 수 있다.

DVD 플레이어는 기존의 CD 플레이어, CD-ROM 드라이브의 상위 기종이 되므로 이미 보급되어 있는 많은 양의 오디오CD, CD-ROM에 대하여 재생호환성을 가지는 것이 강하게 요구된다. 특히 CD와 DVD에서는 기판 두께가 다른 것에 대

항목	DVD	CD
디스크 직경(mm)	120	120
기판 두께(mm)	0.6	1.2
주사선 속도(m/s)	3.49 (표준속도, 1층)	1.2~1.4
최단 피트 거리(μm)	0.4	0.83
트랙 피치(μm)	0.74	1.6
광전발진 파장(nm)	635~650	780
대물렌즈 개구수	0.6	0.43~0.45
기록용량(GByte)	4.7 (일층 단면)	0.64

표2. DVD와 CD의 사양 비교

하여 광학적인 재생 호환을 얻을 필요가 있다. 그 방식으로 아래와 같은 것들이 제안되어 있다.

① 각각 전용 대물렌즈를 탑재한 광픽업을 2개 이용하는 방식

② 각각 전용 대물렌즈를 1개의 광픽업에 탑재한다. 2개의 대물렌즈에서 동시에 2개의 집광 스팟을 형성하는 방식 또는 디스크에 따라 렌즈를 바꾸어 1개의 집광

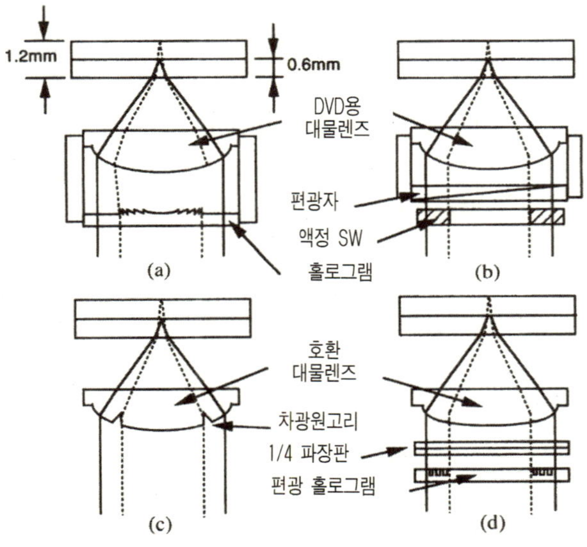

그림11. 각종 CD호환 재생방식

스팟을 형성하는 방식

③ 홀로그램 소자를 이용한다. 1개의 대물렌즈에 2개의 집광 스팟을 동시에 형성하는 방식 (그림11(a))

④ 대물렌즈의 개구수를 CD 재생시에는 제한하여 기판의 두께 차이로 발생하는 구면수차를 억제하는 방식 (그림11(b))

⑤ 노광용 원환(円環)을 가지는 CD 호환 대물렌즈 (그림11(c))나 CD 재생용의 내주부(內週部)와 함께 DVD 재생에 최적화된 외주부를 갖는 CD 호환 대물렌즈 (그림11(d))를 채용하는 방식

이상의 방식에 대하여, 이번에 개발된 픽업에서는 각각의 디스크에 대하여 전용 대물렌즈를 이용하는 방식이 재생신호 특성면에서 뛰어난 점, 재생호환에 필요한 광학소자를 줄이고, 단순한 구성에 의해 원가가 내려가는 이유에서, 2개의 대물렌즈를 1개의 렌즈 구동기에 탑재하여 디스크에 따라 렌즈를 바꾸는 'twin lens 방식'을 채용하고 있다.

그림12는 광픽업의 구조 및 광학계를, 표3에는 개략 사양을 보인다. 디스크의 정보면에 집광 스팟을 형성하기 위한 2개의 대물렌즈는 동일 렌즈 홀더에 탑재되어 있다. 대물렌즈의 재질은 DVD용은 유리, CD용은 플라스틱이다. $\exp(-2)$ 폭에서 나타나는 집광 스팟 직경은 DVD용에서는 실측이 $0.85\,\mu m \times 0.92\,\mu m$이다. 한편 CD용의 대물렌즈 개구수는 0.38이다. 종래의 CD용 광픽업에서는 파장 780nm의 반도체 레이저가 이용되므로, 개구수가 0.45인 대물렌즈가 일반적으로 사용되고 있

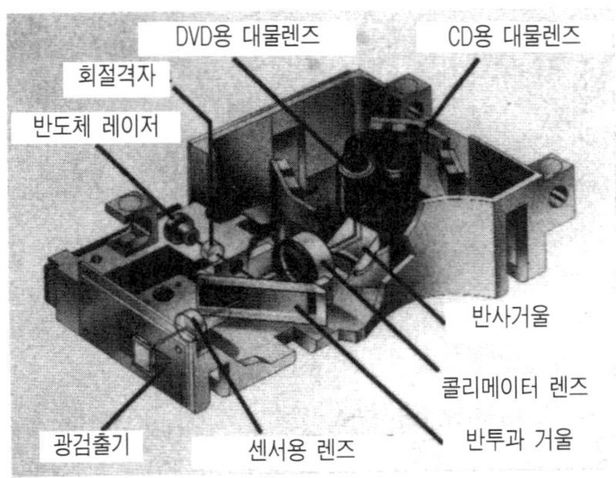

그림12. 트윈렌즈 픽업의 구조와 광로계

다. 그러나 DVD용 광픽업에서는 파장 650nm 부근의 반도체 레이저를 이용하므로 개구수를 작게 하는 것이 가능하다. CD용의 집광 스팟 직경은 $1.2\,\mu m \times 1.32\,\mu m$ 이다.

집광 에러(focus error) 검출방식에는 CD용 광픽업에 일반적인 비점수차법를 채용하고 있다. 또 트랙킹 에러 검출방식으로는, CD용은 세 빔 방식을, DVD용에는 위상차법을 적용하여 다른 트랙피치에 적응되도록 하고 있다. 레이저빔의 분리에는 무편광 하프미러를 채용하여 기판에 대한 복굴절의 영향을 받기 어려운 구조로 되어 있다. 또 광검출기 내부에는 프리앰프가 내장되어 있어, 외부잡음이 입력계에 혼입하는 것을 감소시켜 재생신호 품질의 확보가 가능하다. 재생 후 2가지 값이 된 신호의 시간 요동을 보이는 지터값은 DVD에서는 윈도우 마진의 약 8%, CD는 통상 속도에서 약 15ns, 8배속에서 약 3ns로 둘 다 양호한 특성이 얻어지고 있다.

다음으로 대물렌즈 구동기에 대하여 기술한다. 광픽업에서는 회전하는 디스크의 면진동과 트랙 어긋남에 대하여 항상 광스팟을 트랙 위에 유지하기 위하여, 대물렌즈를 초점방향과 트랙에 수직인 방향으로 구동제어하기 위한 대물렌즈 구동기가 필요하다. 축접동(軸摺動)회전방식의 액츄에이터는 렌즈 홀더의 샤프트에서 편심된

항목			사양
반도체 레이저 파장			650nm
대물렌즈	DVD용(개구수/재질)		0.6/유리
	CD용(개구수/재질)		0.38/플라스틱
에러 검출방식	포커싱		비점수차법
	트래킹	DVD용	위상차법
		CD용	3빔법
광검지기			프리앰프 내장 6분할 광검지기
액츄에이터 방식			축접동회로
부속 회로			고주파중첩회로
외형 크기			(D)62.1×(W)37.1×(H)19.6(mm)
본체 중량			35g

표3. 트윈렌즈 광픽업의 사양

그림13. 데크 제조사에 탑재된 트윈렌즈 픽업

위치에, 회전방향과 광축이 평행이 되도록 대물렌즈를 설치한다. 샤프트에 대해 접동동작을 하여 포커싱 보정이 이루어지고 회전동작을 하는 것에 의해 트랙킹 보정이 이루어진다. 이 픽업에서는 이 회전동작 범위를 아주 크게 하여, 1개의 렌즈홀더에 2개의 대물렌즈를 탑재하는 방법으로 트윈렌즈에 대응하는 구동기를 실현하고 있다. 각 대물렌즈의 중립점을 유지하기 위한 원리로는, 렌즈홀더 위에 트랙킹코일의 뒷부분에 있는 자성편과 트랙킹용 자석의 흡인력, 즉 자기용수철이 이용된다.

특성을 보면, 이 대물렌즈 구동기의 공진주파수는 25kHz 이상으로, 필요한 서보 제어대역의 십배 이상을 얻었다. 더욱이 CD의 8배속 재생에 대응 가능한 충분한 구동력이 얻어지고 있다. 그림13은 데크 유니트에 붙여진 광픽업의 외관 사진이다.

끝으로 광픽업의 차후 과제를 요약하면, 적색 650nm에서는 재생불가능한 CD-R 재생이 780nm의 적색 레이저를 탑재한 두 개의 레이저 픽업으로 실현되고 있는 현재, 광디스크의 새로운 고속회전에 대응, 그리고 노트북 컴퓨터에 탑재 가능한 박형화에 대한 대응이 생각된다.

제 13 장
DVD 시스템

적색 반도체 레이저 기술, 고NA 대물렌즈 성형기술, 박형 기판기술 등 광디스크의 고밀도화를 실현하기 위해 핵이 되는 기술의 진전과, 고화질 동영상을 재생 가능하게 하는 디지털 동화상 압축기술 MPEG2(Moving Picture Experts Group 2)의 규격화에 의해 DVD 규격이 탄생되었다. DVD의 포맷은 음성·화상 데이터와 컴퓨터를 통합하는 것이 가능하며, 대용량이므로 멀티미디어 시대에 걸맞는 차세대의 팩키지 미디어가 되었다.

DVD 플레이어, PC 내장용 DVD-ROM 드라이브가 상품화되고, 차량탑재용 DVD 내비게이션 시스템, DVD 2배속 재생의 제2세대 DVD-ROM 드라이브, 17mm 하이 드라이브 등의 DVD 제품이 발매되었다. 앞으로 글쓰기가 가능한 DVD-RAM 드라이브, 일회 기록의 DVD-R 드라이브, DVD 기록기 등 다양한 DVD 제품이 출현할 것이다.

DVD의 주된 물리 사양을 표4에 나타냈다. DVD는 고밀도화를 실현하기 위하여 650nm 또는 635nm의 적색반도체 레이저와 개구수 0.6인 대물렌즈을 이용하는 것을 전제로 하고 있다. 그런데 디스크의 반경 방향 또는 접선방향의 기울기각(틸트)에 대한 허용도를 넓히기 위해, 광디스크의 기판으로 CD의 절반인 0.6mm라는 박형기판을 채용하고 있다. 변조방식은 CD에서 이용되는 EFM(8/14변조)보다 DR(Density Ratio)가 크고, 신호의 저감성분을 같은 정도로 유지 가능한 8/16 변조를 채용하고 있다. 섹터 크기는 2048B이고, 에러 정정 방식은 16개의 실렉터를 1개 단위의 리드솔로몬 적부호(積符號)를 채용하여, 디스크의 손상 등에 의한 버스트에러 정정 길이가 약 6mm인 충분한 정정 능력을 가지고 있다.

재생용 DVD는 CD-ROM에 비해 한면 단층 디스크에서 7배, 편면 2층 디스크에서는 13배 용량이 있고, 표준속도의 재생에 약 9배의 전송율이 얻어진다.

항목	재생전용 DVD		DVD-RAM	DVD-R
	단층 디스크	2층 디스크		
사용자 데이터 용량	4.7GB	8.5GB	2.6GB	3.9GB
데이터 영역	48~116mm	48~116	48.3~115	48~116
최장 피트 거리	0.4 μm	0.44 μm	0.614 μm	0.44 μm
최단 피트 거리	0.267 μm	0.293 μm	0.409 μm	0.293 μm
트랙 피치		0.74 μm		0.80 μm
변조방식	8/16 변조			
섹터 크기	2,400 바이트			
에러 정정 방식	리드 솔로몬 곱하기 부호			
에러 수정 블록 용량	16섹터(=32kByte)			
디스크 직경	120mm			
센터 홀 직경	15mm			
기판 두께	0.6mm			
레이저 파장	재생	650/635	650nm	650/635nm
	기록		650nm	635nm
대물렌즈 개구수	0.6			

표4. DVD의 주된 물리 사양

항목		사양
드라이브 크기		5.25″ form factor 크기
지원 미디어		DVD(단층/2층), DVD-R CD-DA, CD-ROM, CD-R, CD-RW
레이저 파장	DVD	650nm
	CD	780nm
대물렌즈 개구수	DVD	0.6
	CD	0.45
디스크 회전속도	DVD 단층접근	1186~2866rpm
	CD 20X(CAV)	4400rpm
실효율 전송비율	DVD 2X(CLV)	2700kB/s
	CD 20X(CAV)	3000kB/s(최고)
평균 접근 시간		100ms
호스트 인터페이스		ATAPI
버스트 I/F 전송 비율		16.6 MB/s
전원		+5V, +12V

표5. DVD-ROM 드라이브 SR-8582의 주된 사양

그림14. DVD-ROM 구조의 외관

　　제2세대 DVD-ROM 드라이브 SR-8582의 사양을 표5에 나타냈다. 광헤드는 CD-R(CD-Recordable)을 지원하도록 650nm와 780nm 두 개의 레이저를 탑재하여, DVD는 2배속 재생, CD-ROM은 20배속 재생을 실현하여 CD-RW(CD-Rewritable)도 지원하고 있다.

　　드라이브의 외관을 그림14에 보였다. DVD는 대물렌즈의 개구수가 0.6으로 높으므로, 디스크의 틸트에 대한 허용도가 CD의 절반 정도로 작다. 디스크에 대한 틸트 마진을 확대하기 위해, 드라이브 메이커에 광헤드의 지지 가이드축을 승강(昇降)시키는 틸트 조정기구를 탑재하여, 광헤드의 광축과 디스크면과의 경사각을 0.05도 이하로 조정 가능하다. 또 CD-ROM의 20배속 재생, 100ms 이하의 고속

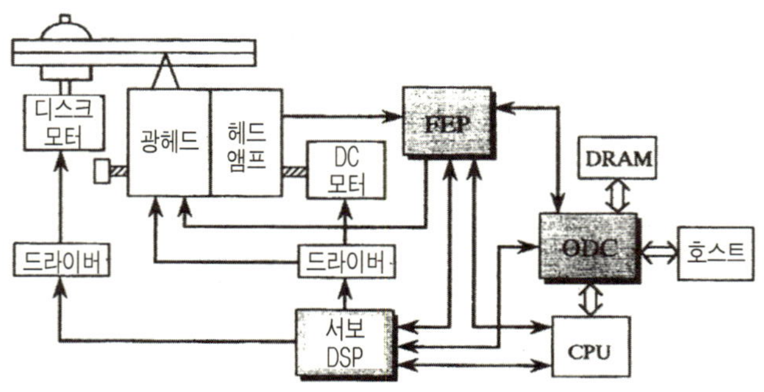

그림15. DVD-ROM 드라이브 SR-8582의 구성

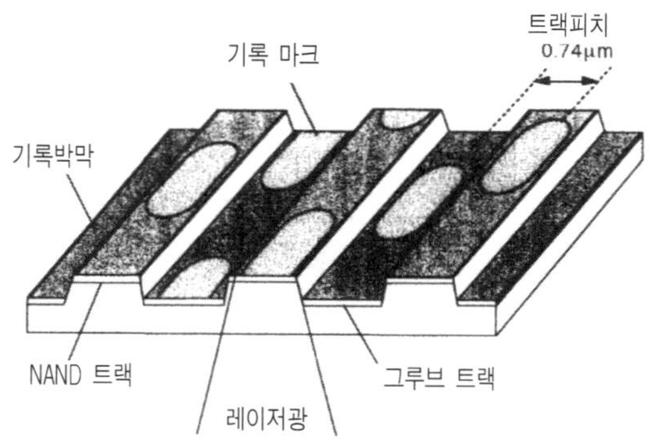

그림16. DVD-RAM의 트랙 구성

액세스를 실현하기 위하여, 클램퍼 부분에 회전이 자유로운 베어링을 복수개 설치하여 광디스크의 불균형을 보정함으로써 진동의 억제가 이루어진다.

드라이브는 그림15에 보인 바와 같이, 프론트 엔드 프로세서(FEP), 서보 DSP (Digital Signal Processor), ODC (Optical Disc Controller)의 세 개의 주요 LSI로 구성되어 있다. FEP는 DVD/CD의 재생신호 진폭의 자동 이득 콘트롤러, 2치화(二値化) 슬라이스, PLL(Phase Locked Loop)에 의한 동기 데이터의 생성 등, 일련의 아날로그 신호처리 기능을 갖추고 있다.

포커스 제어, 트랙킹 제어 등의 광디스크 제어는 서보 DSP를 이용한 디지털 서보로서 실현하고 있다. 그리하여 드라이브의 신뢰성을 보다 높이기 위해 포커스 위치, 트랙킹 위치, 서보 이득 등의 다양한 자기학습기능을 갖추고 있다. ODC는 32비트 CPU(Central Processing Unit)에 의한 소프트웨어 처리와 주변회로에 의한 하드웨어 처리를 동시에 실행시킴으로써 DVD/CD의 복조(復調), 에러 정정, 복원 등을 고속으로, 그리고 다양하게 신호처리를 실현하고 있다.

DVD-RAM 드라이브는 DVD-ROM 드라이브에 기록 기능을 추가하여 구성한 것이다.

DVD-RAM은 랜드 트랙과 그루브 트랙이 1회전 때마다 교대로 연결되는 1회 나선형 트랙 포맷이다. 물리(物理) 어드레스는 랜드와 그루부의 중간에 놓아, 이 어드레스를 기초하여 랜드 트랙과 그루브 트랙 상방으로 정보를 기록한다.

DVD-RAM에서는 열의 축적에 의한 기록 마크의 왜곡을 억제하기 위해, 그림 17에 보인 새로운 기록 방법의(write) 전략기술을 채용하고 있다. 피크파워, 바이

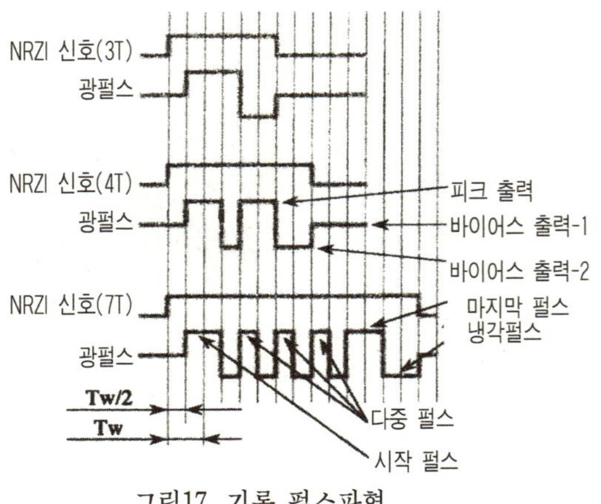

그림17. 기록 펄스파형

어스 파워-1, 바이어스 파워-2 세 개의 파워 레벨과 스타트 펄스, 폭 Tw/2의 멀티펄스(Tw는 채널 클럭 주기), 폭 Tw의 라스트 펄스, 폭 Tw의 쿨링 펄스 네 종류의 펄스를 조합하여 한 개의 마크를 기록한다.

최단 마크인 3Tw 마크는 폭 1.5Tw의 스타트 펄스와 쿨링펄스이고, 4Tw의 마크는 폭 1Tw의 스타트 펄스, 라스트 펄스, 쿨링펄스로 기록한다. 5Tw 이상의 마크는 폭 1Tw의 스타트 펄스, 멀티 펄스, 라스트 펄스, 쿨링 펄스로 기록한다. 이러한 새로운 기록(write) 전략기술에 의해, 최단 마크 길이 0.614 μm라는 고밀도 마크 기록을 가능하게 하고 있다.

21세기에는 HD-TV(High Definition Television)이 본격적으로 보급될 것이므로, 이에 대응하여 다양한 광디스크의 고밀도화 개발도 착실히 진행되고 있다. 그림18은 15mW의 고출력 광도파로형(光導波路型) SHG(Single Harmonic Generation) 청색 레이저를 직접 변조하여, 랜드·그루브 트랙이 포함된 상변화(想變化) 광디스크에 기록한 마크의 투과전자현미경 사진이다. 트랙피치는 0.33 μm, 마크 길이는 0.24 μm로, 이는 직경 12cm의 광디스크 한쪽 면에 15GB의 정보를 축적할 수 있는 밀도이며, 이 용량에 2시간의 HD 동화상을 수록할 수 있다.

고밀도 HD-DVD를 실용화하기 위해, 단파장 레이저의 실용화 개발, 미세 피트를 안정하게 형성하는 마스터링·성형기술, 정확하게 마크를 기록하는 라이트 전략 기술, 읽기의 신뢰성을 높이는 재생기술 등 많은 과제가 산적해 있으나, 21세

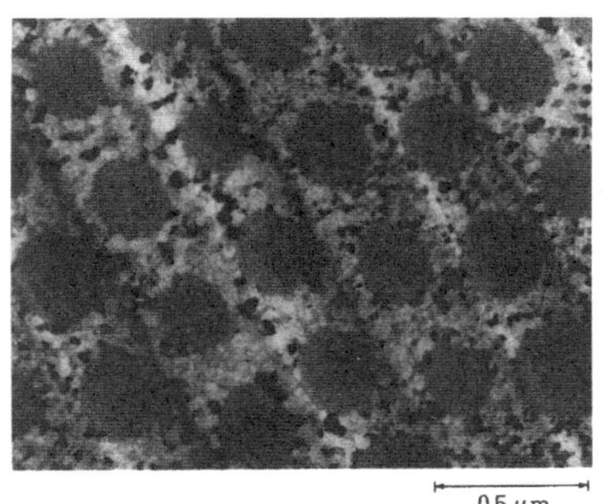

그림18. 기록마크의 투과전자현미경 사진

기 초부터 실현될 것이다.

제3부의 요약

이상과 같이 광통신기술에는 '다중화'를 키워드로 하는 새로운 기술이 도입되어, 정보의 대용량화 수요에 대응하여 많은 프로젝트가 전개되고 있다. 전송 속도는 1990년대 초에만 해도 2.4Gb/s의 시험회선이 화제가 되었으나, 바로 10Gb/s가 눈앞에 오더니 완전히 실용화되었다. 이제 100Gb/s 회선이 설치되고 있는 것이 현황이다. 최근의 국제회의 등에서는 옛날에는 발표주제가 되지 않았던 1Tb/s(테라비트/초)가 논의되더니 지금은 1Tb/s의 전송실험이 보고되었다. 또 각 가정에 광섬유 네트워크가 연결되는 시대가 왔다.

광디스크기술은 광학, 기계, 그리고 전자공학 세 가지 요소기술을 구사한 금세기 최고 걸작 전자제품이라 할 수 있다. DVD-ROM을 시작으로 DVD-RAM, DVD-R, 그리고 HD(고밀도) 용의 DVD-RAM 등, 점점 다양한 디스크가 탄생하여 광메모리의 미디어로 성장하고 있다.

끝으로 한마디 추가하고 싶은 것은, 광통신 기술이든 광디스크 기술이든 엄청난 전진 뒤에는 반도체 레이저와 광섬유를 기초로 하는 소자기술의 놀라운 발전이 있어, 그에 의해 유지되고 있다고 할 수 있다. 그래서 소자기술의 진전에는 재료기술, 공정기술, 미세가공기술 등의 주변기술의 발전이 있었다는 것을 잊어서는 안 된다.

제 4 부
자동차산업 분야

레이저를 열원으로 하여 가공기술에 응용한 시도는 자동차산업에서 비교적 빠른 시기에 시작되었다. 1969년에는 자동차용 전자부품의 저항의 트리밍 가공이나 세라믹스 기판의 스크라이빙 가공에 응용되었다. 이는 레이저가 최초로 발진되고 9년 후에 가능했던 일이다. 그 후 1970년대 중반에 미국에서 두 개의 커다란 개발이 이루어졌다. 포드 자동차(Ford Motor)의 차체강판 레이저 용접과, General Motors의 파워 스티어링 기어 하우징의 레이저 담금질이다. 이 개발이 그 후 자동차산업에 레이저 가공기술 발전의 시금석이 되었다.

1980년대에 들어 레이저 가공의 실용화 예가 늘어났는데, 가장 급격한 발전이 레이저 절단과 레이저 용접이다. 레이저 절단은 시작 단계나 소량생산시 패널 부품의 절단이나 천공가공에, 또 레이저 용접은 트랜스미션의 용접에 성공했다. 레이저 절단은 새롭게 확대되어, 조립라인 내에서도 이루어지는 예가 늘고 있다. 트랜스미션 기어 등의 기계가공부품의 레이저 용접은 전자빔 용접과 경쟁하는 기술이지만, 레이저빔의 고출력화, 품질향상, 가공기의 원가절감 등에 더하여, 대기 중에서 가공이 가능한 점, 시스템의 유연성이 높은 점에서, 자동차산업에서 사용 수가 증가하고 있다. 특히 구미에서 그 경향이 현저하다. 한편, 계측기술에 대한 응용도 한창이며, 도장결함의 검출이나 차체 정밀도의 계측 등 제조공정상의 응용에서 복잡한 엔진의 연소를 해석하는 도구로서, 보다 안정성을 높이기 위한 충돌 방지용 레이더로서의 응용 등 폭 넓게 이용되고 있다.

제 14 장
테일러드 블랭크 소재의 레이저 용접

　테일러드 블랭크재(材)는 그림1에 보인 것과 같이 판의 두께, 강도, 표면처리를 다르게 한 복수의 강판을 접합하여 부품으로서 요구하는 특성을 만족시키도록 강판을 배치시킨 프레스 소재를 말한다. 강판과 강판을 맞붙이는 용접에 레이저가 최초로 이용된 것은 Thyssen Stahl에 의한 Audi의 플로어 패널용 블랭크 재이다. 오늘날 테일러드 블랭크재는 전세계에서 차체의 다양한 부품에 사용되기 시작했다.

　테일러드 블랭크재의 레이저 용접 시스템의 구성을 그림2에 보인다. 반입공정, 용접공정, 반출공정 등 세 개의 공정으로 구성된다. 강판이 투입 로봇에 의해 가공 스테이지에 올려지면, 로봇으로 용접 시스템에 운반된 강판은 용접 치구(治具)에 의해 고정된다. 그 후 레이저 용접 헤드가 이동하여 용접이 이루어진다. 뒤에 기술할 품질검사장치에 의해, 용접 중 및 용접 후에 발생한 용접부의 품질확인이 이루어진다. 검사에 통과한 부품은 반출 로봇에 의해 하적되어, 다음 공정인 프레스 라인으로 운반된다. 결함이 검출된 제품에 대해서는 결함 제거장치로 옮겨진다.

　레이저로 용접된 블랭크재를 종래의 한 장의 판과 같이 프레스 성형하면, 부품에 가공을 했기 때문에 용접부의 품질이 확보되지 않으면 안 된다. 자동차용 얇은

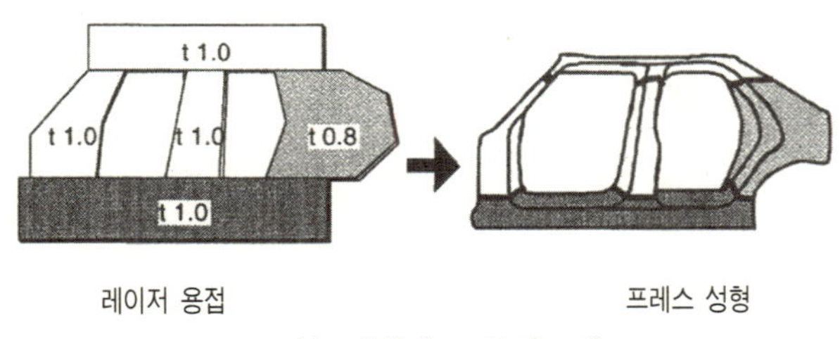

그림1. 테일러드 블랭크재

강판에서는 용접 비드의 최소 판두께와 모재(母材) 판두께의 비를 0.8 이상으로 유지하여, 용접부의 품질 확보가 가능하다. 용접결함품을 다음 공정의 프레스 라인에 보내지 않기 위해 재료 접합면의 품질관리, 접합 중의 결함검사, 접합 후 용접 비드의 검사 등에 의해 충분한 품질 관리가 이루어진다.

그림3은 그림2에 붙은 가공베드를 나타낸다. 2개의 검사장치, 플라즈마 모니터링 장치와 비드 검사장치가 내장되어 있다. 비드 검사장치에서는 용접 직후 용접 비드의 형상을 CCD 카메라에서 검출하여 화상처리하는 방법으로, 접합부의 단차(段差)와 언더필(underfill)을 검출하고 있다.

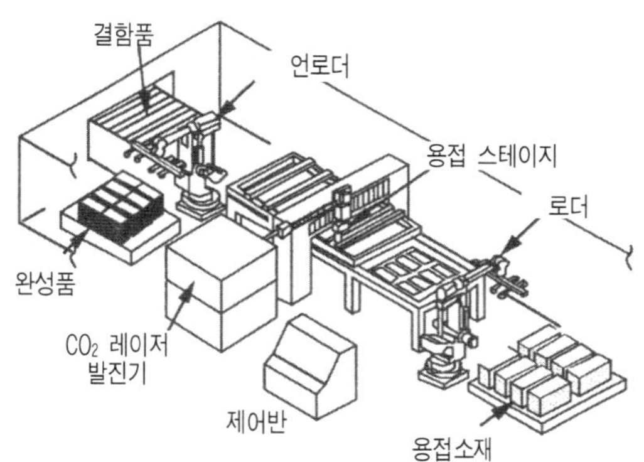

그림2. 테일러드 블랭크재의 레이저 용접장치

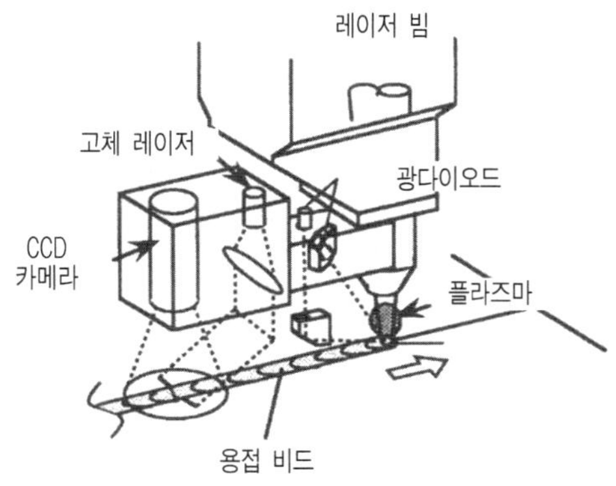

그림3. 플라즈마 모니터링 장치와 비드 검사장치가 내장된 가공헤드

　　반도체 레이저에 의한 슬릿광을 용접 비드에 기울어지게 조사하여, 비디오 카메라로 반사광의 화상을 촬영하면 삼각측량의 원리에 의해 단면 형상을 측정할 수 있다. 이 시스템에서는 0.03mm 정도에서 30Hz로 해석이 가능하고, 용접속도가 5m/min일 때, 약 3mm 간격으로 형상 측정이 이루어지고 있다. 플라즈마 모니터링 장치는 레이저 용접시에 발생하는 고온의 플라즈마를 포토 트랜지스터(센서)로 검출하여, 플라즈마 강도에서부터 레이저 용접 공정상의 결함 발생을 모니터하고 있다.

　　플라즈마광은 1kHz의 주기로 샘플링되어 컴퓨터 처리되고 있다. 플라즈마 모니터링 장치의 구성을 그림4에, 천공 및 겹쳐지는 결함이 발생되었을 때의 플라즈마 강도를 그림5에 보인다. 키홀 내의 플라즈마 압력의 평형상태가 일시적으로 무너져 플라즈마 강도가 단시간에 크게 변화하는 것을 잡았다. 이 두 개의 검사장치에 의해 제품 모두를 자동검사하고 통상적으로 생산에서 발생하는 거의 모든 용접 결함을 포착하고 있다.

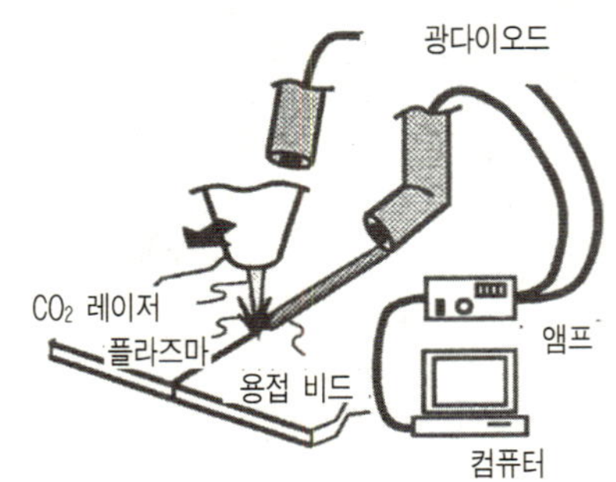

그림4. 플라즈마 모니터링 장치의 구성

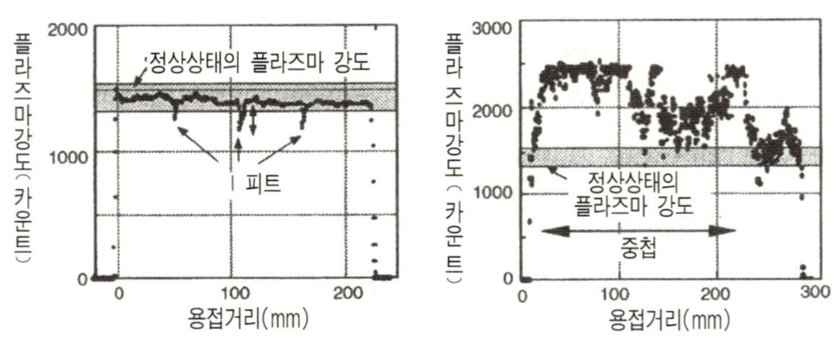

그림5. 천공 및 중첩 결함이 발생했을 때의 플라즈마 강도

테일러드 블랭크재를 적용하는 데 있어서, 기술상의 과제 하나는 프레스 성형성이다. 문 안쪽에 차후(差厚) 블랭크재를 적용함으로써 강화를 생략하여 경량화가 된 부품이다. 그림6은 판후(板厚) 1.4mm와 0.7mm으로 된 레이저 용접 블랭크재와 0.7mm 두께의 블랭크재를 프레스 성형한 문의 내부를 보인다. 이 부품은 깊게 교차시키는 것과 잡아당기는 성형이 주체가 되므로, 레이저 용접재의 성형성 판단이 주요한 과제이다.

그림6에는 프레스 성형의 주응력 분포를 해석한 결과이다. 적색이 응력, 즉 가공 왜곡이 큰 부분이다. 한 장의 판으로 만들어진 부품과 비교할 때, 테일러드 블랭크재에서는 강도가 다른 판을 연결하고 있기 때문에 저강도의 재료에 왜곡이 집중되어 있다. 이 부위가 재료의 파단(破斷)한계를 넘으면 깨짐이 발생한다. 이와 같이 테일러드 블랭크재에서는 용접선의 위치, 용접부 판 두께의 차, 강도의 차 등이 성형성, 또는 부품의 성능에 크게 영향을 미치므로 이에 대한 해석 기술이 중요하다.

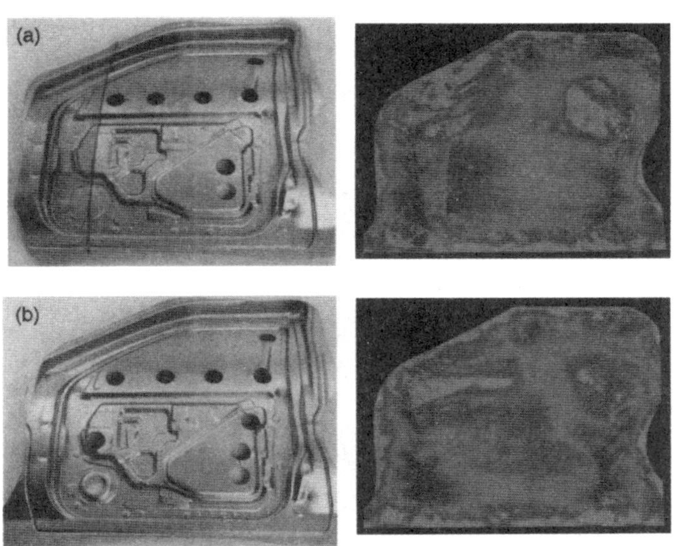

그림6. 도어 내부 및 프레스 성형 중의 최대 주응력 분포
(a) 두께가 다른 블랭크재, (b) 단일 판재

제 15 장
차체의 3차원 레이저 용접

자동차에 대한 레이저 응용이 가장 먼저 화제가 되었으나, 안타깝게도 현재 가장 개발이 이루어지지 않은 분야가 차체의 3차원 용접이다. 원래 자동차의 차체는 성형된 얇은 강판을 조합하여, 저항점용접이나 아크용접 등으로 접합도록 되어 있다. 용접의 열원을 레이저로 바꾸어 광을 자유자재로 조작하여 고속으로 차체를 용접하는 것은, 오래 전부터 시도되어 왔다. 단 성형된 프레스 제품의 정확도는 레이저 가공에서 요구되는 정확도에는 미치지 않는 경우가 많아, 레이저와 같이 집광된 작은 스팟을 이용하는 가공에는 그대로 이용하기에 부적당하다.

1970년대에 미국에서 승용차 바닥을 레이저 용접하려고 시도했으나, 이 부분의 검토가 불충분하여 대실패로 끝났다. 다시 말하면, 정확도가 좋지 않은 재질 상에서의 용접점은 집광된 레이저광을 정확하게 놓고 하는 것이 간단하지가 않다. 최근에는 원가절감효과가 큰 테일러드 블랭크 앞에서 그림자가 옅어지는 것을 응용

그림7. 루프 부분의 레이저 용접

하여 제품의 디자인이나 클램프 치구(治具) 등을 다양하게 연구함으로써, 최근에 이 분야에 대한 응용예가 크게 늘고 있다.

최근 측면충돌에 대한 안전이 요구됨에 따라 자동차 제조사는 차체강성을 증대시키려 하고 있으나, 접합점의 간격이 완전히 조정되지 않는 종래의 저항점용접에 비해 레이저는 기본적으로 연속선에서의 용접을 가능하게 하여 특성 향상에 커다란 공헌을 한다. 또한 박스 구조에서의 용접이 가능한 점에서 제품 디자인의 변경에 의한 단면적의 증대도 기대되어, 구조적인 강도를 향상할 수 있게 되었다.

이러한 의미에서 옛날부터 루프 부분의 용접은 가장 효과가 큰 레이저 적용의 하나로 검토되고 있다. 먼저 1980년대 중반에 GM이 승용차 지붕을 CO_2 레이저로 용접했다. 그러나 당시의 작은 레이저 출력이나 빈약한 가공디자인에 의해 이 응용은 제대로 성공하지 못하고 이후 널리 쓰이지 않았다. 드디어 1990년대 초반이 되어 볼보가 가공 헤드에 신축(伸縮) 기능을 갖춘 가공기에 CO_2 레이저를 탑재하여 주력차종의 루프 측면 용접을 시작했다. 이 공법은 Nd : YAG 레이저도 사용하면서 현재까지 생산을 확대하면서 계속되고 있다. 현재 이 효과에 눈을 돌린 독일의 대형 자동차 제조업체가 채택하여, Audi(그림7)나 폭스바겐 등이 경쟁적으로 양산판매 차종에서 채용하고 있는데, 레이저 출사구 근방을 회전하는 롤러로 고정하는 방법이 주류를 이룬다.

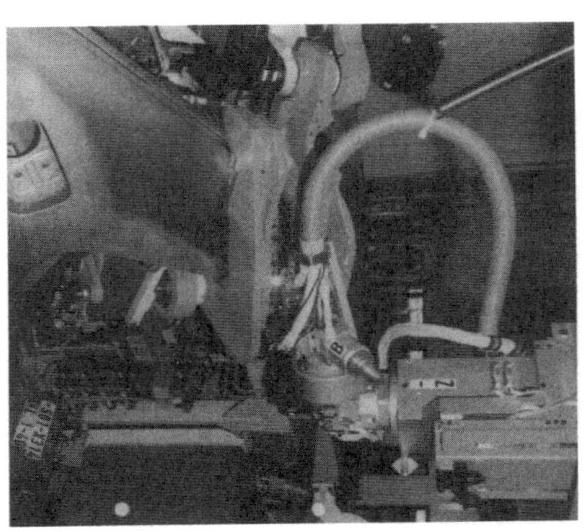

그림8. 루프 부분의 레이저 절단 · 용접

이 응용은 미국 자동차 메이커에서도 검토하고 있으며, 차후 전개가 기대되고 있다. 단 CO_2 레이저의 사용이 압도적인 테일러드 블랭크의 응용과는 달리, 본 응용의 레이저 발진기는 현재 운영 비용이나 유지관리에 유리한 CO_2 레이저와 광섬유를 이용하는 것이 가능하여 유연성에서 유리한 Nd : YAG 레이저 중의 하나가 사용되고 있다. 차후에는 출력의 증대와 운영비용의 절감이 예상되는 Nd : YAG 레이저를 점점 더 사용할 것으로 생각된다.

또 벤츠사에서는 오래전부터 지붕과 뒷부분 필라의 접합에 레이저를 이용하고 있는데, 단면의 맞춤 정밀도를 올리기 위해 접합하는 부품을 치구로 고정한 후에 레이저 절단을 하고 있다 (그림8). 이를 위해 이 가공기는 수동으로 용접, 절단하는 양용 헤드를 가진 공정 중에 자동 반전(反轉)하고 있으며, 이에 의해 작업단면의 정밀도가 상당히 느슨해도 균일한 용접이 실현되고 있다.

트렁크의 3차원 레이저 가공도 시작되었다. 1991년에 GM이 트렁크에 붙인 스톱 램프의 구멍 절단과 그 보강재의 용접에 CO_2 레이저를 이용하기 시작했으며, 1999년부터 독일의 오펠(Opel)에서도 같은 응용이 Nd : YAG 레이저에 의해 개시되었다.

이와 같이 레이저 용접이 급속하게 확산되고 있는 구미에 비하면 실용적 예는 아주 적은 일본이지만, 1992년에 미쯔비시 자동차에서 센터필러(center pillar)의 외부와 내부를 용접하는 응용이 실용화되었다 (그림9). 종래의 4부품·3공정에 대

그림9. 센터필러의 레이저 용접

해 새로운 디자인에서는 3부품·1공정으로 되어 비용절감에 크게 공헌하는 것과 동시에 점용접에서는 불가결했던 플랜지를 폐지함으로써 단면적이 크게 감소하여 필러의 슬림화에도 유용했다. 플랜지부의 무게를 합하면 차 1대당 20kg까지도 되어, 그 전부를 없애는 것은 불가능하더라도 부분적으로 폐지하거나 길이를 짧게 하여 경량화에 공헌하게 되었다.

이와 같은 3차원 레이저 용접을 성공하기까지 몇 가지 과제는 있었다. 먼저 생각해야 할 것은 제품 디자인의 변경이었다. 종래의 용접법에서 고려한 접합 디자인을 살려 그대로 용접법만을 레이저 용접으로 치환해도 효과가 나오는 경우는 거의 없다. 레이저가 지니고 있는 한 방향에서의 접근이나 비접촉가공인 점 등의 장점을 충분히 살리도록, 접합부의 구조를 포함한 제품의 디자인을 먼저 하는 것이 요구된다. 이를 위해서는 생산기술자만이 아니라 제품의 설계자도 레이저 가공에 대해 올바른 이해가 필요하다.

다음으로 레이저 가공기 및 치구의 적절한 설계가 요구된다. 부품의 조합 정밀도를 올리는 것이 가장 빠른 길이지만, 자동차 제품의 경우 일반적으로 프레스에 의해 부품을 성형하므로 정밀도 향상이 아무래도 힘들다. 여기서 이러한 작업을 클램프 등의 치구 구조를 연구하여 확실하게 맞추도록 하는 것이 중요하다. 또 Nd : YAG 레이저의 출사 유니트의 간편함에 현혹되어 강성(剛性)이 없는 다관절 로봇을 선택하는 것도 결국 만족스러운 궤적 정밀도를 얻지 못하고 실패하는 요인이 되므로 주의를 요한다.

그림10. 용접불량 검출장치

　끝으로 용접된 부분의 품질보증을 어떻게 하는가가 중요한 문제이다. 레이저는 신기술이므로 그 도입을 생산현장에서 망설이는 일이 많으나, 품질 보증 수단을 가지면 도입에서 오는 불안을 해소하고 커다란 도구가 된다. BMW에서는 루프 부분의 용접 확인에 레이저 가공시에 발생하는 플라즈마의 상태(온도, 밀도)를 두 종류의 센서로 감시하여, 용접 불량 부분의 검출에 성공하고 있다 (그림10). 자동차 차체의 경우에는 불량이 검출되어도 한 대 분을 NG로 하는 것이 어려우므로, 이 응용에서는 불량부분에 표시를 하여 후공정에서 보수하고 있다.

　이와 같이 구미에서는 3차원 레이저 용접의 중요성이 인식되어 그 응용이 해마다 확대되고 있으나, 일본에서는 이제 막 시작단계이다. 직접적인 비용 절감이 주목적인 테일러드 블랭크와는 달리, 본 응용에서는 오히려 강도(强度)나 강성(剛性)이라는 특성 향상에 커다란 역할을 미친다는 것을 이해한다면, 지금부터 자동차 제조방법을 근본적으로 바꾸는 공법이 꿈만은 아니라고 생각한다.

제 16 장
실린더 헤드의 레이저 담금질

최근 자동차 엔진에서는 고출력화와 저연비의 양립, 배기가스의 클린화 등이 추구되어, 엔진 구성부품은 열적(熱的)으로 점점 엄격해지고 있다. 예를 들면 연비개선을 위한 연소 개량은 배기온도를 상승시켜 재료에 보다 엄격한 사용 환경이 되어 가고 있다. 이에 대해 종래 자동차 엔진의 실린더 헤드에 압입(壓入)하던 연결 밸브 시트를 폐지하고, 밸브 면만을 내(耐)마찰재료로 개량하는 '레이저 클래딩 밸브 시트'가 개발·실용화되었다. 이에 의해, 엔진연소실의 온도를 감소시켜, 밸브 직경의 확대가 가능해져 연비, 출력 등의 엔진 성능향상이 가능하게 되었다.

실린더 헤드의 재료인 알루미늄 합금은 융점이 낮고 열전도성이 높아 표면에 강한 산화피막이 존재한다. 그래서 알루미늄합금에 고융점재료를 클래딩하는 것은 어렵다고 보아왔다.

레이저광은 알루니늄 합금 표면에서 반사가 잘 되고 분말재료에는 잘 흡수된다. 이 특성과 광성형성(열원형상의 변형특성)을 함께 이용하여 직경 약 2mm의 레이저빔을 공진·내열·고속진동형의 빔발진기(스캐너)로 진동시켜서(약 200Hz), 그 반사광으로 분말재료만을 융용시킨다. 여기서 만들어진 고온(약 2000℃) 및 미소 융용물질을 고속 이동시켜가면서 그 열로 클래드층을 형성시키는 것이다.

요약하면, 융점이 낮은 알루미늄 합금을 레이저로 용용시키지 않고, 표면의 산화막만을 고온의 미소 융합물질로 파괴하여 클래드 재료를 용착(溶着)시킨다. 그 이상의 열은 알루미늄 합금의 높은 열전도성으로 인하여 내부로 급속하게 사라진다. 이러한 열유입과 열확산의 균형을 제어하여 알루미늄 합금 모재(母材)의 희석을 억제하여 알루미늄 합금의 고융점재료의 클래드가 가능하게 되었다. 그림11과 그림12에 그 모식도를 나타낸다.

레이저 클래드 재료는 알루미늄 합금으로서의 클래드성(용착성·내구성 등)과

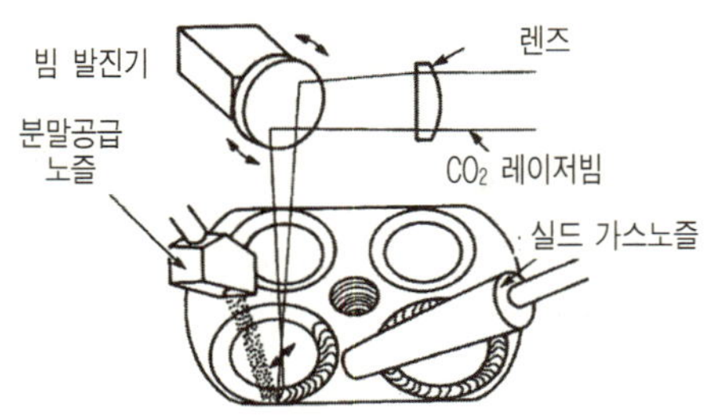

그림11. 실린더 헤드의 레이저 클래드 모식도

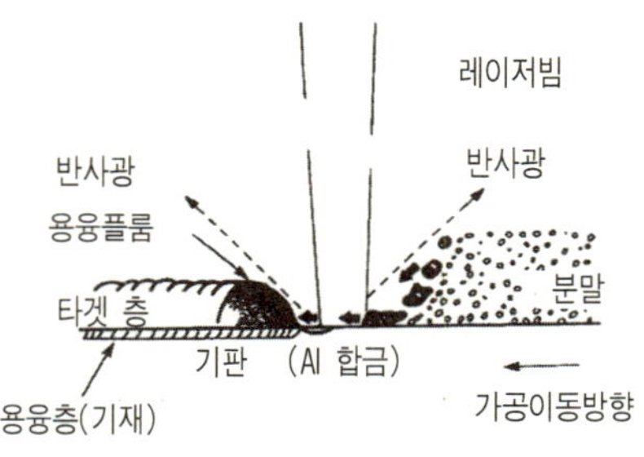

그림12. 루프 부분의 레이저 용접

밸브 시트로서 필요한 특성(열전도성·고온내마모성·윤활특성)이 양립되지 않으면 안 된다.

기본재료는 열전도성이 높고, 접합시 비교적 안정적인 화합물을 형성하며, 실용재료로서 재료 가격이 싼 것 등을 들어 Cu가 선정되었다. 여기에 내열성·내구성을 향상시키기 위해 전부 녹인 Ni을 첨가하여 알루미늄의 용착성을 확보하기 위한 알루미늄 합금표면의 산화막을 파괴하기 쉬운 원소 Si이 첨가되었다. 또 분말제조가 용이할 것, 레이저 조사 등에 플라즈마화가 쉬워 증기압이 높은 원소를 포함하지 않는 것 등을 고려하여 Cu-Ni-Si계 기본화합금속이 선정되었다.

내마모성과 윤활성에 대하여는, Cu-Co, Cu-Fe계에서 일어나는 구리합금 특유의 2액층 분리반응을 이용하여 윤활작용을 갖는 Laves상에 속하는 Co-Mo 규화물질을, 레이저의 급속응고냉각과 빔스캔에 의한 용융풀 혼합효과를 이용하여 클래드층 내에 미세분산시킨 신합금재료가 개발되었다. 표1에 합금조성과 그림13에 그 합금 조직을 나타낸다.

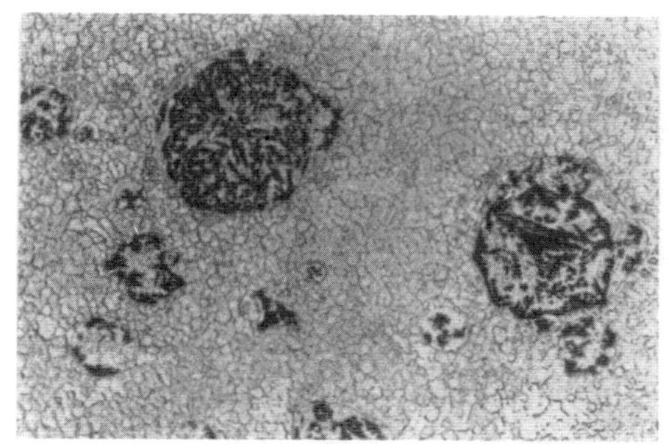

그림13. 개발 합금의 조직

Alloy	Cu	Ni	Co	Mo	Fe	Si	Cr	B
A	bal	19.6	–	–	7.8	2.7	–	1.3
B	bal	15.8	7.6	6.7	5.9	2.9	1.6	–

표1. 개발 합금의 화학조성

이에 의해서 알루미늄 합금의 용착성과 밸브 시트 재료로서의 내마모성을 확보하게 되었다.

이러한 클래드 기술, 클래드 재료는 레이저가 핵심기술이 되며, 레이저가 아니면 안 되는 기술로서 확립되었다. 그러나 실린더 헤드의 양산기술개발에 대하여는 레이저 클래드 기술의 주변 요소 기술 (조형재·분말·설비·품질보증체제 등)의 높은 완성도가 필요하게 된다.

알루미늄 합금의 고품질화, 알루미늄 표면의 청정화, 분말재료의 성분·입도(粒度)의 안정화·정량공급, 레이저광 모드의 장기 안정화, 가공기계의 고정밀도·고내구성, 또 자동검출기에 의한 불량품의 유출방지 등 여러 가지 노하우를 결집한 생산 유니트가 완성되어, 연결압입 방식을 대신하는 기술로서 확립되었다. 그림14에 생산 유니트의 클래드기(機)를 보인다. 그림15는 양산 모델로서 생산되고 있는 실린더 헤드이다.

종래의 압입방식은 실린더헤드 본체와 밸브 시트 사이에 공기 단열층이 존재하는 것에 대하여, 레이저 클래드 방식에서는 금속접합을 하기 위해 열전도율을 향

그림14. 레이저 클래드 가공기

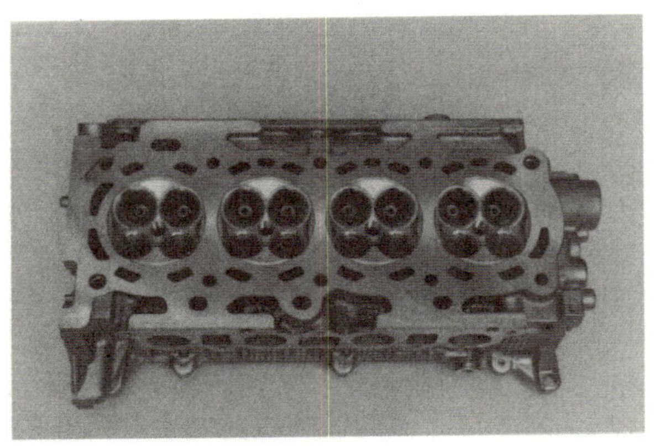

그림15. 실린더 헤드의 외관

상시키고, 한편 엔진 연소실의 흡기·배기밸브를 보다 크게 하는 것이 가능하다.

이로서 엔진 연소실의 벽온도가 감소되어 노킹이 개선되고, 추가적으로 밸브·밸브 시트의 온도가 30~50℃ 내려가 중저속에서 고속영역에 이르기까지 연비, 토크, 출력의 향상이 가능하게 되었다. 또 내구신뢰성에 있어서는 종래의 연결압입방식에 비해 2배 이상 향상되었다. 그림16에 밸브온도 저감효과를 보인다.

이 기술은 ISATA, SAE, 일본자동차기술회, 일본금속학회 등 국내외에서 높은 평가를 받았고, 제품화에서 고성능과 내구성이 실증되어, 현재 세리카(모델명)

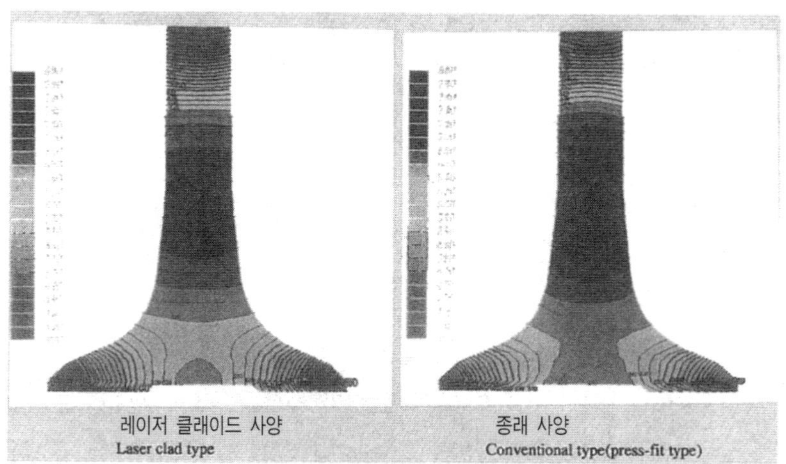

그림16. 밸브 온도 감소효과(배기 밸브)

GT-FOUR, MR-2의 소량 모델과 미국에서 판매하는 98캐롤라(모델명)의 양산
(量産)에 채용되었다.

제 17 장
엔진의 레이저 열처리

실린더 보어의 표면에 직접 레이저를 조사하여 열처리하는 기술이 개발되었다 (그림17). 이는 양산 자동차로서 세계에서 그 예가 없다. 이러한 열처리에 의해 종래 고출력 디젤엔진에 압입해온 실린더 슬립을 폐지하는 한편 엔진 보어 피치의 축소 등 많은 장점을 가져왔다.

열처리의 특징은 고에너지 밀도의 레이저를 조사하는 것에 의해 단시간에 표면이 고온으로 되어, 열의 확산이 적고 내부와의 온도차가 커서, 종래 열처리에서 필요했던 열처리 액체를 사용하지 않고 자동 냉각으로 열처리가 가능하게 되어, 열처리 왜곡이 적어져 깨끗하게 처리하는 이점이 있다.

열처리는 실린더 보어의 마찰이 심한 피스톤링의 상사점 부근의 30mm 폭에 적용되었다. 또 열처리형상은 유막형성에 유리한 체스판 모양으로 했다. 이에 의해 호닝처리 후에도 열처리부와 비열처리부는 약 $1\,\mu m$의 높이 차이가 생겨 왜곡되는 비열처리부의 내(耐)스카프에 효과적인 유막이 형성된다.

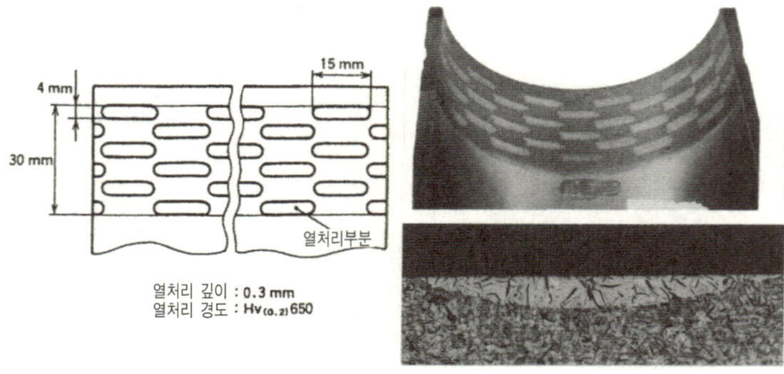

그림17. 열처리 제원

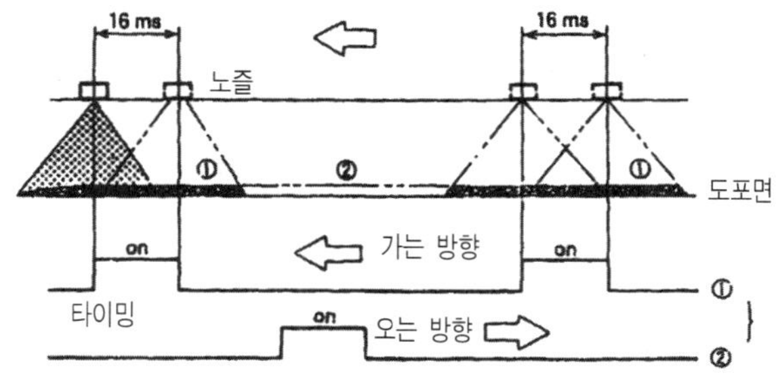

그림18. 정적인 도포법

고속가열에 의한 고정밀 온도제어기술의 확립이 과제이다. 구체적 예로서 열처리 깊이 0.3mm을 목표로 스폿 직경 ϕ6mm의 레이저빔을 2.8m/min의 이동속도로 조사했을 때 레이저 스폿의 통과시간은 겨우 0.13초이다. 이 사이에 표면온도를 실온에서 1100℃까지 올리는 것이 필요하다 (세멘타이트 Fe_3C의 분해·확산 때문에 가열시간이 짧을수록 열처리온도를 올릴 필요가 있다). 한편, 철의 경우 1150℃에서 녹기 시작한다. 따라서 허용 온도차이는 40℃이다. 이 사실에서 온도변화를 어떻게 적게 할 것인가가 포인트가 된다.

다음으로 이 변화의 요인에 대하여 기술하면, 물론 레이저 발진기의 성능도 하나의 요인이지만, 그 외 레이저광이기 때문에 전송 중의 반사·흡수에 의한 출력 감쇄, 더욱 중요한 것은 열처리 대상물의 레이저 흡수율이다. 이 흡수율을 높이는 것과 함께 안정화시키는 것도 요건이다. 그 외 연속가열에 의한 대상물의 열축적, 재료의 상태 등을 들 수 있다.

전술한 온도변화를 적게 하기 위해 열처리에 관여하는 전후의 공정을 포함하여, 공정별로 개발된 독자 기술의 포인트는 다음과 같다.

① 전처리(세정·건조)

열처리부의 유분, 수분 제거에 고주파세정·건조기가 채용되었다. 이것으로 주물의 마이크로 크기의 구멍에 들어가 있는 수분·유분을 단시간에 제거 가능하다.

② 전처리(레이저 흡수제 도포)

레이저를 효율 좋게 열로 변환시키기 위해, 열처리 대상물에 레이저 흡수제가 도포된다. 이 흡수제로서 이황화몰리브덴(MoS_2)＋탄소계의 레이저 흡수제가 개발되었다. 도포도 신개발한 스테칭법 (그림18)이 채용되었다. 10수 msec의 토출(吐

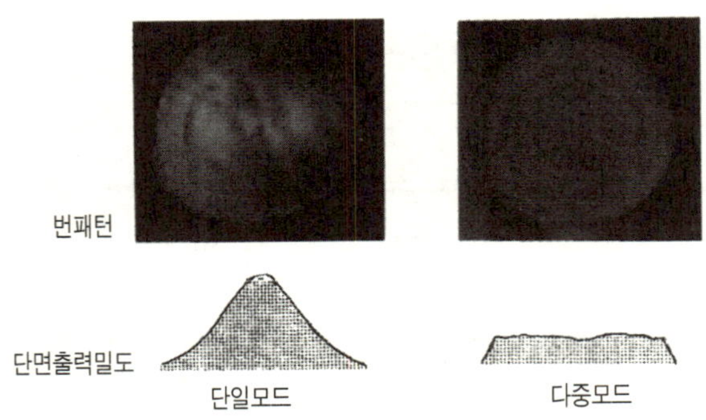

그림19. 레이저 빔 모드

出)시간에서 단속적으로 도포하는 방법인데, 보어 내 약 60mm의 거리에서 도포하여, 최적막 두께인 $20\sim45\,\mu m$로 처리하는 것이 가능하게 되었다.

③ 레이저 열처리

- 출력제어 : 열처리 66개소/실린더에 대해서는 개별적으로 출력이 설정되었다. 이것은 이동가열시의 축열, 레이저빔의 모양(모드) 보정에 대응하고 있다.

- 빔모드 : 레이저 발진기 내부의 렌즈에 의해 간섭이 생겨, 여러 가지 에너지 밀도의 서로 다른 모양이 보인다. 열처리에는 에너지 밀도가 균일한 멀티모드(그림19)가 최적이다. 이것은 발진기 내부의 공진기계의 상수를 변화시킴으로써 실현되고 있다.

- 출력 피드백 : 빔모드의 출력을 정확하게 계측 가능한 센서를 가지고 출력제어 변화를 ±2% 이하로 하고 있다.

- 레이저빔의 회전 : 레이저 가공의 경우, 통상 빔을 정위치에 고정하고 가공품을 움직이지만 실린더 블록의 경우 보어 중심에서 회전이 대칭적이 아니게 된다. 그러므로 45° 회전거울에 의해 빔을 회전시키고 있다 (그림20). 이 때 빔도 자전하므로 모드는 축대칭 에너지의 밀도분포가 필요해져 여기에 대응하여 특수한 개구(aperture)를 고안하고 있다.

④ 후처리(템퍼)

피로강도가 문제되지 않는 국부 열처리에서는 보통 템퍼를 생략한다. 그러나 레이저 열처리의 경우 급열, 급냉에 의한 잔류응력이 크므로 템퍼가 불가결하지만, 노(爐)에 의한 실린더블록 전체를 가열하는 것은 정밀도를 악화시키므로, 고조파

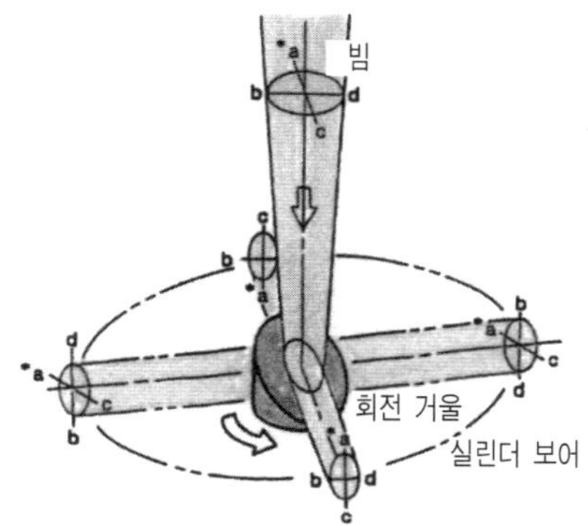

그림20. 빔의 회전에 의한 모드의 비교

유도가열로 국부적으로 템퍼를 실시하고 있다. 단시간 가열해도 효과를 내므로, 가열의 종료 온도를 320℃로 설정하고 있다. 이것은 통상의 템퍼 온도보다 150℃ 높다.

⑤ 후가공(호닝)

열처리부와 비열처리부를 가진 실린더 보어를 동시에 가공하는 호닝으로서, 다이아몬드와 GC의 듀얼 타입에 의한 스트로크 제어 방식의 원리가 채용되었다.

레이저 열가공은 많은 분야에서 이용되고 있으나, 열처리에 한정하는 양산용으로 채용되는 예는 보이지 않는다. 이것은 이미 기술한 대로, 경제적인 열처리 조건으로 온도조절이 어려운 것에 기인한다. 그러나 이것도 요인별로 변화를 분석하여 최소화하는 시스템을 구축하면 안정적인 생산이 가능하다. 이 검증이 여기에서 기술한 실린더 보어의 열처리로, 이미 40만대를 생산하고 현재도 계속 생산 중에 있다. 차후 이 공법은 다양한 분야로 확대될 것으로 생각된다.

제 18 장
레이저 레이더

최근의 자동차기술 중에서 가장 주목받는 과제가 환경과 안전의 추구이다. 특히 안전에 대한 요구가 크다. 근래 에어백의 보급, ABS(Anti-Brake System)의 채용 확대는 사용자의 요구도 크지만, 제조업체의 대응도 평가되고 있다. "자동차는 더욱 안전해야 한다."라는 요구는 당연하다. 그 요청에 대답하여 전자공학을 응용하여 자동차를 지능화하는 방법으로 안전성을 높이는 연구개발이 주목을 받고 있다.

자동차의 지능화를 이루는 데 있어 핵심기술로 되는 것은 차량 주변의 센싱(sensing) 기술이다. 이 센싱 수단으로서 지금 가장 주목을 받고 있는 것이 레이저 계측에 의한 레이더 시스템이다.

자동차용의 레이저 레이더는 고속도로에서 전방의 정체를 발견하기 위해 100m 이상의 검지거리가 필요하다. 또 좌우는 차선폭을 검지하기 위해 3.5m의 검지폭이 필요하다. 또 상하는 도로 상방의 표식이나 육교를 검출하지 않도록 하고, 또 도로의 고저에 대응하도록 약 3.0m 정도의 검지폭을 필요로 한다. 이상의 범위가 레이더에 필요한 검출범위이다.

레이저 레이더의 거리계측 방식으로서는 종래부터 펄스방식을 채용하고 있다. 레이더광을 짧은 파장으로 발광시켜, 선행차의 반사경에 반사되어 돌아오는 시간을 계측하여 차간거리로 변환하는 방식으로서, 6.6ns가 1m에 상당한다.

기본적인 방식은 이상과 같으나, 이번에 개발된 레이저 레이더 (표2)는 소형·저가격을 실현하기 위해 다음과 같은 특징을 가지고 있다.

① 수광신호처리에 적분방식을 채용하여, 수광감도의 향상을 가져왔다. 이에 의해 레이저 출력의 감소, 수광회로의 간소화가 실현되었다.

② 7.5m 간격의 데이터로부터 통계처리에 의해 0.1m의 분해능으로 계측하는

표2. 기본 사양

항목	사양
동작전압 범위	DC10~16V 또는, 20~32V
최대 소비전류	0.5A 이하
검지거리 범위	0~120m
검지폭	2.1m(수평)×1.6m(수직) at 35m
	3.3m(수평)×3.0m(수직) at 70m
거리정밀도	±1m
거리분해능	0.1m
동작온도 범위	−30 ~ +80℃
보존온도 범위	−40 ~ +85℃
내진성	6.8G
외형 크기	70(폭)×50(높이)×70(길이)

방법이 채택되었다. 이에 의해 계측회로의 간소화가 실현되었다.

③ 레이저 레이더 내의 경보 알고리즘의 연산제어를 수행하여 시스템의 간소화를 가져왔다. 그 외 차량제어를 레이더 내의 소형 컴퓨터(마이콘)로 수행하는 것이 가능하다.

이상의 특징을 각 기능 블록으로 나누면 그 효과는 다음과 같다.

① 수광부 : 수광신호처리에 새로이 개발된 적분처리방식을 채용함으로써 S/N비가 높아졌다. 결과적으로 수광감도가 대폭 향상되어, 수광회로의 간소화에 의한 소형화가 가능하게 되었다. 수광부의 회로규격은 종래 제품의 1/10, 새로운 수광디바이스에 감도가 낮은 범용 pin 다이오드를 채용하게 되어 원가절감이 가능하게 되었다 (표3).

② 발광부 : 수광감도의 향상에 의해 레이저 출력을 대폭 줄이는 것이 가능하다. 종래의 30W 출력에 대해 2.5W로 낮추는 것이 가능하게 되었다. 이에 의해 고전압전원의 소멸, 저가격 레이저 다이오드의 채용이 가능해져, 소형화와 원가절감에 기여했다 (표4).

③ 거리측정부 : 거리측정에 통계처리방식이 새롭게 채용되었다. 이에 의해 종래 1m 계측 분해능에 대해 고가의 150MHz의 고속 수정진동자가 사용되었으나, 이

표3. 수광부 사양

	사양
수광 소자	pin 광다이오드
수광면 크기	3.6mm×3.6mm
역 바이어스 전압	8V
앰프 이득	100dB
주파수 대역	20MHz
수광 렌즈 직경	ϕ 38mm
외부 광 차단 필터	없음

번에는 20MHz의 발진자로 계측가능하게 되어 원가가 절감되었다.

④ 정보처리부 : 거리계측에 필요한 고속연산을 채용하기 위해 마이콘에 32bit RISC 마이콘이 사용되었다. 이것의 능력에는 더 여유가 있으므로 종래의 차간거리 경보장치의 경우에서는 디스플레이 유니트에 분담시킨 경보판정기능을 레이저 레이더 내에서 처리하는 것도 가능하게 되었다. 또 복잡한 제어도 레이더 내에서 처리하는 것이 가능하다.

이 레이저 레이더를 이용한 시스템의 예로서 차간거리 경보장치를 소개한다.

본 시스템은 차량의 전방부에 장착한 레이저 레이더로 선행차와의 차간거리를 계측하여, 자기차의 속도에 대한 적정한 차간거리보다 가까운 경우 경보를 발령하여, 브레이크 조작이나 핸들조작에 의한 회피를 통해 운전자를 돕는 것을 목적으로 한다.

표4. 발광부 사양

	사양
빔 수	1 빔
발광 출력	0.1~0.2W
펄스 폭	100ns
발광 주기	6.1 μs
LD 구동 전압	8V

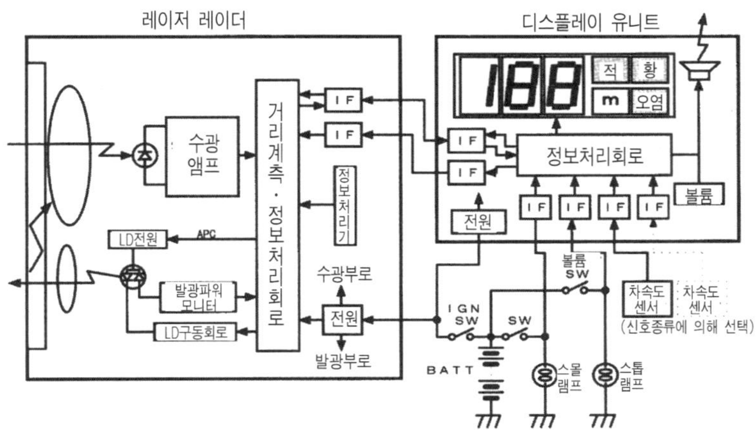

그림21. 시스템 블록도

그림22. 차간거리 경보장치
(레이저 레이더 헤드와 디스플레이 유니트)

　자동차의 뒷부분에는 법령에 정해진 반사판(reflex reflector)이 반드시 장착되어 있다. 자동차용의 레이저 레이더는 자차(自車)에서 발사된 레이저광이 이 반사판에 반사되어 돌아오기까지의 시간을 계측하여 선행차와의 차간거리를 계측하는 것도 있다. 이 차간거리가 적정 이하가 되었을 때 부저가 울려 운전자의 주의를 환기시키는 것이다.

　시스템은 전술의 신형 레이저 레이더와 디스플레이 유니트 및 차량 속도센서로 구성된다. 운전자가 위험을 인지하고 있는 경우에 과도한 경보를 막기 위해 브레이크 스위치 신호를 넣었다. 레이저 레이더 안에는 새로운 가로 G센서가 내장되어, 커브에서의 오경보를 줄였다. 항상 차의 속도센서는 2 · 4 · 8 · 25 각 펄스에 대응 가능하다. 또 디스플레이의 야간 현혹을 방지하기 위해 라이트 스위치 신호로 표시를 감광(減光) 처리했다 (그림21, 22).

① 정보처리부 : 차속, 브레이크 상태의 레이저 레이더 송신, 레이저 레이더에서 구한 거리, 경보판단을 수신하여 표시 및 부저의 작동을 수행한다.

② 차속 센서 입력부 : 자동차의 차속센서는 제조업체마다 다르므로, 입력회로 2종류(하이사이드, 로사이드), 입력펄스 수 4종류(2, 4, 8, 25)의 설정이 뒷면의 딥 스위치에서 가능한 구성이다.

③ 경보거리 절환 스위치 : 경보의 타이밍은 도로상황, 정체정도 등으로 운전자가 경보거리를 선택하도록, '원·근' 2단계 전환스위치가 설치되어 있다.

④ 표시부 : 차간거리 표시부에서는 자기진단에 의해, 장치에 이상이 있는 경우에 에러코드를 표시한다. 또 레이저 레이더 표면이 오염된 경우에는 '오염'이라는 표시를 점등한다. 이러한 표시는 야간 감광기능도 설치되어 있다.

레이저 레이더를 이용한 시스템으로 차후에는 다양한 안전장치가 실용화될 것이다. 그 중에서도 일부에서는 완전히 실용화가 시작된 시스템으로서, 차간거리 제어 크루즈 컨트롤(ACC : Adaptive Cruise Control System)을 들 수 있다.

종래의 크루즈 컨트롤 시스템은 일정 차속만 제어하여 일본의 고속도로와 같이 혼잡한 교통환경에서는 좀처럼 이용가치를 보기 어려웠다. 여기에 대해 느린 차량을 만나면 자동적으로 적정한 차간거리로 제어해 주는 이 시스템은, 운전자의 부주의에서 발생하는 추돌사고를 막는데 효과가 있을 것으로 기대한다.

이 ACC가 발전하면, 정체시에 자동 스톱·앤드·고나, 자동정지 브레이크, 또 자동운전의 꿈이 펼쳐질 것이다.

자동운전 시대가 되었을 때 센서가 레이저 레이더일 것인지는 논의가 있는 부분이지만, 레이저 레이더가 현시점에서 연구개발의 주요 기술인 점에는 변함이 없다.

제 19 장
엔진의 연소 해석에 의한 성능 향상

디젤엔진과 가솔린엔진에 상관없이 연소와 이를 포함하는 각종현상, 예를 들면 연료와 공기와의 기화 혼합을 지배하는 분무와 기체 유동, 점화와 기체 유동에 의한 화염전파, 공기와 연소증기나 잔류 기체를 포함하는 혼합기(混合氣) 형성 등, 매 순간 변하는 연소실 내에 적용 가능한 해석방법과 시간, 공간 분해능을 높이 필요로 한다. 그런데 기체의 유동장을 교란하지 않는 비접촉측정법이지 않으면 안된다. 이 관점에서 최근 레이저를 응용한 계측방법이 연소해석에 커다란 역할을 하게 되었다.

한편 최근 10여년 사이에 불꽃점화엔진에 대한 두 개의 새로운 부류가 등장했다. 이론공연비로 운전되어온 엔진을 이 보다 엷은 공기비로 운전하여 연료소비를 적게 하는 것을 목표로 하는 린번 엔진, 및 필요한 연료만을 정확하게 연료실로 공급하도록 분사기를 연소실 내에 직접 가져가 점화 플러그 근방만을 짙은 혼합기로 둘러쌈으로써 전체적으로 아주 엷은 공연비로 운전하도록 대폭적인 연비개선을 목표로 하는 직접분사 가솔린엔진이다. 이것은 연료소비 절감을 대폭적으로 향상시킬 목적으로 연소의 주요한 제어인자인 기체 유동장(流動場)이나 혼합기체농도장의 제어를 최초로 실현하는 기술이다.

이러한 새로운 엔진의 연소법을 지지하는 각종 물리량의 가시화와 정량화에 큰 역할을 하게 된 레이저 응용계측법과 거기서 얻어진 결과의 일부를 소개한다.

1. 기체 유동의 측정

기체 유동장의 가시화 또는 정량화는 PIV(Particle Image Velocimetry)나 PTV(Particle Tracking Velocimetry)에 의해 소위 LDV(Laser Doppler

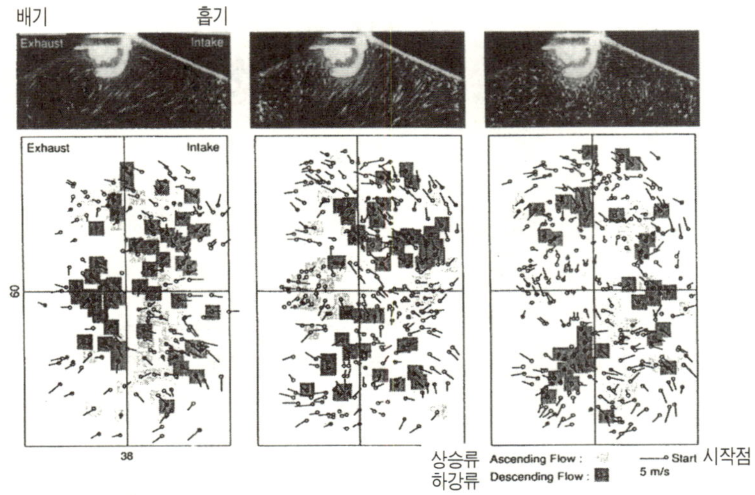

그림23. PTV법에 의한 연소실 내 유동장의 정량적 가시화

Velocimetry)에 의해 가능하게 되었다. 그림23에는 PIV에 의해 얻은 기체 유동장을 나타낸다. 기체 유동장을 정성적으로 인식하는 것이 가능하며, 또 정량적으로도 알 수 있는 가능한 방법으로써 효과가 크다.

또 기체유동 중 연소성능과의 상관을 논의하는 파라메터는 난류의 세기인 것이 확실해졌다. 즉 PIV에서는 좀처럼 얻기 어려운 난류의 세기를 LDV로 측정하여 연소성능의 하나인, 안정하게 운전가능한 고연비 중 가장 낮은 값인 린 한계 공연비와의 상관이 명확하다는 것이 보고되었다. 그에 따라 연소공정 전에 어떻게 유동장을 준비할까를 유동생성수단인 흡기 포트 형상이나 흡기 포트의 일부를 닫아, 그곳을 통과하는 유체를 치우치게 하면서 속도를 올리는 것이 가능한 소용돌이 조절밸브(swirl control valve) 등으로 수행하도록 방향이 잡혔다.

2. 혼합기체 농도장의 측정

점화 플러그 근방에만 혼합기를 모아 태우는 성층연소(成層燃燒) 확립을 제1의 과제로 하는 가솔린 직접분사 엔진에서 혼합기의 움직임을 가시화하는 것이 요구된다. 그것은 주로 LIF(Laser Induced Fluorescence)라 불리는 레이저 유기 형광

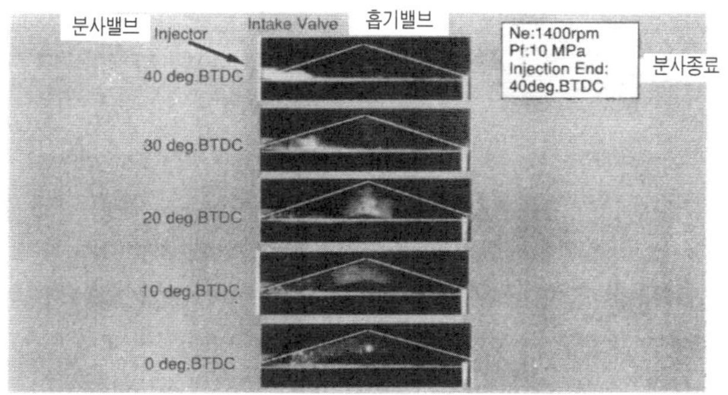

그림24. 후방산란 LIF에 의한 직접분사 가솔린 엔진의 충형성 과정의 가시화

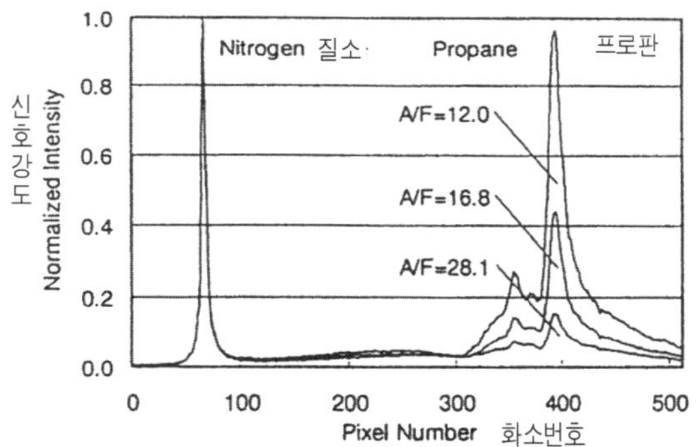

그림25. 이소옥탄+3중펜타논과 XeCl 엑시머 레이저에 의한 공연비의 정량적 가시화

법이다.

그러나 연소 증기를 LIF에 의해 가시화 하기에는 많은 문제점이 있다. 그 해결법으로 이소옥탄에 디메틸아닐린(DMA)이라는 형광첨가물을 약 0.2% 섞음으로써 혼합기의 성층과정이 가시화되었다. 결과를 그림24에 보인다.

이와 같이 화상(畵像)을 얻은 후의 과제는 어떻게 정량적인 정보를 얻는가에 있다. 아세톤이나 3중 펜타논은 온도나 압력에 의한 형광발광 강도에 영향이 적은 물질로서 사용되고 있으며, 그 보고 예를 그림25에 나타냈다.

그 외 농도를 점계측으로 아는 방법에 CARS(Coherent Anti-stokes Raman Spectroscopy)라는 비공명 라만산란을 이용하는 방법이 있다. 이 방법은 후술하지

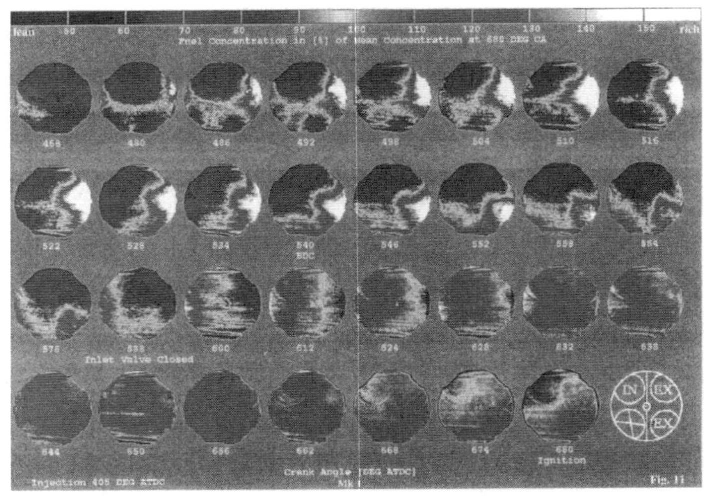

그림26. 3색 CARS에 의한 연소실 내부 공연비 측정

만, 필자들이 시험해본 것과 같이, 본래 온도를 절대계측하는 방법이다. 여기서는 농도를 측정하기 위해 참조광을 이용한 3빔 방식에 의해 광학적인 노이즈를 대책하고 있다. 그림26에는 결과를 보인다. 질소와 프로판의 발광강도 피크값의 비를 구하면 공연비가 얻어진다.

3. 온도측정

온도를 측정하는 것은 가장 어려운 과제이다. 상당히 복잡한 광학계를 이용하여, 통상의 연소 속도 보다 100배 정도 빠른 이상 연소인 노킹 발생시의 온도를 측정한 결과를 그림27에 보인다. 전 사이클의 연소 기체가 배기되지 않고 다음 사이클에 남아 기연소 기체에서 생기는 잔류기체의 존재가 노킹의 유발인자가 되는 온도를 가져오는 가능성을 보였다.

4. 반응의 추적, 분광분석

이에 더하여 반응을 추적할 필요도 있다. 이 경우, 라만산란에 의해 연소실 내

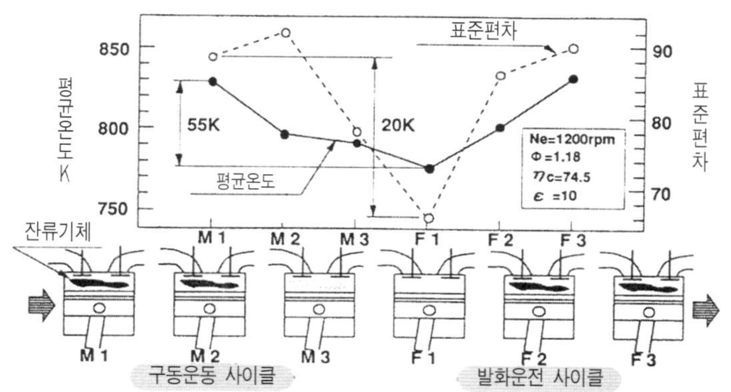

그림27. CARS에 의한 노킹발생에 대한 잔류기체의 영향해석

의 복수 분자에서 산란광도비를 얻는 것에 의해, 특정 측정점에서의 공연비 등을 얻는 것이 가능하다.

전술한 CARS법보다는 광학계 자유도가 높다. 이 방법은 광원이 자연광인 당초에는 SN값도 나빴으나, 레이저의 등장, 특히 아르곤 레이저나 고출력 펄스 레이저에 의해 크게 정밀도가 향상되었다.

이상의 각 결과는 가솔린엔진이라는 연소 용적이 적으나, 회전수나 부하를 크게 변화시키면서 사용되는 엔진의 극한적인 운전조건만 측정한 결과이며, 엔진의 연소 전체를 알았다는 것은 아니다. 아직 알지 못하는 연소나 반응이 많이 있다고 생각된다.

앞으로는 반응의 영역까지 레이저 또는 빛을 응용한 방법이 적용되어, 연소와 배기와 엔진성능, 또는 새로운 연소방식이나 그 반응과정 등이 해석될 것으로 생각한다.

제4부의 요약

최근 10수년 사이에 레이저 발진기는 눈부시게 진보했다. 특히 자동차산업계에서 주목받고 있는 가공용 레이저는 고출력화되어 빔 품질이 우수한 발진기가 시판되고 있다. 10kW을 넘는 출력의 CO_2 레이저나 4kW를 넘는 Nd : YAG 레이저가 현재 자동차산업에 도입되어, 개발 또는 생산용으로 사용되고 있다. 이러한 고출력화나 고품질화는 지금까지 품질이나 생산성의 관점에서 적용이 불가능했던 부품가공을 레이저로 하도록 가능성을 넓히고 있다. 또 가격적으로도 다른 공법과 비교하여 경쟁력 있는 영역에 들어가 레이저 기술의 연구개발을 활발하게 하고 있다.

현재 자동차산업을 둘러싸는 환경으로, 안전문제와 환경문제가 부각되고 있다. 차체 관계에 대하여 보면, 안전성에 관한 사용자의 관심이 높아지고 있는 한편으로 충돌안전성에 관한 규제가 도입되려 하고 있다. 이러한 필요성은 차체를 보다 강하고 무겁게 한다. 한편 에너지와 환경문제에서, 차체의 경량화와 원가절감은 영원한 과제이다. 충돌 안전성의 향상과 경량화, 원가절감은 일반적으로 상반되는 것이며, 이러한 양립이 당면한 중요 과제라고 할 수 있다.

이런 상황을 돌파하기 위해서는, 재료/구조/공법 면에서 차체의 혁신이 요구된다. 그 수단의 하나로서 여기서 기술한 테일러드 블랭크재의 적용이나, 차체 조립에 레이저 용접의 적용이 차후에도 확대되어 갈 것이다. 또 보다 안전성을 높이기 위한 레이저 레이더와 같은 충돌방지장치의 고성능화, 또 보다 고효율이며 깨끗한 연소를 하는 엔진을 개발하기 위한 연소해석의 고도화 등, 우리에게 주어진 개발 과제가 산적해 있다.

역사적으로 보아도 자동차산업계는 레이저 기술의 응용에 대하여 상당히 적극적인 산업이라고 할 수 있다. 차후 레이저 기술이 점점 발전하여, 광섬유로 전송된 레이저나 로봇에 탑재된 레이저로 차를 생산하는 공장, 또는 레이저로 유도되는 안전한 주행이 가능한 자동차사회가 21세기에 실현될 것이라는 것은 꿈이 아닐 것이다.

제4부 참고문헌

1) 河崎稔, 木崎好美, 箕輪廣明: 레이저 연구 23(1995) 32

제 5 부
토목 · 건축산업 분야

고층빌딩이 밀집한 대도시에서 빌딩을 해체할 때나, 수명을 다한 원자로의 해체 등, 공업제품의 리사이클화 움직임과 함께, 건설·건축분야에서도 철거처리공정에 대한 새로운 기술의 필요성이 높아지고 있다. 고출력 레이저를 이용하면, 철근콘크리트나 철골구조체를 자유자재로 절단하거나, 콘크리트 표면을 깎아내거나, 표면을 용융시켜 유리화하는 것도 가능하다.

일본의 토목·건축업은 약 55만개 회사, 취업자수 약 650만명, 연간 매출액 약 95조엔의 거대산업이다. 연간 건설투자액은 국내총생산액(GDP)의 2할을 차지하고, 건설업 취업자수는 전 취업자수의 10% 정도 된다. 그런데, 고출력 레이저의 응용은 자동차, 기계, 전자산업 분야에 비해 그 도입이 늦어지고 있다.

토목·건축 분야에 파워 레이저를 이용하는 신기술은 레이저 출현 당초부터 에너지의 집중성, 비접촉 가공, 제어성 등에 착안하여 기초 연구가 많이 이루어져, 커다란 가능성에 대해서는 널리 인식되어왔다. 그런데 실용화가 그리 진전되지 않은 것은 출력, 효율, 고착된 사용 환경을 이겨낼 강력한 성능 등에 관한 레이저 기술과 가격이 토목·건축에 실용할 단계까지 성숙되지 않았기 때문일 것이다.

최근 10년간의 레이저 기술의 진보가 눈부시게 이루어지면서 고출력 레이저의 응용분야가 급속하게 넓혀지고 있다. CO_2 레이저로 50kW, 고체 레이저로 10kW의 레이저가 실용단계에 이르렀고, 공장 내의 건설재료의 가공이나 생성에 새로운 방법을 계속 만들어내고 있다. 레이저의 건설현장의 응용이나, 레이저에 의한 건조물의 클리닝이나 해체, 터널 굴삭 등에 이용 가능하게 하려면 아무래도 이동 가능한 형태가 요구된다. 출력 100kW급의 차량탑재 및 광섬유 전송이 가능한 레이저가 실현되면 토목·건축분야에 커다란 효과를 가져오게 될 것이다.

레이저 핵융합에서는 평균출력이 수메가와트인 거대한 레이저가 필요하여, 이를 위한 연구개발이 진행되고 있다. 그것의 한 개 모듈은 100kW 정도이며, 크기도 트럭 한 대 분이다. 이는 토목·건축분야의 레이저 응용에 그대로 적용 가능하다.

제 20 장
건설현장의 레이저 응용

레이저가 건설현장에서 사용될 때는 소형화가 필요하다. 개략도를 그림1에 보인다. 장치의 사용은, 건축의 경우 대형 크레인과 같은 범용기기라면 리스하는 쪽이 효율도 좋고, 유지 및 관리도 조작자를 포함하기 때문에 전문기술의 확보와 장치의 관리가 용이하게 된다.

건설현장에서 레이저를 사용하려면 이하의 조건을 만족하는 것이 중요하다.

① 소형으로 엘리베이터에 실어서 다른 층으로 이동이 가능할 것.

② 광섬유로 에너지 전송이 가능하고, 실내의 구석까지 조작이 가능할 것.

③ 이동시에 장치가 180kg/m^2(유니트)을 넘어서는 안 된다. 넘으면 바닥이 파괴된다.

④ 전원이 220V 이하일 것.

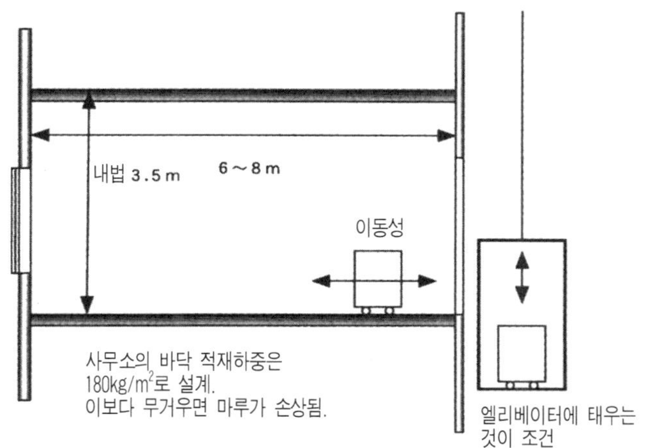

그림1. 건설용 레이저의 설계 필요 조건

⑤ 자동차의 세차 호스와 같이, 헤드를 바꾸는 것만으로 용접·절단·표면처리·용융 등이 가능한 다기능이 선호됨.

⑥ 오동작이 없는 단순한 조작성일 것.

⑦ 대형 크레인과 같이 리스장치로서 필요할 때 임대가 가능할 것.

토목공사현장에서 보면, 레이저는 도시 토목에 적합한 기술이다. 도시 토목은 지하철이나 하수도공사의 실드를 말한다. 종래 터널을 굴삭할 때는 굉음발생·반발력의 감소·정밀도의 확보가 아주 어려웠다. 레이저에 의한 굴삭에서는 암반을 열파괴하거나 용융시킴으로써 가장 힘드는 중앙부를 무반동력, 무굉음으로 뚫는 것이 가능하다. 더욱이 무인조작 가능성도 충분히 높다. 레이저는 도시 토목에서 주목해야할 시장이다. 특히, 레이저장치를 레일 위에 올려 이동가능한 것, 고출력이 요구되는 것, 투자금액이 커도 허용되기 쉬운 것을 들 수 있다. 아주 깊은 지하개발 등에 대한 레이저 응용은 미래기술로서 지금부터 주목받을 것이다.

제 21 장
레이저에 의한 신건설재료의 제조

건설업에 사용되는 내외장재의 양은 아주 크게 증가하고 있다. 예를 들면 세라

표1. 재료별로 본 레이저 이용기술의 전망

번호	대상물질	이용 목적	레이저 효과	문제점	해결 방법	시장규모	난이도
1	천연재료	절단/조각	벌채/정밀가공/절단	절단면 흑색화	탄화시켜 절단면 보호	대규모	광섬유 필요
2	합판	절단	벌채/정밀가공/절단	절단면 흑색화	흡수절단	대규모	보통
3	입자보드	절단	벌채/정밀가공/절단	절단면 흑색화	고속절단	대규모	보통
4	OSB-단열재	복합판	이종 재료 절단	절단면 벗겨짐	연구 필요	중규모	신시장
5	대리석	절단	얇은 판의 절단	절단면 백색화	흡수절단	중규모	보통
6	어영석	절단/엔보스	굉음 없음	경제성	전용기 개발	대규모	어려움
7	사암	곰팡이 제거	가열살균	이동 가공성	광섬유 필요	소규모	용이
8	타일	장식/절단	정밀가공	먼지 발생	초점거리 확대	중규모	실용화 2kW
9	콘크리트	표면용용/착색	고내구성 착색	전용기 개발	전용기 개발	대규모	이동성
10	모르타르	용융/착색	고내구성 착색	전용기 개발	전용기 개발	대규모	이동성
11	FRP	절단	CAD화/가공정밀도	악취발생	배기	중규모	용이
12	종이/맹장지	절단	CAD화/가공정밀도	경제성	CAD/속도	소규모	보통
13	케브라섬유	절단	내구성	경제성	전용기 개발	소규모	보통
14	철	절단/용접	정밀절단/용접	실용화	경비절감	대규모	소형화
15	알루미늄	절단/용접	정밀절단/용접	용융	기초연구	중규모	단면용융어려움
16	스테인레스	절단/용접	정밀절단/용접	실용화	CAD/정밀도	중규모	실용화
17	고무	절단	정밀절단/용접	악취발생	전용기 개발	소규모	보통
18	막구조물	절단	CAD화/가공정밀도	경제성	CAD/정밀도	소규모	보통
19	목재	절단	CAD화/가공정밀도	경제성	CAD/정밀도	중규모	보통
20	ALC	절단/용접	홈/엔보스 가공	경제성	CAD/정밀도	대규모	보통
21	압출 성형판	절단	표면 디자인 추가	경제성	CAD/정밀도	중규모	어려움
22	유리	용융	구멍가공	깨짐 발생		중규모	어려움
23	석고보드	절단	CAD화/가공정밀도	경제성	CAD/정밀도	대규모	보통
24	규산 유리판	절단	CAD화/가공정밀도	경제성	CAD/정밀도	대규모	보통
25	연와/기와	용융	CAD화/가공정밀도	경제성	CAD/정밀도	소규모	보통
26	도장막	박리	박리/밀착용 앵커	전용기 개발	전용기 개발	대규모	보통
27	가죽	절단	흡수냉동절단/CAD	악취발생	전용기 개발	소규모	보통
28	해체	이종재료 절단	비중을 1/3로 저하	경제성	전용기 개발	대규모	어려움
29	측량	정확도	높이/위치측정	경제성	전용기 개발	중규모	보통
30	유도표시기	피난유도	비상시 광유도	발연시 명료화	성능평가/인가	중규모	보통
31	조명연출	공간연출	광섬유발광	경제성	전용기 개발	소규모	보통

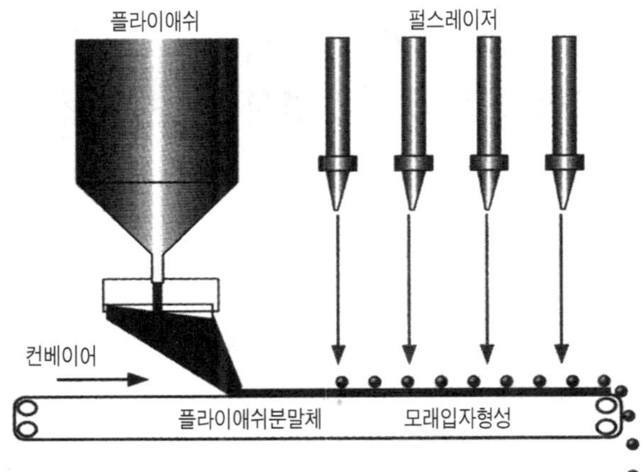

그림2. 플라이애쉬를 이용한 모래의 제조방법

믹 타일의 국내 소비량은 약 7천만m^2이며, 석재, 시멘트 모르타르계, 목재, 석고보드 등을 포함하면 수억m^2의 내외장재가 소비되고 있다고 추측된다. 레이저의 특징인 순간가열성, 에너지의 제어성을 이용하면, 이러한 재료의 표면에 독자적인 디자인이나 새로운 기능을 부여한 신건설재료의 생성이 가능하다. 레이저가 어떻게 재료별로 사용되는지, 사용될 때의 문제점과 해결해야할 항목을 표1에 정리하여 보였다. 아래에 건설재료에 대한 레이저 응용 예를 소개한다.

1. 플라이 애쉬(fly ash)로부터의 골재제조

플라이애쉬에 레이저 펄스파를 맞추어 미세한 골재를 만드는 방법이 연구되고 있다. 플라이애쉬는 연간 600만톤이 화력발전소의 부산물로서 생긴다. 원자력발전소를 새로 건설하기 어려우므로 그 부족분을 메우기 위해 화력발전 건설이 증대되고 있다. 석탄을 태우면 10~14% 정도의 재가 남는다. 통계에 의하면 2000년도에 700~1000만톤의 석탄재가 배출된다. 600만톤 정도는 세멘트의 점토 대체로서 사용 가능하나, 나머지는 바다에 버리는 것도 불가능하므로 다른 처리방법이 절실히 요구된다. 이를 골재로 이용하는 방법도 일부 검토되고 있으며, 10mm 직경정도의 구형골재가 시험적으로 제작되었다.

그러나 일본에서 부족한 것은 미세골재 즉 모래다. 강 모래의 채취가 금지되어 가까운 중국에서 모래를 일부 수입하거나 바다모래를 이용하고 있다. 구형골재는 펠레타이저로 불리는 경사진 원반에 플라이애쉬와 물을 분무하여 구(球)형으로 만드는데, 4mm 이하는 제조가 어렵다. 여기서, 레이저의 펄스파로 플라이애쉬의 분말층을 조사하여 미세한 모래입자를 만드는 방법이 고려되었다. 입자의 직경은 조사하는 에너지에 따라 고에너지에서는 큰 직경이, 저에너지에서는 작은 직경이 만들어진다. 펄스파와 초점 직경을 제어하여 형상의 조절이 가능하다. 게다가 더 좋은 조건은, 화력발전소 내에 플라이애쉬가 있다는 것과 에너지를 화력발전소에서 직접 얻을 수 있다는 것이다. 전력 여유가 있는 시간대의 에너지를 이용하여 폐기물을 가치있는 것으로 만드는 것은 획기적이라고 생각된다. 그림2는 이 모델을 나타낸다.

2. 시멘트 모르타르의 표면 유리화 처리[1]

시멘트계 재료는 통상 열에 약하여, 약 200℃ 이상으로 가열하면 탈수·분해에 의해 강도를 잃는다. 그러나 레이저의 급가열·급냉 특성을 이용하면, 강도를 잃지 않고 시멘트계 기재의 표면을 유리화시켜 모양을 갖게 해주는 것이 가능하다. 그 한 예로서, 천연 세라믹을 골재로 한 시멘트 모르타르의 레이저 표면처리에 대해 아래에 설명한다.

천연 제올라이트는 뛰어난 흡습·방습성을 가지고 있어서, 제올라이트와 시멘트로 된 제올라이트 모르타르 경화체(硬化體)도 흡습·방습성을 가진다. 그림3에 보

그림3. 레이저 처리한 제올라이트 모르타르의 외관

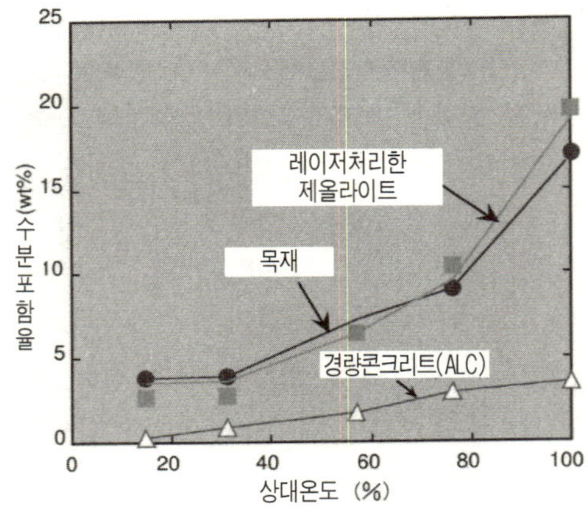

그림4. 레이저 처리한 제올라이트 모르타르의 흡습특성[1]

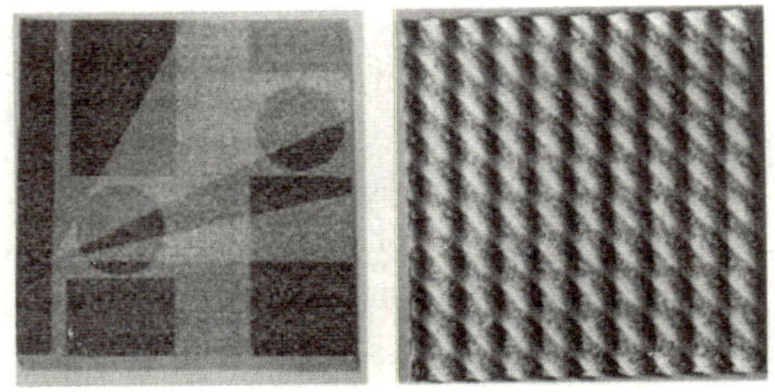

그림5. 제올라이트 모르타르의 디자인 예

이는 것처럼, 레이저 처리에 의해 제올라이트 모르타르의 표면을 유리화시켜 디자인 가공성을 대폭 향상시키는 것이 가능하다. 이와 같은 시멘트질 재료는 실리카, 알루미늄, 산화칼슘 등의 산화물을 많이 포함하고 있으므로, 금속재료에 비해 레이저광의 흡수율이 높고, $400 \sim 500$ W/cm^2 정도의 비교적 낮은 에너지 밀도에서 표면 용융이 된다. 표면에 유리층이 존재하여도 기재의 흡방습 특성은 유지 가능하다. 이것은 유리층에는 표면에서 기재(基材)에 도달하는 미세 기공이 무수히 존재하여, 습기의 통로가 형성되기 때문이다. 레이저 처리한 제올라이트 모르타르는 목재와 거의 같은 뛰어난 방습 특성을 유지하여(그림4), 새로운 내장재로 사용이 기대된다.

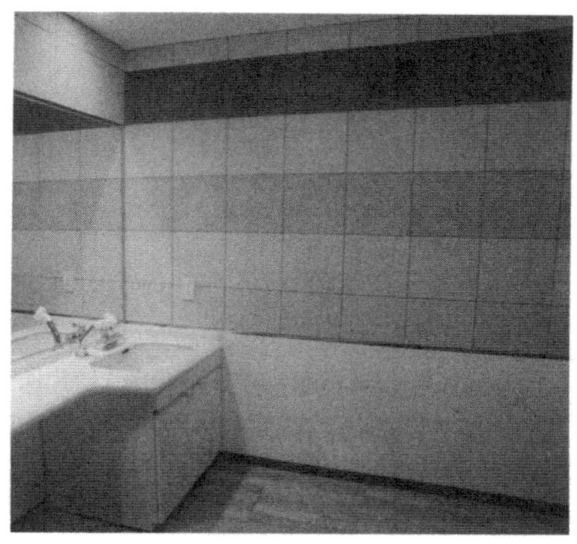

그림6. 레이저 처리 제올라이트 모르타르의 시공예

또 금속산화물의 첨가에 의해 유리층의 발색 및 NC 제어에 의한 디자인도 가능하다 (그림5). 레이저 처리한 제올라이트 모르타르 패널의 시공 예를 그림6에 보인다.

3. 목재의 표면 탄화처리[2]

목재의 표면처리 중 하나로 탄화처리가 있는데, 탄화처리한 것은 통상 '구운 판'이라 부른다. 표면을 탄화시켜 목재의 부드러운 나이테와 단단한 나뭇결의 차가 선명해져, 디자인이 향상된다. 또 내염해성(耐塩害性), 방충방부성 등의 기능도 첨가된다. 목재의 탄화처리는 현재 LPG 가스버너 가열에 의해 이루어지고 있다. 그러나 버너에 의한 탄화처리의 대상이 되는 목재는 나뭇결이 선명한 침엽수인 삼목(杉木)에 한정되어 있다. 그 외의 나무 종류는 가스버너로 나이테의 차를 명확하게 표현하는 열제어가 곤란하다. 한편, 레이저를 탄화처리의 열원으로 사용하면, 입열량을 목재 종류에 맞추어 적절하게 제어하는 것이 쉽게 가능하므로, 표2에 보인 바와 같이 탄화처리가 가능한 목재의 종류가 삼목에서, 벚나무, 느티나무, 수입

그림7. 0.2mm 두께 목재의 레이저 탄화처리 예

목재까지 넓힐 수 있다.

레이저 처리 후의 목재는, 표면의 탄화에 의해 나뭇결의 차이가 강조되어 아름다운 모습으로 된다. 버너 처리의 경우는, 처리 후의 표면 탄화층이 두꺼워서 금속제 브러시로 탄화층 표층을 없앤 후, 천으로 문지르는 공정을 한 후에 완성된다. 그러나 레이저 처리의 경우는 투입 에너지를 적절하게 조절하여 이러한 공정을 생략하고 처리 후의 목재를 그대로 마무리 재료로 사용하는 것이 가능하다. 또 레이저를 사용하면, 탄화처리 시에 발생하는 가스량(CO, CO_2) 및 분비량이 대폭 감소하여 작업환경이 개선된다.

레이저 처리에서는 목재의 표면이 탄화되어도 목재조직에 손상은 주지 않고 선명하게 남는 것이 특징이다. 또 적정한 조사조건을 선정하여, 그림7에 보인 것처럼 0.2mm 두께의 아주 얇은 목재도 탄화처리가 충분히 가능하다.

열대우림은 연간 약 1200만ha 벌채되어, 지구환경이 파괴되는 커다란 국제문제로 되어 있다. 목재의 효과적 이용 방법으로 나뭇결이 아름다운 것을 0.1~0.5mm로 얇게 슬라이스로 하여 목재나 가구로 가공하는 기술이 있다. 이 판의 디자인을 좋게 하고, 색의 변화를 제어하는 표면탄화 처리기술은 레이저가 가지는 유연한 에너지 제어성을 크게 활용한 것이다.

4. 세라믹 타일의 장식

복수의 세라믹 타일을 배치한 타일 패널 표면을 레이저로 국부적으로 용융시켜 임의의 모양을 그리는 기술이 제안되었다. 통상 복수의 타일에 연속적인 커다란 모양을 가지는 면을 얻기 위해서는, 개별적인 모양의 타일을 먼저 제작하고, 제작한 타일을 원하는 모양이 얻어지도록 배치할 필요가 있다. 그러나 이 방법은 다양한 종류의 모양을 가지는 타일을 필요로 하므로, 그 제작과 관리에 노력이 필요하다. 타일 배치가 조금만 어긋나도 모양의 연속성이 중간에 끊어지기 쉽고, 일체감이 훼손되는 등의 문제가 있다. 복수의 타일을 미리 배열하여 고정한 후, 그 표면을 레이저를 써서 국부적으로 용융시키면 뛰어난 연속성 및 일체감을 가지는 커다란 모양을 쉽게 또 효율적으로 형성하는 것이 가능하다.

5. 상감벽화에 레이저를 응용(대리석 절단)[3]

건축에 널리 사용되고 있는 대리석의 절단에 레이저의 이용이 보고되고 있다. 대리석의 산지인 스페인에서는, 10년 정도 전에 대리석 절단에 레이저 응용을 검

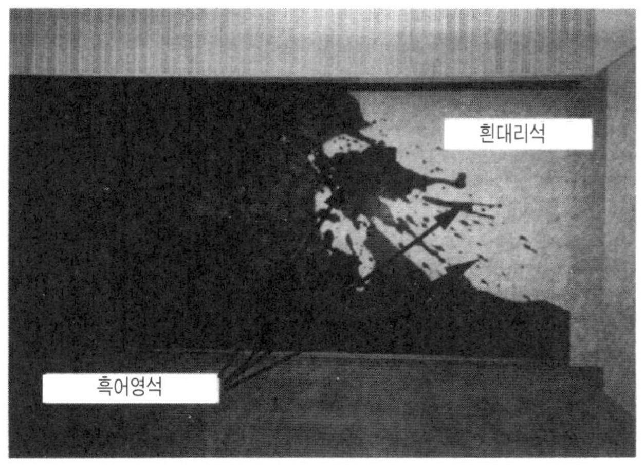

그림8. 천연석재에 레이저절단을 이용한 벽화

토하여 대리석의 종류와 두께에 따른 절단조건 관계가 알려져 있다. 그러나 대리석의 가공라인에 레이저 절단이 실제로 이용되는지는 확실하지 않다.

일본에서도 높이 3.5m, 길이 30m 정도 대형 상감벽화를 위한 복합석재절단에 레이저가 이용된 최근의 실례가 있다. 상감한 복합석재는 잘라낸 부분(백색 대리석)과 잘려진 부분(흑색 어영석) 두 종류로 되어 있다. 아주 복잡한 절단형상이 요구되므로, 종래의 다이아몬드 커터나 와이어 톱으로는 곡율을 정확하게 재현하기 어려워서 레이저 절단이 적용되었다. 먼저, 디자이너가 그린 그림을 CAD화 하여, 그 데이터를 레이저 절단 프로그램에 집어넣어 절단을 실시했다. 이 대형벽화는 동경의 초고층 빌딩 입구 로비의 벽화로 걸려 있다 (그림8).

제 22 장
레이저에 의한 오염 제거 및 해체

원자력 분야에서는 레이저의 특징인 단색성, 고에너지 밀도, 전송성 및 원격 조작성 등을 살린 다양한 금속가공기술, 예를 들면 원자로 연료봉의 절단 및 냉각 세관의 수리, 배관이나 기타 금속 부위의 제염, 동위체 분리 등이 제안되어, 그 일부는 이미 실용화되어 있다. 토목·건축업의 주재료인 콘크리트를 대상으로 한 신기술은 금속에 비해 적고, 실용화에 이른 예는 아직 없다. 그러나 구미 및 일본에서는 콘크리트의 해체 및 제염에 레이저를 응용하는 연구가 진행되고 있다.

1. 생체 차폐벽 콘크리트의 절단[4]

원자로의 생체 차폐벽은 고밀도의 철근 콘크리트 구조물로 되어 있어서, 그 해체에 이용되는 기존의 공법으로는 다음과 같은 것이 있다.
① 다이아몬드 블레이드 톱 절단
② 다이아몬드 와이어 톱 절단
③ 코어 보링
④ 물 제트 절단
⑤ 화염 제트 절단
⑥ 제어 폭파
이러한 공법의 대체공법으로서, 고출력 레이저에 의한 생체차폐벽 콘크리트의 절단공법이 제안되었다. 레이저 절단법을 적용하면 이하의 장점이 기대된다.
 - 절단 커프의 폭이 다른 공법에 비해 좁으므로 절단 중에 발생하는 2차생성물(연기, 분진 등)의 양이 적다.

- 원격조작·무인화가 용이하다.
- 저굉음 및 저진동 공법이다.
- 비접촉 절단이어서 마찰 문제가 없고 부품교환이 적다.

차폐 콘크리트의 절단에 레이저를 적용함은 1980년대부터 검토되었다. 당초에는 절단 카프 내에서 생성되는 점성이 높은 유리질의 용융 슬랙을 제거하는 것이 곤란했기 때문에 절단 깊이는 10kW의 출력으로 13cm~18cm 정도가 한계였다. 최근에는 여러 가지 개선이 이루어져 같은 출력으로 30cm의 절단 깊이가 달성되었다. 레이저의 입열과 콘크리트의 절단 깊이 사이의 관계를 그림9에 보인다. 약 20cm을 넘으면 용융 슬랙을 절단 홈에서 배출하는 것이 곤란하므로, 입열이 증가하는 것에 비하여 절단 깊이의 증가는 작다.

원자로의 해체에는 70cm~200cm 두께의 콘크리트를 절단할 필요가 있다. 이 수준의 절단 깊이를 달성하려면 새로운 연구개발이 필요하다. 현재는 절단 홈의 용융 스랙의 배출이 수백 리터/분(分)의 어시스트 가스에 의해 이루어지고 있으나, 어시스트 가스만으로는 용융 슬랙의 배출에 한계가 있어서 다른 수단과 함께 검토할 필요가 있다.

또 70cm~200cm 두께의 차폐 콘크리트의 절단에 필요한 레이저 출력은 수십 kW 이상으로 예상되어, 현재 시판되고 있는 레이저 중 CO_2 레이저만이 이 요구에 부합된다. 실제로 차폐 콘크리트를 절단하는 경우, 레이저 발진기를 원자로의 밖에 두고, 발진기에서 광을 콘크리트 표면까지 복잡한 경로로 장거리 전송할 필

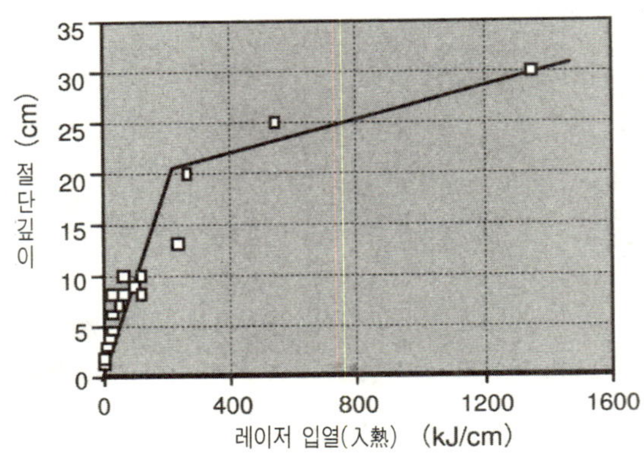

그림9. 레이저의 입열과 콘크리트 절단 두께의 관계

요가 있지만, CO_2 레이저는 아쉽지만 광섬유 전송이 불가능하다는 결점이 있어, 거울전송에 의존하게 된다. 수십 kW 출력 레벨의 레이저광을 어떤 방법으로 효율적으로 전송하고, 어떤 방법으로 절단조작을 할 것인가는 아주 중요한 문제이다. 이러한 문제가 해결된다면 원자로의 해체뿐만 아니라, 장래에는 일반구조물의 절단·해체에도 레이저가 적용될 것으로 생각된다.

2. 콘크리트 오염 제거

방사성물질에 의해 오염된 금속 부위의 표면 청소에 레이저를 적용하기 위한 연구는 많이 이루어졌으나, 여기서는 콘크리트의 오염을 대상으로 한 제염(際染)기술의 연구개발에 대해 일본원자력연구소와 수행한 연구의 일부를 기술한다.[5]

콘크리트의 경우, 금속과 달리 오염이 표면만 아니라 콘크리트 내부까지 침투하는 경우가 많다. 이는 콘크리트에 마이크로 크랙이나 미세한 기공이 많이 존재하기 때문이다. 그러므로 제염에는 표면에서 수mm~수십mm의 깊이까지 콘크리트를 제거할 필요가 있다. 콘크리트의 레이저 제염방법으로 아래의 내용이 제안되었다.

2.1 고에너지 밀도의 레이저 조사에 의한 표면층의 증발을 이용한 제염 방법

이것은 에너지 밀도 약 $2500\sim5000W/cm^2$의 레이저 조사를 30mm/s 정도의 이동속도로 콘크리트의 표면층을 증발시키는 작업을 반복하여 필요한 두께까지 콘크리트를 제거하는 방법이다(그림10). 이 경우 1시간 당 제거속도는 약 $200cm^3/kW$

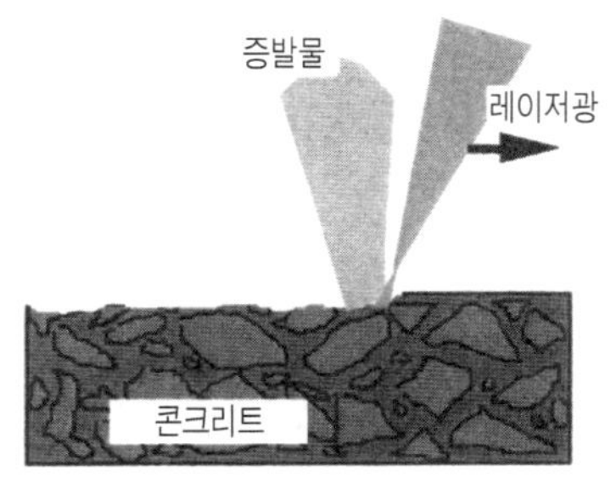

그림10. 표면증발을 이용한 콘크리트의 제염방법

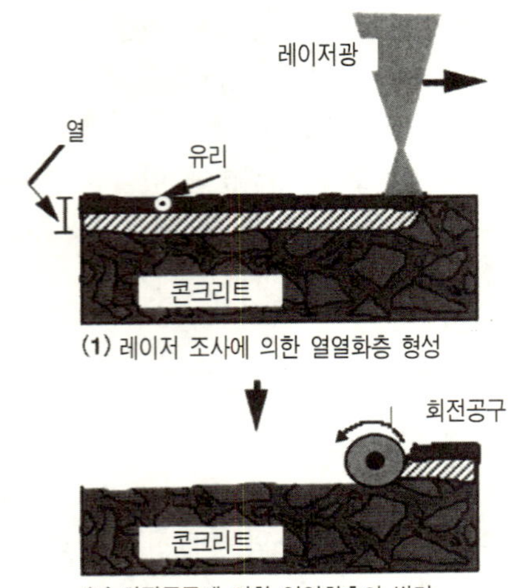

그림11. 열열화(熱劣化)를 이용한 콘크리트의 제염방법

가 된다.

2.2 저에너지 밀도의 레이저 조사에 의한 콘크리트 표면의 약함을 이용한 제염 방법

이것은 약 $200 \sim 800\text{W/cm}^2$의 에너지 밀도의 레이저 조사를 $30 \sim 150\text{mm/min}$의 이동속도로 수행하여, 콘크리트 표면 부근을 1000°C 전후의 온도까지 상승시켜 열화층을 형성한 후, 이 열화층을 2차적으로 회전공구 등으로 박리하는 방법이다. 레이저 조사 조건에 따라서 콘크리트 표면이 유리화되는 경우도 있다(그림11). 통상의(미조사 未照射) 콘크리트에서는 표면을 기계적으로 처리하는 데 큰 힘이 필요하여 거기에 대한 반발력도 필요한데, 열화를 일으키면 이 힘이 $1/10 \sim 1/100$로 줄어, 형성시킨 열화층을 간단하게 박리시키는 것이 가능하게 된다. 열화층의 형성공정과 박리공정을 반복하여 필요한 두께까지 콘크리트를 제거하는 것이 가능한데, 1시간 당 제거속도는 약 $300 \sim 400\text{cm}^3/\text{kW}$이다.

2.3 수증기 발생에 동반하는 폭발을 이용한 제거 방법

이것은 콘크리트 중에 포함되어 있는 수분의 증발을 이용하는 방법이다. 상기

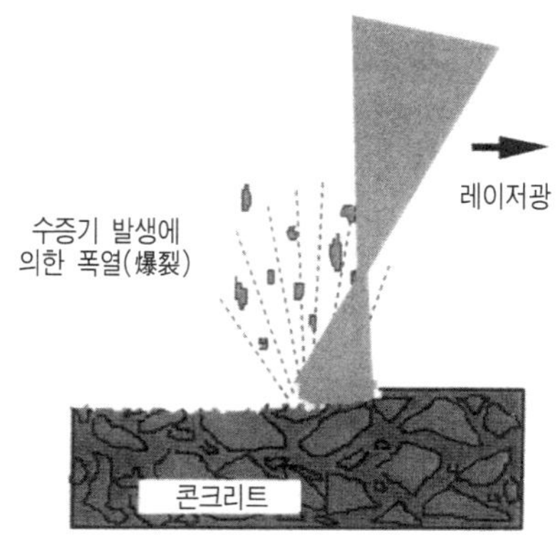

그림12. 표층폭열에 의한 콘크리트의 제염방법

2.1, 2.2의 방법보다 낮은 에너지 밀도(약 150W/cm^2)의 레이저 조사를 빠른 이동 속도(500mm/min 전후)로 한 경우, 콘크리트 주위의 수분이 급속하게 증발하여 표면층에 폭발이 생긴다. 이 폭발에 의해 1~3mm 정도까지 표층이 제거된다(그림12 참조). 이 방법은 위의 2.1, 2.2 방법에 비해 효율적이며 1시간 당 제거속도는 약 500~800cm^3/kW이다. 그러나 첫번째 층이 폭열에 의해 제거된 후에, 다시 폭열을 일으키는 것이 불가능하므로, 비교적 얇은 오염의 제거에만 적합하다.

콘크리트의 제염에 통상 사용되는 기계적 연마나 연삭공법에 비해 레이저 제염

그림13. 레이저에 의한 콘크리트의 제염(상상도)

은 다음의 장점을 들 수 있다.

① 제염된 콘크리트 분진의 비산이 적고 회수가 쉽다.

② 기계적 제염으로는 곤란한 좁은 곳, 각진 곳 등의 처리가 쉽다.

③ 원격조작성이 좋다.

④ 2차적인 오염물(마모된 날)의 발생이 적다.

콘크리트의 레이저 제염 처리법은 필요한 에너지 밀도가 수백W/cm^{2}로 낮아서, 현재 시판되고 있는 출력 2, 3kW 정도의 YAG 레이저 발진기와 광섬유 전송을 이용하면, 원자력시설에서 충분히 사용하고, 비교적 빠르게 실용화 단계에 도달할 가능성이 크다. 그림13은 레이저 로봇에 의한 콘크리트 제염작업의 상상도이다.

제5부의 요약

토목·건축 분야는 전통적 기법이 모이고 정착되어 신기술이 도입되기 어렵다. 레이저 기술 그 자체의 출력, 원가, 강인성에 있어 토목·건축 분야에서 요구하는 사양에 만족할만큼 성숙되어 있지 않다. 그래도 레이저가 출현한 초기부터 레이저의 여러 가지 특징을 살린 응용기술이 넓혀진 것과 함께 기초연구가 이루어져, 높은 가능성이 널리 인식되었다.

레이저는 최근 고출력 레이저의 진보에 의해 기계가공, 자동차, 중공업 등에 필수불가결한 기술로 보급되기 시작했다. 독일은 '레이저 2000', 미국에서는 'PLM' 계획(Precision Laser Machining), 일본에서도 1998년부터 '광자기술(Photon Technology)' 등의 국가 프로젝트가 진행되고 있다.

토목·건축분야에서도 측량이나 기준선과 면의 형성, 건설자재의 가공·생성 등에 그치지 않고, 건축공사의 자동화 공정의 응용, 건조물이나 노후 원자로 해체, 암반 굴삭 등 가장 큰 공정에서 응용이 가능하게 되었다. 덧붙여 인류의 환경보전을 포함하여 에너지 문제를 한 번에 해결할 레이저 핵융합이 유망한 접근법으로서 주목되고 있다. 레이저 핵융합 발전소에서 레이저는 평균출력 수십MW로, 효율 10% 이상, 원가가 현재의 10분의 1 이하의 저 유지비로 장시간 안정적으로 동작할 필요가 있다.

이러한 중대 과제의 실현을 향한 고출력 레이저 기술의 연구개발이 이루어지고 있다. 정밀공업에서 기계공업, 자동차, 선박, 제철로 보급 분야를 넓히면서 토목·건축 분야에 대한 레이저 응용은 지금부터 흥미롭게 전개될 것으로 기대된다.

제5부 참고문헌

1) S. Wignarajah, K. Sugimoto, K. Nagai, and M. Kasuya: *Effect of Laser Surface Treatment on the Physical Characteristics and Mechanical Behaviour of Cement Base Materials, Proc. of ICALEO '92*, Florida, Oct. 1992.

2) 永井 香織, 岩本 玲実 : 極薄肉木材の炭化処理に関する研究, 大成建設技術研究所報 第 26 巻(1993), p.51.

3) 杉本 賢司, 相原 敏弘, 鎌田 博文, 金岡 優 : レーザー研究 **24**(1996) 191.

4) M. Hamasaki: *Experimental cutting of biological shield concrete using laser, Proc. International Symp. on Laser Processing* sponsored by the Institute of Laser and Chemical Technology, Tokyo, May 1987, p.68-73.

5) 鎌田 博文, 三森 武男, 立岩 正明, 杉本 賢司 : レーザー研究 **24**(1996)182.

제 6 부
생활 · 환경 · 농업분야

레이저의 응용 분야는 점점 넓게 퍼져 의외의 산업에도 활용되기에 이르렀다.

레이저 조형(造形)은 의료나 산업 등에서 입체모델을 쉽게 제작하게 되었다는 점에서 주목되며, 컴퓨터나 정보 네트워크에서는 레이저 인쇄가 아주 중요하게 되었다. 대기환경 모니터용의 레이저 레이더는 불가결한 수단으로 되었고, 레이저 실험에 일본이 처음 성공하여 실용화 단계에 도달했다.

레이저를 조명광원으로 하는 레이저 식물공장의 실험이 널리 실현되어 예상 이상의 유효성이 보여졌고, 더욱이 음식물의 품질 관리에도 레이저가 실용화되고 있다. 이상과 같이 레이저가 생활·환경·농업분야에서 새롭게 이용되기 시작한 현황에 대하여 기술한다.

제 23 장
레이저 조형

　복잡한 형상의 입체모형은 종래의 절삭가공법으로 제작하기 곤란하여 수작업이 주체였으나, 이를 대체하는 혁신적인 기술로서 자외선 레이저를 이용한 광조형법(레이저 조형)이 등장했다. 이 방법은 복잡한 입체모형을, 내부형상도 포함하여 1회의 공정으로 자동 제작이 가능하여, 기계가공에 관한 지식·경험이 불필요하다는 것이 특징이다. 최근에는 세라믹이나 금속의 입체물을 광조형법으로 제작하는 수법에 연구개발되어, 적층조형법(積層造形法)이라는 새로운 제작기술 체계가 탄생하고 있다.

　그림1은 레이저 조형의 원리를 보인다. CAD 데이터 등의 수치 모델을 먼저 높이 방향으로 등간격의 수평면에서 수학적으로 절단하여, 슬라이스 도형 데이터군을 만든다. 다음으로 그것을 끝에서 꺼내어, 그 단면 형상에 기초하여 자외선 레이저를 주사함으로써 광경화(光硬化) 반응에 의해 고화층(固化層)을 형성한다.

　1층의 고화층을 형성한 후, 절단 두께와 같은 두께의 미경화 수지층을 그 위에

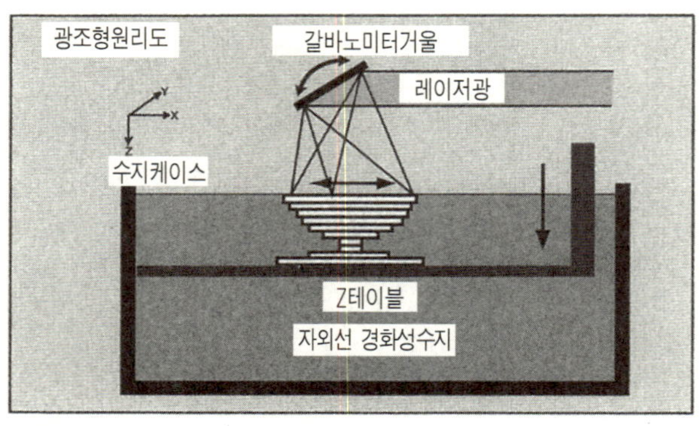

그림1. 광조형원리도

포개어, 다음의 슬라이스 형상에 대한 노광·고화를 수행한다. 이 작업을 모델의 상단에 이를 때까지 반복한다. 경화반응시에 상하의 층은 서로 강하게 접합되어, 전체가 일체화된 플라스틱 입체모형이 된다. 또 광경화성 수지는 광중합성 프리폴리머(올리고머), 광중합성 모노머 및 광중합 개시제(開始劑)를 주성분으로 하는 혼합 액체이다. 올리고머에는 우레탄 아크릴레이트나 에폭시 등의 종류가 있으며, 경화 생성물의 물리적 특정을 결정한다.

그림2는 시판 레이저 조형장치의 한 예이다. 상부에 자외선 아르곤 레이저가 있고, 왼쪽의 창 아래에 광경화성 수지 탱크가 설치되어 있다. 탱크 상부에 갈바노 미러에 의한 광주사 시스템이 있어, 컴퓨터의 지령에 의해 수지액면의 노광을 실시한다. 레이저광의 on-off 는 초음파 광스위치로 한다.

그림3은 완성한 입체 모델과 그 모델을 표면처리한 것 및 모델에서 실리콘 고무형을 제작하여, 진공주형에 의해 모델과 같은 형상이면서 기계강도나 내열성이 뛰어난 플라스틱 모델을 제작한 예이다. 이와 같이 복잡한 입체형상의 전체를 일괄적으로 1회 공정으로 자동적으로 제작하는 방법은 레이저 조형법이 등장하기 이전에는 생각할 수 없던 것이다.

레이저 조형의 성공이 계기가 되어 여러 가지 적층조형법이 제안되었다.

그림2. 시판 3차원 레이저 조형장치의 한 예

1. 레이저를 이용하는 방식

- Selective Laser Sintering법 : 분말(주로 열가소성 수지)을 롤러로 얇게 펴서 필요한 부분을 CO_2 레이저로 조사하여, 소결(燒結)에 의해 얇게 고화한다. 이것을 반복하여 마지막으로 미고화 분말을 제거한다.

- Laminated Object Manufacturing법 : 소재 시트(종이)를 단면형상의 가장자리를 따라 레이저로 절단한다. 그 위에 새로운 면을 열압착시켜 같은 방식으로 시트만을 절단한다. 소재로서 세라믹 분말을 바인더로 유동화시켜 테이프 상태로 한 것을 사용하며, 마지막으로 소결하면 세라믹 모델이 제작된다.

- 레이저 CVD에 의한 방법 : 기체원료에서 레이저 CVD에 의한 세라믹이나 금속의 층을 단면형상대로 석출(析出)시켜, 이것을 쌓아서 입체모형을 제작한다.

2. 레이저를 이용하지 않는 방식

- Fused Deposition Modeling법 : 열가소성 선재(線材)를 용융시켜 층상으로 쌓아 입체물을 형성한다.

- Ballistic Particle Manufacturing법 : 입자를 기판에 불어서 붙이는 방법으로 입체형상을 만든다. 입자는 고온에서 용융된 액적(液滴)이다.

- Three Dimensional Printing법 : 분말의 표면에 바인더 액을 불어서 부분 고화시켜 적층한다. 바인더의 분사에는 잉크젯 프린터의 헤드가 유용하다.

응용분야로서 현재는 CAD 데이터의 검증이나 조립 확인 등의 용도가 있으나, CT나 MRI 화상의 실체화나 3차원 프린터(3차원정보를 CRT화면에서가 아니고 실제의 모형으로 확인함)로서의 용도도 넓어질 것이다. 또 최근에는 수지의 입체 모델로부터 금속으로 전환하는 방법이 확립되었다. 이 경우 사용되는 것으로는,

① 주조용 모형으로서 : 광주조 모델은 이미 주조용 모형으로서 사형(砂型)제조에 실용화되어, 충분한 정밀도와 내구성이 확인되어 있다.

② 소실(消失) 모형으로서 : 광조형 모델을 중공구조(中共構造)로 제작하여, 그대로 로스트 왁스와 같은 소실모형으로서 정밀 주조한다.

③ 모방가공의 모형으로서 : 표면을 개질(改質)하여 모방 가공용의 형으로 이용한다.

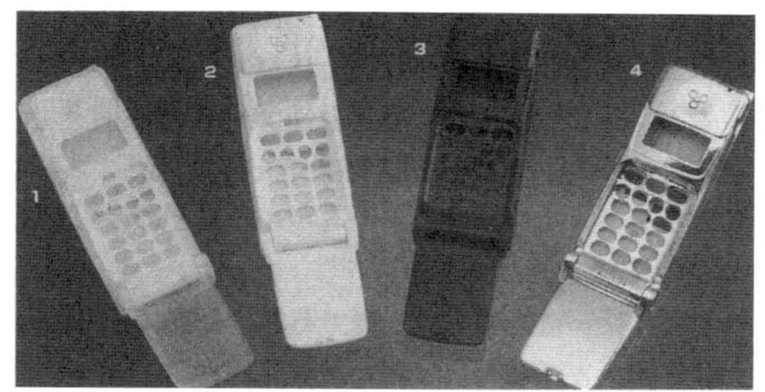

그림3. 광조형으로 제작된 입체모델

1. 레이저조형장치로 직접 제작된 입체모델
2. 1에서 본을 뜬 플라스틱 모델
3. 2를 표면도장한 것
4. 모델로부터 진공주형(注型)에 의해 제작된 플라스틱 모델

등이 있다. 또 광조형에 의한 모형에서 용사(溶射)를 거쳐 전극을 제작하고 방전가공으로 금속품을 제작하는 방법이다. 그림3과 같이 도금처리를 한 것을 사출성형의 간이 금형으로서 사용하는 것도 실용화되어 있다.

레이저 조형은 3차원 CAD가 생산공정 전체에 보급되어가는 중에 그 데이터를 직접 이용한 입체물 제조의 수단으로서 이미 그 지위를 확립하고 있다. 금속의 모형제작에는 현재 수지의 모형에서 금속에 전사하는 방법이 이용되지만, 양산되는 금속이나 기계부품이 거의 대부분 금속제라는 점에서 금속품을 직접 제작할 수 있는 기술의 등장이 기대된다.

제 24 장
레이저 인쇄

컴퓨터나 정보 네트워크의 보급에 의해 화상의 처리, 전송, 표시, 기억, 기록의 기술은 점점 중요성이 증가하고 있다. 컴퓨터에서 생성된 문서나 컬러 화상을 프린트할 때는, 빠르면서도 아름다운 인쇄를 하고 싶다는 생각을 많은 사람들이 한다. 이를 실현하기 위해서 인쇄의 디지털화, 미세화, 풀컬러화, 그리고 고속처리 등에 관한 기술개발이 이루어지고 있다. 인쇄기술의 대표인 전자사진은 그 편리함이 복사기나 프린터로서 널리 사무실이나 가정에 사용되고 있다. 그런데, 이 전자사진 기술을 이용한 복사기도 스캐너로 한 번 화상을 얻은 후, 프린터로 출력하는 디지털 복합기나 데스크톱 컬러프린터가 실용화되면서 디지털화가 급발전하고 있다.

전자사진은 광전도현상과 정전기현상을 이용한 화상형성법으로서, 코로나 대전, 화상노광, 토너현상, 전사, 정착 및 클리닝 단계로 구성된다. 레이저빔 프린터는 화상형성에 전자사진 프로세스를 이용하여, 컴퓨터가 보내는 출력신호에 따라 레이저의 주사노광에 의해 인쇄를 하는 컴퓨터 단말이다.

첫번째의 화상형성 스텝인 코로나 대전에서는 코로나 대전기에 의해 감광체 표면에 균일하게 코로나 이온을 공급한다. 다음으로 반도체 레이저광은 고속으로 회전하는 폴리곤 거울로 유도되어, 좌우로 왕복운동하는 광빔으로써 광감체 위에 조사된다. 이 레이저광은 컴퓨터에 의해 on-off가 제어되어 감광체 위에서 정전(靜電) 잠상을 형성하고, 이 전하 패턴을 가시화하기 위하여 토너 현상을 한다.

다음의 전사에서는 광감체 위에 나온 토너 화상을 보통종이에 전사 이동시키고 정착에서는 높은 온도로 가열된 롤러에 의해 토너를 용융시켜 종이에 고정함으로써 인쇄되도록 한다. 레이저빔 프린터에서는 각 공정이 감광체 드럼의 원기둥 위에 배치되어, 광감체 드럼이 1회전하거나 또는 작은 광감체 드럼의 경우 수회 회전하여 한 장의 화상 출력이 완성된다.

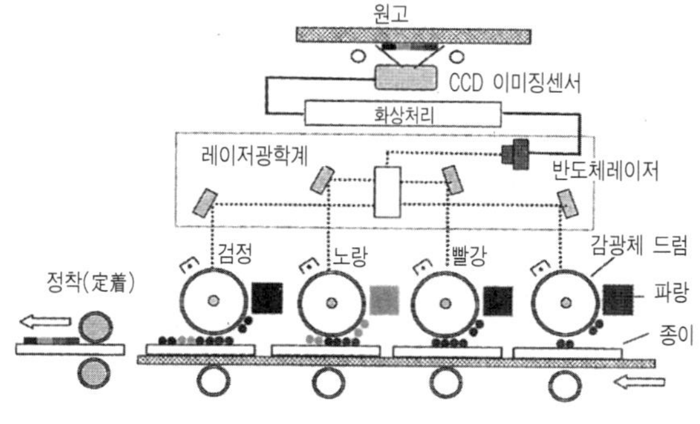

그림4. 디지털컬러 복사기

디지털 풀컬러 복사기나 컬러프린터에서는 시안, 마젠타, 옐로우, 블랙의 4색 토너 화상을 종이 매체 위에 겹쳐서 상을 만들고 있다. 그림4에 보이는 것처럼, 감광체 유니트를 4개 열로 나열시켜 순서대로 4색을 겹치는 탠덤(tandem)형 완전컬러프린터나 고속 컬러프린터가 실용화되었다. 이 기술에 의해 소량 부수의 완전컬러 인쇄나, 필요할 때 원하는 부수의 인쇄물을 얻는 온 디맨드(on demand) 인쇄가 전자사진기술을 이용하여 이루어지게 되었다.[1]

제 25 장
레이저 열 기록

대량으로 화상을 제작하는 종래의 인쇄분야에서 컴퓨터에 의한 문서와 화상의 디지털화가 급속하게 진전되어, 그 기술 내용이 크게 변화하고 있다. 컴퓨터를 이용한 문서·화상의 작성, 스캐너나 전자카메라에 의한 화상 입력과 화상처리 후 편집 레이아웃에 의한 문서와 화상의 통합화가 이루어지게 되었다. 여기서 컴퓨터 내의 디지털 데이터로부터 직접 인쇄판을 작성하는 컴퓨터 이중플레이트(CTP 또는 다이렉트 제판) 기술 또는, 인쇄기의 판 위에서 제판이 이루어져, 그대로 옵셋 인쇄를 하는 디지털 옵셋인쇄가 출현했다.

여기서 사용되는 것이 레이저광을 열로 변환시켜 기록하는 레이저 열 기록이다[2]. 광원으로는 고출력 반도체 레이저나 YAG 레이저를 이용하여, 렌즈로 수 μm에서 수십 μm로 집광한 에너지 밀도가 높은 레이저광을 물질에 조사하여 발열시키고, 그때의 물리적 또는 화학적 변화에 의해 화상을 형성한다. 레이저 열기록에서는 광흡수, 발열에는 광변환 재료가 이용되고, 반도체 레이저를 광원으로 이용할 때는 적외영역에 광흡수를 보이는 카본블랙, 근적외 흡수안료 또는 금속합금 등이 이용된다.

염료승화형 레이저 열전사[3]는, 열에 의한 염료의 확산 및 승화를 이용하여 수상지(受像紙)에 염료를 전사하는 것으로, 발열량에 따라 염료전사량을 제어하여 계단식 화상을 얻는 것이 가능하다. 그림5에 전사원리도를 보인다. 컬러 승화염료와 근적외 흡수색소를 포함하는 도너 시트에 레이저를 노광하여, 승화염료를 수상층에 전사함으로써 완전컬러 화상을 만든다. 그때 잉크 도너 시트와 수상층 사이에 비즈를 끼운 간격을 만들어 염료의 퍼짐을 제어하고 있다. 안정적인 고품질 컬러화상이 가능하므로 인쇄용의 컬러 교정지로 사용된다. 또 수상지에서 실제의 인쇄용지에 전사하여 사용하는 점도 실용적인 면에서 평가가 되고 있다.

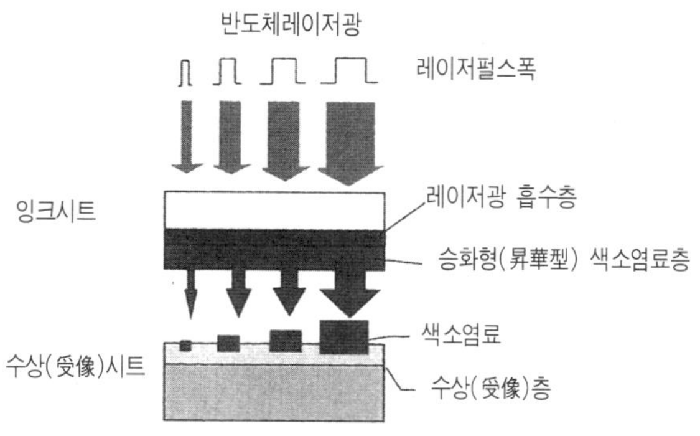

그림5. 염료승화형 레이저 열전사

왁스 용융형 레이저 열전사에서는, 왁스를 용융 전사할 때 2개의 값이 기록되어 인쇄의 망점(grid) 재현에 잘 적응한다. 근적외광 흡수층과 컬러 용융층을 적층한 도너 시트에 레이저광이 조사되면 발열하고, 그 열이 박막의 컬러 용융층에 전도되어 용융전사하는 기술이 실용화되었다. 해상도는 최고 4000dpi로서 고도로 미세한 컬러 망점 화상을 만들 수 있는 것이 특징이다.

근적외 흡수염료를 포함하는 감광성 수지를 알루미늄 기판 위에 도포한 판에 반도체 레이저를 조사하여 옵셋인쇄용 인쇄판을 만드는 컴퓨터 투플레이트(직접제판, CTP)가 실용화되었다. 레이저 조사에 의해 수지층이 가열되면 수지의 경화 또는 화학적 변화에 의해 알칼리 가용성이 되어 현상처리 후 알루미늄 판상에 수지에 의한 화상부가 형성된다. 그 후 옵셋인쇄에 사용하면 화상부의 끝이 깨끗하고 고해상도의 화상이 얻어진다.

레이저 용융은 고출력 레이저를 단시간 조사하여 물질의 분해, 기체화, 비산 등이 한 순간에 일어나는 현상으로, 기록 에너지는 작고 높은 기록감도를 보이고 있다. 이 현상을 이용하여 인쇄판을 만드는 연구개발이 진행되고 있다. 레이저용융을 이용한 무수(無水) 평판용 인쇄판을 인쇄기의 판 위에 만들어, 그 후 바로 인쇄하는 디지털 인쇄 시스템이 실용화되었다.[4]

기판은 인쇄 잉크를 반발하는 실리콘 층과 레이저를 흡수하는 금속박막으로 구성되어, 복수의 고출력 반도체 레이저 조사에 의해 실리콘층을 제거하여 화상부를 작성하고 있다. 4색의 각 판을 동시에 제판하여, 바로 4색 컬러인쇄를 하는 시스템이 실용화되어, 디지털 인쇄로서 주목받고 있다. 그림6에 개략도를 나타내었다.

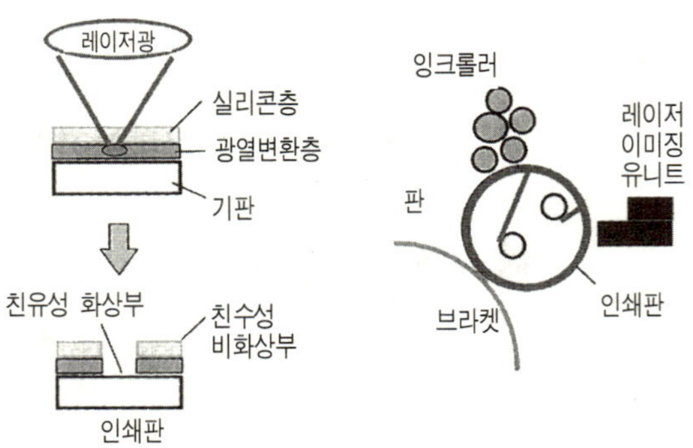

그림6. 이중프레스 컴퓨터 시스템

　레이저 열기록에서는 단순한 공정으로 화상을 형성하는 것이 가능하고, 마이크론 크기로 집광한 레이저광을 사용하므로 높은 해상도가 얻어지는 것이 큰 특징이다. 결점으로는 화상형성에 필요한 기록 에너지가 커서 기록시간이 긴 것이다. 이것을 해결하기 위해서 복수의 레이저 광원을 옆으로 나열하여 동시에 기록하는 방법으로 기록시간을 단축하고 있다.

제 26 장
레이저 레이더

최근 지구온난화, 오존층 파괴, 산성비 등의 대기환경문제의 해명이 긴급한 과제로 되어, 이를 위한 광역적 고정밀도의 관측 수단의 실현이 기대된다. 레이저 레이더는 Q스위치에 의한 거대 펄스 레이저의 출현 직후인 1963년부터 초고층이나 지표 부근의 에어로졸 입자의 능동 원격 센서로서 연구가 개시되었다. 그 동작 기능으로는 각종 물질의 밀도나 상태의 3차원 분포가 원격적 및 실시간으로 계측 가능하며, 더욱이 마이크로파 레이더에 비하여 높은 공간분해능이 얻어지는 것이 특징이다. 지구환경계측이나 기상학 계측 등의 분야에서는 라이다(lidar)라고 불린다. 최근 LD 여기 고체 레이저나 컴퓨터 기술의 발전과 함께 실용화가 진전되고 있다. 다음에는 주된 동작방식의 최근 진보상황을 보여준다.

1. 미에(Mie) 산란 · 레일리(Rayleigh) 산란 레이저 레이더

미에 산란(Mie scattering)이란 광의 파장과 비슷하거나 비슷한 크기를 가진 입자의 산란단면적이 크게 증대하는 산란과정이며, 미에 산란 레이저 레이더는 연구개발의 역사가 아주 길어 실용화가 앞서 있다. 장치 형태는 고정형과 이동형으로 분류된다. 응용분야로는 ① 대류권 에어로졸의 분포에 따른 대기경계층의 입체구조와 황사의 관측, ② 굴뚝의 연기 배출이나 도로의 분진 확산 상태 등을 측정하는 환경 평가, ③ 구름, 안개, 비, 눈 등의 분포나 시정(視程) 등의 대기 데이터 자동계측, ④ 강도(强度)와 패턴의 상관관계에서 얻어지는 풍향·풍속의 측정, ⑤ 성층권 에어로졸층의 고도분포나 연도별 변화의 측정 등을 들 수 있다.

그림7에 Nd : YAG 레이저빔을 고속촬영하는 입체화상 계측 라이다를 이용하여 위스컨신대학에서 경계층 에어로졸과 얼음이나 수증기 구름, 권운 등의 RHI 표시

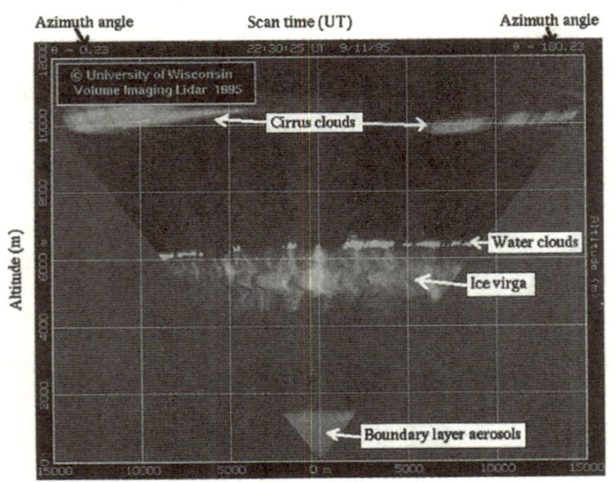

그림7. 다층 에어로졸 분포의 RHI 표시 예

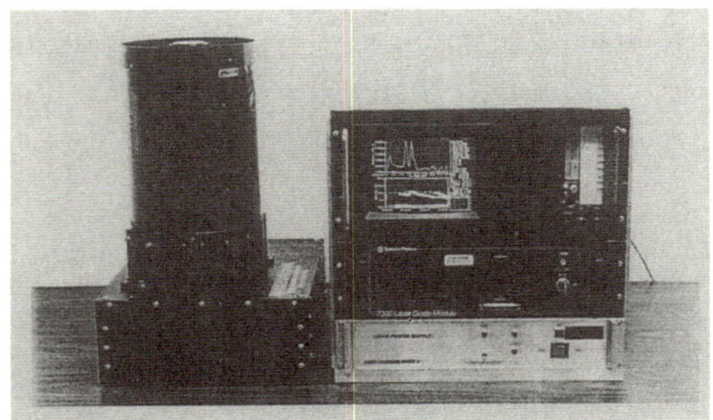

그림8. 아이세이프 마이크로펄스 라이더의 구성

(거리 R, 고도 H, 강도 I)를 관측한 예를 보인다. 약 20km까지 육안으로는 보이지 않는 맑은 하늘의 움직임이나 지표 부근의 대기경계층의 삼차원 구조를 입체적으로 표시하게 되었다.

종래의 레이저광원은 대형이고 전력을 대량 필요로 하는 경우가 많았으며, 레이저 레이더 시스템도 대형이었기 때문에 실용상 제한이 되어 왔다. 또 최근 레이저광의 눈에 대한 안전성, 즉 아이 세이프성이 중요하게 되었다. 그림8에 LD 여기

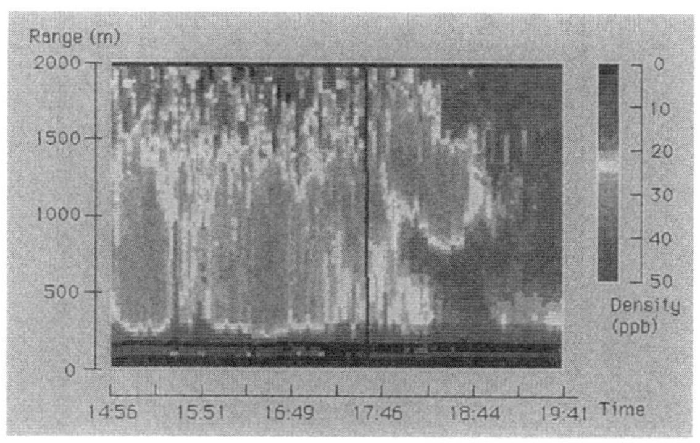

그림9. 오존 밀도 고도분포의 시간변화(자카르타시)

Nd : YLF레이저의 2배파를 이용한 '마이크로 펄스 라이다'의 외관을 보인다. 평균 출력 30mW의 저출력으로 가시영역에서 아이세이프 조건을 만족하고 있다. 이 시스템에 의해 에어로졸 분포를 약 15km의 고도까지 정상관측이 가능하여, 실용적인 시스템이 되었다.

고도 약 30km 이상의 고층에는 에어로졸이 적으므로, 대기 구성분자에서 생기는 레일리 산란 레이저 레이더에 의한 대기의 밀도와 기온의 고도분포가 약 90km까지 구해져 있다. 또한 도플러 시프트 주파수를 고분해 측정하여 고층의 풍속과 풍향이 얻어져 있다. 게다가 에어로졸이 많은 대류권에서는 스펙트럼 폭이 좁은 미에산란광과 비교적 넓은 레일리 산란광을 분리하는 '고스펙트럼 분해법'에 의해 양자를 분리하여 광의 감쇄율이나 산란비 등을 구한다.

2. 차분(差分) 흡수 레이저 레이더

이 방식은 분자의 흡수 스펙트럼의 골과 마루의 산과 골 2파장의 파장가변 레이저를 사용하여 대기 중의 에어로졸 입자에 의한 미에산란에 의해 분자밀도의 공간분포를 측정하는 것으로, DIAL(Differential Absorption Lidar)라고 부른다. SO_2, NO_2, NO 등의 대기오염 분자나 O_3 등의 미량 분자가 ppb 레벨로 고감도 측정이 가능하다. 종래부터 색소나 CO_2 등의 파장 가변 레이저가 주로 사용되어 왔으나, 최근에는 신뢰성이 높은 알렉산드라이트, 티타늄 사파이어, OPO(광파라메

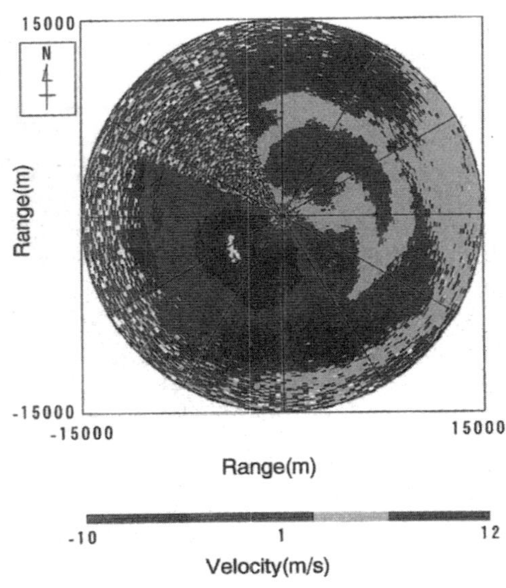

그림10. 간섭성(coherent) 도플러 라이더에 의한 시선방향 풍속의 2차원분포

트릭 발진기)등 고체 파장 가변 광원이 주로 이용된다.

그림9에 OPO를 광원으로 한 DIAL에 의해 O_3 밀도의 고도분포를 시간에 따라 측정한 결과를 보인다. 2대의 Nd : YAG 레이저의 3배파 여기 OPO 출력의 2배파에 의한 300nm 부근의 2파장의 자외광을 발생시키고 있다. 이 시스템에서는 자카르타 도시 근처의 NO_2, SO_2, O_3 등의 오염물질의 수직, 수평 분포를 계측하도록 되어 있다. 또 차량 탑재형이나 항공기 탑재형 등의 이동계측이 가능한 시스템에 의해, 북극지역 같은 넓은 지역의 미량 분자의 고도 계측이 이루어지고 있다. 또 대류권이나 성층권의 O_3의 고도분포를 매년 고정밀도로 관측하는 국제적 네트워크에 의해 오존 구멍 등의 해명이 진행되고 있다.

3. 라만산란 레이저 레이더

자외영역 레이저광을 이용한 대기분자의 진동 라만산란을 검출하는 레이저 레이더에 의해 분자의 종류와 밀도를 알 수 있다. 이 방식에 의해 수증기 절대량의 고도 프로파일이 약 5km까지 측정 가능하다.

4. 도플러 레이저 레이더

풍향 · 풍속의 원격 측정에서는 에어로졸의 미에산란광의 도플러이동을 헤테로다인 검파에 의해 구하는 간섭성(coherent) 방식과, 고분해능 필터를 이용하여 직접 검파하는 방식이 개발되어 있다. 지금까지 CO_2 레이저를 이용한 대형 시스템이 개발되어 왔으나, 최근 Nd : YAG나 Ho, Tm, YAG 등의 고체 레이저를 이용한 소형 시스템이 많아지고 있다.

그림10에 파장 $2\,\mu m$의 Cr, Tm : YAG 레이저를 이용한 간섭성 레이저 레이더에 의한 풍속의 2차원 분포 측정결과를 보인다.[5] 이것에 의해 거리 약 15km까지 대기의 바람과 난류상태를 가시화하게 되었다. 이러한 측정에 의해 항공기의 이착륙시 대기난류의 검출에 의해 안전성의 향상이나, 일기예보나 장기 기상예측에서 고도의 정밀화가 가능하게 되어 실용화가 진전되고 있다.

제 27 장
레이저 유뢰(誘雷)

　송전선 사고 원인의 2/3는 낙뢰이다. 특히 일본해 연안에서 발생하는 겨울 번개는 방전에너지가 커서, 2회선 사고 등 중대사고에 이르는 경우도 있다. 레이저 유도 낙뢰는 번개가 위험한 장소에 낙뢰하기 전에 레이저로 안전한 장소에 방전시켜 무력화시키는 기술로서, 번개에 대한 능동적인 대책으로 주목받고 있다.

　레이저 유뢰의 아이디어는 1970년대에 미국에서 제안되어, 자연의 번개에 대한 실험도 이루어졌으나, 뇌운이 높았기 때문에 성공하지 못했다. 한편, 1990년경부터 일본해 옆에서 발생하는 겨울 번개를 대상으로 한 레이저 유뢰 연구가 제안되어 필자들은 연구 그룹(레이저 총합연구소, 오사카대학, 칸사이 전력)이나 게이오대학, 큐슈대학, 전력중앙연구소 등과 기초실험이 시작되었다.

　레이저 유뢰의　시나리오를 그림11에 보인다. 철탑의 선단에 뇌운의 전계를 집중시켜, 그 고전계 중에 고출력 레이저 펄스를 집광시켜 생성한 플라즈마의 도전

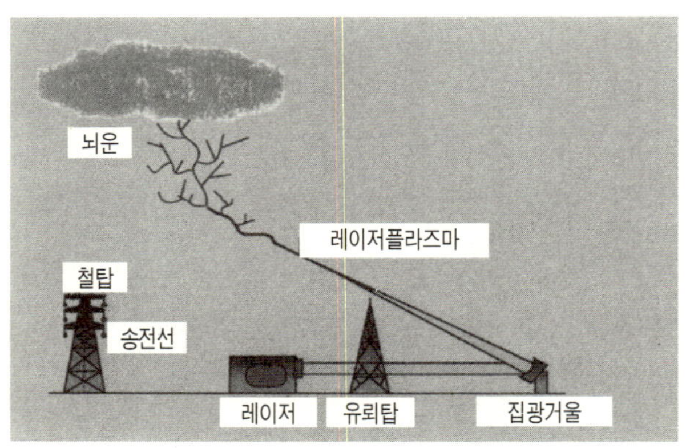

그림11. 레이저유뢰의 시나리오

성을 이용하여 지상에서 뇌운으로 방전이 전진하는 트리가드 번개를 유발시킨다. 자연적으로 발생하는 트리가드 번개는 겨울 번개의 강한 전계에 의해 철탑 등의 선단에 강한 전기장이 집중되어, 리드가 자발적으로 뇌운을 향해 전진하는 현상에 의해 일어난다고 생각된다. 그러나 강한 전기장은 코로나 방전도 발생시켜, 집중된 전기장을 약하게 한다. 그러므로 트리가드 번개의 발생은 우연에 지배되는 경우가 많고, 그 발생 원리가 완전히 해명되어 있지 않다. 레이저 유뢰는 플라즈마에 의한 코로나 방전 영역을 지나, 리드를 인공적으로 트리거시키는 것으로, 송전선 등의 근방에 세운 유전탑에서 트리가드 번개를 발생시켜 번개의 피해를 막는 것이다.

연구과제로서는 ① 방전유도용의 조밀하고 긴 플라즈마 생성기술의 개발, ② 레이저 플라즈마 방전유도 특성의 해명, ③ 레이저광의 대기중 및 번개발생 기상조건 하에서의 전파 특성, ④ 레이저 조사 타이밍 결정을 위한 뇌운 모니터링 시스템의 개발 등을 들 수 있다.

높은 첨두출력을 가진 장치가 개발되어, 대기 중에서 투과율 좋은 CO_2 레이저(파장 $10\,\mu m$)를 이용한 실험이 수행되었다. 고펄스출력(GW 정도)의 CO_2 레이저를 대기중에 집광시키면, 고주파 가열에 의해 플라즈마 형성 한계치가 낮은 부유입자를 핵으로 하는 이산적(離散的) 비즈 상태의 플라즈마로 이루어진 채널이 형성된다. 이 플라즈마는 $10\,\mu m$ 광의 차단밀도를 상회하므로, 긴 플라즈마를 생성하기 위해서는 집광 거울을 다초점으로 만드는 연구가 필요하다.

실내 실험에서는 트리가드 번개를 유발하기 위해 필요한 플라즈마에 의한 리드 방전의 개시 조건을 플라즈마 밀도나 전계 강도에 대하여 확실히 하는 연구가 여러 군데에서 이루어지고 있다. 철탑 선단에 집중시킨 뇌운의 전계에 의해 플라즈마에서 리드가 발생하는 조건이 실내 실험으로 명확해져 야외 실험 설계가 이루어졌다. 또 유뢰탑 선단에 타겟을 붙이고, 여기에 레이저를 조사함으로써 겨울 번개가 발생하는 눈이 오는 때에도 확실하게 플라즈마가 생성될 수 있도록 했다.

레이저 운전 간격을 충전시간으로 결정하고 뇌운의 상태를 지상에서 관측하여 레이저를 조사(照射)했다. 이를 위한 각종 계측기를 이용하여 뇌운의 상황을 실시간으로 모니터하여, 유뢰의 타이밍을 정확하에 결정하는 것이 중요하다. 특히 야외 실험에서 개발된 PB 트리거 시스템은 방전관의 전조현상인 사전 브레이크 다운(Preliminary Breakdown: PB)을 검출하여 마이크로초의 정확도로 레이저를 조사함으로써 유뢰의 성공에 큰 역할을 했다.

그림12. 레이저유뢰 시험장

  야외실험은 겨울 번개가 빈발하는 일본해 와카사(若狹)만을 바라보는 후쿠이현 미하마쵸에서 이루어졌다 (그림12). 다케야마(岳山)라고 불리는 표고 약 200m의 산정에 출력 2kJ의 CO_2 레이저, 1m 구경 카세그레인형 집광거울, 50m 유뢰탑, 번개 관측기구, 레이저 제어실 등이 설치되었다. 야외실험은 1993년 12월부터 개시되어, 뇌운발생 상황 모니터링용 번개 관측 네트워크의 구축, 겨울 번개 발생조건에서의 레이저나 집광거울 및 주변기기의 운전기술, 방전 유발에 유효한 절연물 타겟을 이용한 연속 플라즈마 채널의 생성기술, 번개 방전 전조현상을 검출하는 레이저 조사 타이밍의 결정 기술 등이 개발되어 실험에 도입되었다.

  지금까지 야외실험 결과 몇 번의 낙뢰가 레이저에 의해 유발되었다고 생각되는 데이터를 얻었다. 여기에서 그 중 두 가지에 대하여 소개한다.

  그림13에 보이는 연속사진은 1997년 1월 29일 유뢰탑 선단에서 발생한 윗방향 리드이다. 첫번째 프레임은 CCD 카메라의 읽는 간격(33ms)이다. 리드의 발광에 노광조건을 설정하고 사진에 보이지 않는 유뢰탑은 파선으로 나타냈다. 유뢰탑에서 상공을 향하여 방전 채널이 나누어져, 윗방향으로 전진하는 리드인 것을 알 수 있다. 망원카메라로 얻은 탑 선단부의 화상에 의하면, 레이저 플라즈마가 생성되고 수십ms 이내에 리드가 전진하기 시작하는 것을 알 수 있다. 또 철탑 선단에서 계측한 전류는 레이저 조사부터 16ms만에 수십 암페어에 도달하여 이러한 타이밍에서 레이저에 의한 리드가 트리거되었다고 생각된다.

  위의 예는 방전이 낙뢰 전 일어나는 모습인 리드 단계에서 끝난 것이나, 2월 11

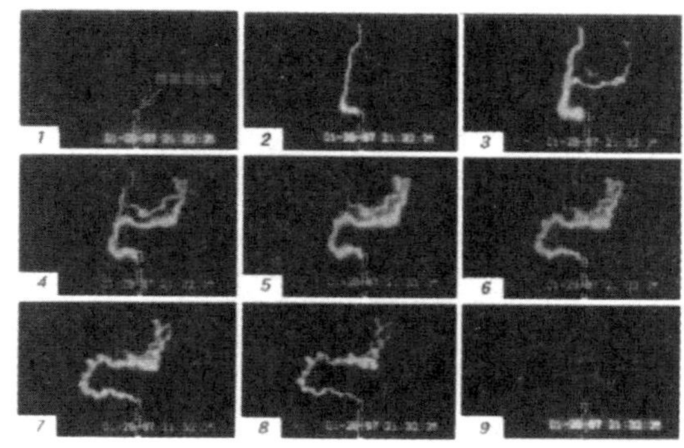

그림13. 레이저플라즈마에 의해 유발된 리드의 진전 모양

일에는 주방전으로 이어진 번개 방전의 유발이 기록되고 있다. 이 유뢰에 대해 전파간섭계에 의해 레이저 조사와 동시에 유뢰탑 선단에서 리드의 발생에 대응한다고 생각되는 전자파가 기록되어, 레이저에 의해 번개가 유발된 유력한 증거라고 생각된다.

지금까지의 연구는 플라즈마에 의한 리드를 철탑의 선단에서 발생시켜, 번개 방전을 유발시키는 것이 가능하다는 것을 보인다. 한편 새로운 과제나 유뢰 기술의 실용화을 위해 개량해야 할 점이 드러났으므로, 그러한 점들의 대책을 정리하여 장래의 전망으로 삼는다.

첫번째 과제는 철탑에서 전진을 시작하는 리드를 안전하게 뇌운까지 유도하기 위한 긴 유도채널을 만드는 것이다. 이것은 일단 생성된 리드를 확실하게 뇌운까지 전진시키기 위하여 중요하다. 겨울 번개의 전계 조건에서 수행한 시뮬레이션에서는 약 150m 높이까지 리드를 가이드하면, 자발적으로 전진하는 리드 선단 전계가 되는 결과를 얻었다. 이 가이드 효과의 플라즈마 생성에는 최근 주목받고 있는 초단펄스 레이저의 셀프 채널링 현상이 이용될 수 있다고 생각된다.

두번째 과제는 유뢰발생도의 향상이다. 이를 위해서 먼저, PB검지 시스템을 증강하여 2차원적으로 번개 방전의 전조를 포착하여, 방전활동이 활발한 뇌운 근방을 파악한다. 또 뇌운 가운데 전하가 축적되어 있는 영역에는 얼음 결정이 많이 분포하고 있는 것이 알려져 이중편파 도플러 레이더를 이용하여 전하축적 영역의 위치를 검지하는 것이 가능하다. 한편 레이저 장치에 대해서는 반도체 레이저 여기 고체 레이저 기술을 이용하여 장치의 소형화와 고효율화 및 고반복율이 가능해졌다. 이러한 뇌운 모니터 시스템이나 레이저 장치의 기술적 증강에 의해 레이저 조사시 유뢰의 확률을 향상시키는 것이 차후의 과제이다.

　레이저 유뢰에 대한 연구는 과학적인 실증을 거쳐, 차후 기술의 실용화에 맞춘 개발연구가 이루어질 단계에 도달했다. 연구개발의 과제로서는 위에서 기술한 것과 같이 고효율의 소형 레이저 장치의 개발이 필수 불가결하다.

제 28 장
레이저 식물공장

일본은 시설원예가 세계에서 가장 성장해 있어 우리의 식탁에 계절을 불문하고 야채를 제공하고 있다. 또 수경재배가 증가하여 일부 청정 야채가 나오게 되었다. 그러나 일본의 농업은 고령화되어 활기를 잃고 있다. 더욱이 21세기 전반에는 심각한 식량위기가 예상되어, 식량자급율이 아주 낮아 심각한 사태에 직면하지 않도록, 생명공학이나 식물공장과 같은 바이오테크 농업을 개발할 필요가 있다.

식물공장이란 일반적으로 '환경제어나 자동화 등 하이테크를 이용한 생산 시스템'이라고 정의된다. 컴퓨터에 의해 온도, 빛, 이산화탄소, 배양액 등의 환경조건을 최적으로 제어하고 자동화를 실시하여, 시설 내의 작물을 기후에 좌우되지 않고 경제적으로 생산하는 기술이다. 식물공장에는 태양광 이용형과 완전제어형 두 가지 유형이 있다. 태양광 이용형은 수경재배에서 환경제어나 자동화가 고도의 시스템을 지향하지만, 최근에는 보조광원으로 인공광(램프)을 사용하는 경우가 많다.

완전제어형 식물공장은 환경조건을 완전하게 인공적으로 제어하는 시스템으로서, 생산조절이 가능하고 생산성이 높다는 점에서 이상적인 식물공장이라고 할 수 있다. 광원으로는 전적으로 인공광을 사용하나, 빛을 거의 필요로 하지 않는 콩나물이나 버섯의 생산에는 이 방법 밖에 없다. 잎상추나 시금치 등의 채소류의 실용화 연구가 지금 한창이다. 완전제어형은 태양광 이용형에 비하여 현시점에서는 원가가 비싸다.

특히 생산원가(전력비＋감가상각비＋인건비＋금리＋재료비 등) 중에서 전력비가 차지하는 비율이 현재 30% 정도에 이른다. 이는 주로 조명전력비와 조명열을 제거하기 위한 공조(空調) 전력비로 이루어진다. 그러므로 발광효율이 높은 저가의 인공광원을 이용하는 것이 중요하다. 그러나 램프의 역사는 길어서 기존 램프의 효율을 대폭으로 개선할 가망은 거의 없다.

1. 레이저 식물공장의 제안

종래 완전제어형 식물공장이나 태양광 이용형의 보조광원으로 주로 사용되고 있는 고압 나트륨 램프는 가시역의 발광효율이 30% 정도로 높지만, 광합성에 중요한 적색(640~690nm)과 청색(420~470nm)의 균형이 좋지 않다 (청색이 부족하다). 또 다량의 열방사가 공조 부하를 크게 하고, 식물과의 거리를 충분히 두어야 할 필요가 생기므로 장치가 대형화되는 결점이 있다.

이와 같은 배경에서 1994년에 필자와 오사카대학의 야마나카는 완전제어형 식물공장의 광원 또는 태양광 이용형이나 가정 채소밭의 보조광원으로서 LD(반도체 레이저) 및 LED(가시발광 다이오드)를 사용하는 가능성을 검토하여, '레이저 식물공장'을 제안하였다.

LED나 LD는 발광스펙트럼이 광합성 또는 엽록소의 흡수 피크에 거의 일치하는 것을 고른다. 소형경량으로 저전압구동이며, 열방사가 없고, 장수명이고, 또 LD의 경우는 광합성에 유리한 간헐적 조명에 대응하는 펄스 발진이 용이하고, 고효율, 고출력, 전류로 직접 변조 가능한 것 등의 이점이 있다. 이러한 특성에 의해 아주 소형의 식물공장이 실현될 가능성이 있다.

적색 LED에 의한 식물재배실험은 이전부터 일부 이루어졌으나, 이 제안 직후부터 필자의 그룹을 포함하여 각지에서 적색(600nm)과 청색(450nm)의 LED를 사용한 식물재배 실험이 발표되고, 곧 적색 LD를 이용한 실험이 개시되었다.

2. 레이저 광원과 가격

최근 새로운 초고밀도 정보기록 매체인 DVD의 실용화를 향하여 적색과 청색 LD의 개발 움직임이 빠르다. DVD가 널리 보급되면서 LD의 가격인하가 대폭 유도되어, 식물재배의 유력한 광원이 될 가능성이 높다. DVD-RAM에서는 파장 650nm의 AlGaInPrP의 LD가 사용되지만, 읽어 들이는데 수mW, 쓰는 데 수십 mW의 출력이 요구된다. 이와 함께 최근 적색 LD의 신뢰성 향상과 저가격화가 이루어졌다.

한편 청색광에 대하여는 지난 수년 동안 GaN의 LED가 화제를 불렀다. 식물재배에는 이것도 좋다고 생각되지만, 출력이 수mW로 효율이 5% 정도에서 그친다.

최근 GaN를 사용한 파장 410nm와 417nm의 청색 레이저 기술이 진보해 왔다. 일본에서는 DVD용 광원으로 비선형 광학소자의 표면에 고굴절율 막을 붙인 광도파로(光導波路)가 개발되어, 적외광의 변화 효율이 15%인 것을 얻고 있다.

여기서 종래 광원과 LD의 가격을 비교해보면, 입력 400W에서 가시광출력 120W의 고압 나트륨 램프는 한 개에 3만엔이므로, 출력 1W당 약 250엔이 된다. 이에 대응하기 위해서는 LED나 LD의 가격도 1W당 250엔 정도가 되지 않으면 안 된다. 그러나 반도체광소자는 열선을 포함하지 않으므로 공조부하를 작게 하는 것이 가능하고, 식물공장의 소형화가 가능하므로 조명효율이 높아지고, 수명이 나트륨램프보다 길고, 광합성에 유리한 펄스 점등이 가능하다는 점 등의 유리함을 고려하면, 한 개의 가격이 한 자리 수 더 높아도 된다고 생각된다. 즉 1W당 2500엔이다.

이를 달성하기 위해서는 LED만으로는 어렵고, 고출력이며 저가인 LD가 필요하다. 현재 DVD-ROM에 사용되고 있는 파장 650nm, 출력 3mW의 LD의 제조가격은 1개 100엔 정도된다. CD-ROM이나 DVD에서는 본체장치와 레이저의 가격비가 100대 1이라고 한다. DVD가 양산되면서 LD의 가격이 대폭 내렸다. 두 경우모두 출력 50~100mW인 LD의 가격이 한 개 100엔이나 200엔이 되어, 1W당 2500엔이라는 숫자는 달성될 것으로 생각된다.

3. LED와 LD에 의한 식물재배 실험[6]

먼저 적색과 청색 LED를 사용한 사라다나의 재배실험이 1994년 경부터 토카이 대학의 필자 연구실과 미쯔비시 화학 요코하마 총합연구소 등 몇 군데에서 실시되었다. 이 실험에서 알게 된 것은, 적색과 청색의 비율(R/B 비)이 광양자속(光量子束) 밀도의 단위로 10대 1 정도인 경우에 상추는 충분히 잘 자랐다는 사실이다. 또 광 강도가 충분히 강한 경우에는 생육이 다소 부족하지만 적색만으로도 생육이 가능했다. 그림14는 필자의 연구실에서 여러 가지 파장의 LED를 사용하여 상추를 재배하고 있는 모습이다.

LD를 이용한 식물재배실험을 최초로 수행한 것은 요코하마 포토닉스(주)로, 발진파장 680nm, 출력 250mW의 AlGaInP의 LD를 이용한 상추의 재배였다. 그러나 이 파장만으로는 잎의 형태가 얇고 너무 길게 도장(徒長)했다. 여기에서 청색

그림14. 다양한 파장의 LED를 이용한 상추의 재배
왼쪽 위에서 오른쪽 아래 순서대로 파장: 660nm, 660nm+450nm(R/B 비 10),
660nm+450nm(R/B 비 5), 595nm, 450nm, 525nm

을 다량 포함하는 형광등이나 청색 LED로 보광(補光)을 더하면 건강한 상추가 얻어졌다. 또 오사카대학 레이저 핵융합연구센터에서는 같은 적색 LD와 청색 LED를 가지고 무를 재배하고 있다.

그런데 LD의 경우에는 온도상승에 의해 실제 발진파장이 기준 파장보다 10nm 이상 늘어나는 경향이 있다. 그래서 680nm나 670nm의 기준 파장에서는 스펙트럼 적으로 불리한 경우가 있다. 여기서 우리들은 광합성 또는 엽록소의 흡수 피크에 거의 일치하는 발진파장 660nm의 AlGaInP의 적색LD와 청색LED를, R/B 비 10 으로 병용하여 재배실험을 하였다. 그 결과 $50\,\mu\mathrm{mol/m^2s}$ 라는 상당히 낮은 광양 자속 밀도에서도 상추를 잘 키울 수 있었다 (그림15).

또 성장의 기본인 광합성 속도와 성장률을 몇 개 스펙트럼의 LED와 LD광원에 대하여 측정하였다. 광합성의 데이터를 그림16에 보인다. 여기서 광 강도는 둘다 $50\,\mu\mathrm{mol/m^2s}$, 조사시간은 17시간이다. LD를 사용하면, 광합성 속도와 성장률이 둘 다 조금 떨어지는 것을 알 수 있다. 이것은 단색성 때문이라고 생각되나, 다른 파장의 광과의 혼합효과(에머슨효과)를 포함하여 차후의 연구과제이다.

필자의 예상으로는, LD의 가격 저하에 의해 가까운 장래에 레이저 식물공장이 실현될 것으로 생각한다. 최초의 조합은 발진파장 660nm 부근의 적색 LED와 파장 450nm의 청색 LED로 될 것이다. 단 레이저광을 야채에 균일하게 조사하는 기술의 전개와 간섭성이 성장에 미치는 영향의 연구가 필요하다.

그림15. 적색 LD와 청색 LED에 의한 상추의 재배
(R/B 비 10, 광양자속 밀도 50μmol/m^{2}s)

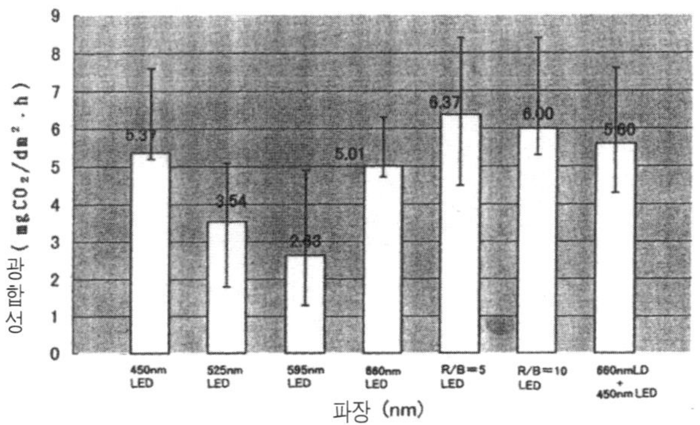

그림16. LED 및 LD 조사 하에서의 상추의 광합성 속도

제 29 장
레이저에 의한 음식물 품질관리

이 분야에서 레이저 응용이 꼭 발전하고 있다고 말할 수는 없으나, 몇 가지 구체적인 시도가 있어서 소개한다.

과일 등의 농산물 선별은 종래 인간의 눈과 손으로 이루어졌다. 크기와 외관에 관하여는 이 방법으로 선별 가능하나, 과일의 당도를 조사하기에는 일부분을 떼어 당도계로 재는 것이 일반적이며, 각 개체를 파괴하지 않고 당도를 평가하는 것은 불가능했다. 또 일본의 식료품 시장에서는 모양이 예쁜가, 색이 좋은가, 맛보다도 보기가 좋은 것이 요구될 우려가 있다. 그에 따라 외관상의 정보를 정량적으로 평가할 필요가 생긴다. 한편 당도와 같은 질의 정보 이외에, 가운데에 씨나 구멍이 있는 지 등 내부의 기하학적 정보를 비파괴로 아는 것도 품질관리상 중요하게 되었다.

외관상의 좋고 나쁨은 눈으로 알 수 있다. 결국 빛을 사용하면 된다. 또 당도와 같은 질의 평가도 단맛이 특정 화합물에서 기인하므로, 분광방법을 응용하면 가능하다. 레이저광이라면 투과광도 충분히 강도가 있으므로, 내부의 정보를 아는 것이 가능하다. 이러한 상황을 생각하면, 농산물의 비파괴검사에 레이저를 응용하는 조건은 충분히 가능성이 있다는 것을 알 수 있다.

1. 커피원두의 배전도* 판정

커피원두의 배전도 판정에는 직감과 집중력이 필요하다. 배전도는 원두의 색으로 판정하고 있으나, 어느 정도 구우면 열을 흡수하기 쉽게 되어 구워지는 속도가 빨라지므로, 지나치게 구워지지 않도록 응시하면서 색을 관찰하지 않으면 안 된다.

---

* 焙煎度(구워진 정도)

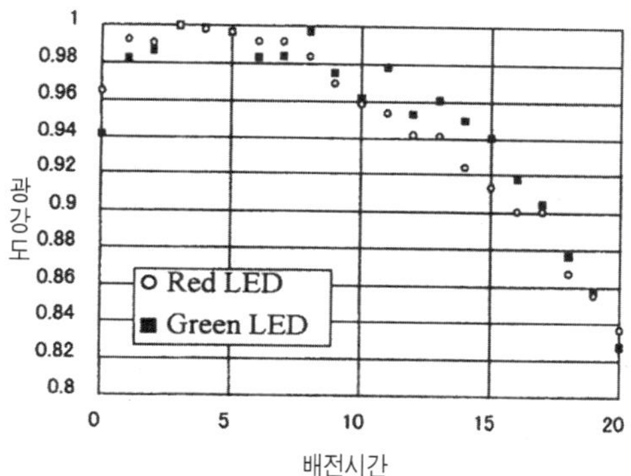

그림17. 커피원두 배전시간 VS. LES 반사광 강도

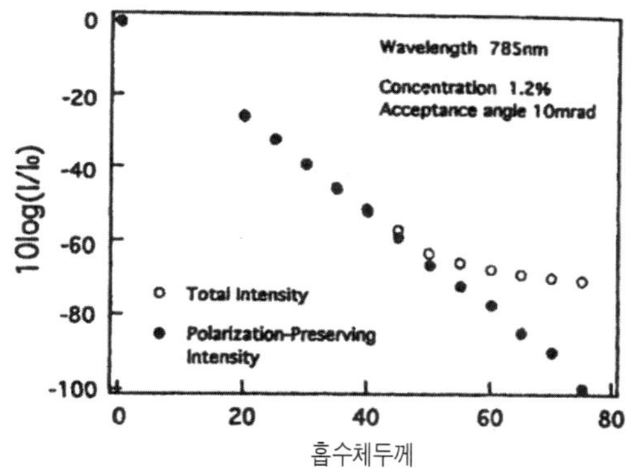

그림18. 편광투과도와 투과광의 강도 VS. 흡수체 두께[8]

여러 가지의 자동화가 진행되는 중에, 이 작업의 자동화는 아직 연구되지 않았다.

여기서 소개하는 방법은, 커피원두의 광 산란이나 반사가 구워진 정도에 따라 변화하는 것을 응용한 것이다. 광원으로는 레이저는 아니지만 적색 LED(650nm) 또는 녹색 LED(560nm)를 사용하고 있다. 그림17은 배전시간에 의한 이러한 광의 반사광도 변화를 나타낸다.[7] 이 그림에서 적색이 조금 빨리 반사가 약해지는 경향이 있으나, 두 종류의 광 모두 비슷한 강도변화를 보이는 것을 알 수 있다.

최적의 배전도는 반사강도가 최대반사광도의 83%가 되었을 때라는 결과가 얻어졌는데, 배전도가 올라갈수록 배전속도가 빨라지는 것을 감안하면, 인간의 직감

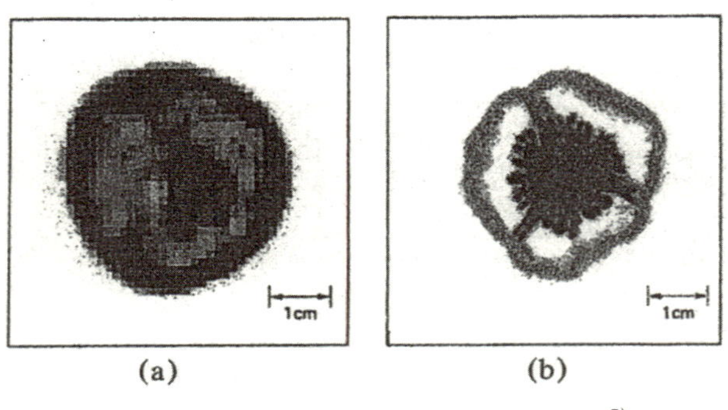

그림19. 피망의 (a)광 CT상과 (b) 단면상[7]

으로 배전도를 최적의 값으로 구하는 것이 어려움을 알 수 있다. 그러나 반사광 강도의 감소율로 배전도를 기계적으로 판단하는 방법은 배전 정도를 정확하게 결정하는 것이 가능하여 유용한 방법이라고 할 수 있다.

이 방법은 장치가 간단하고, 또 실시간으로 측정 가능하므로 실용화가 가깝다고 생각된다. 또 커피원두의 배전에 그치지 않고, 표면색의 변화와 품질의 변화에 충분한 상관관계가 있는 예에 그대로 응용이 가능하므로 다른 대상에 대한 보급도 빠를 것이다.

2. 과일의 CT상

과일 내부의 기하학적 정보를 광에 의한 컴퓨터 토모그래피의 방법으로 비파괴적으로 조사하고자 하는 것이다. 표면의 평균적 정보로 품질관리를 하는 경우와 비교하여, 내부의 정보를 높은 분해능으로 3차원적으로 얻으려면 장치도 정교한 것이 필요하다. 원래는 생체를 대상으로 X선 CT를 대체하는 광CT로서 개발에 착수된 것이지만, 개발의 중간단계에서 식물조직에 응용이 검토되었다

내부의 기하학적 정보를·알기 위해서는 직진 투과광을 검출할 필요가 있지만, 투과광에는 물질과의 상호작용에 의한 산란광이 많이 포함되어 있어, 필요한 광만을 꺼내는 것은 쉽지 않다. 이 연구는 조사광에 편광을 이용하면 강하게 산란된 광은 편광이 없어지는 것에 반하여, 산란의 영향이 적은 광은 편광이 보존되는 것에 주목하여, 편광이 보존되는 빛을 이용하여 높은 S/N 비에서 내부의 기하학적

정보를 얻도록 한 것이다.

그림18은 적당한 흡수체 (Intralipid 10% 수용액)의 두께를 변화시킨 경우의 편광투과강도(검은 동그라미)와 전투과광 강도(흰동그라미)의 두께 의존성을 조사한 것으로, 편광투과광 쪽이 전투과광보다 3자리수 이상 좋은 S/N 비로 내부의 기하학적 정보를 얻을 수 있는 것을 알았다.

장치는 cw 반도체 레이저와 액정위상변조기 및 록인앰프로 구성되어 간단하고 소형이라는 점에서 좋게 평가된다. 실제로 어느 정도 CT상이 얻어지는가는 그림 19(a)에 보이는 대로, 원형으로 자른 상(b)와 비교하면, 피망 내부의 벽, 씨, 심 (芯) 등이 재현되고 있는 것을 알 수 있다. 지금의 상황은 기하학적 정보만이 대상으로 되어 있으나, 편광을 이용하여 당분에 의한 빛의 배분 정도까지 평가하면, 앞으로 분해능의 향상과 함께 과일의 유용한 내부진단법으로 발달할 것이라 생각한다.

3. 레이저 당도계

과일의 당도를 빛으로 조사하려면, 빛은 일단 내부에 침투하여 다시 한번 표면으로 나와 검지기에 들어가지 않으면 안 된다. 복숭아 등 껍질이 얇은 과일은 표면의 반사광이 내부의 산란광과 혼합되어, 반사광 강도의 파장 의존성을 조사하여

그림20. 레이저광을 이용한 멜론의 당도측정[9]

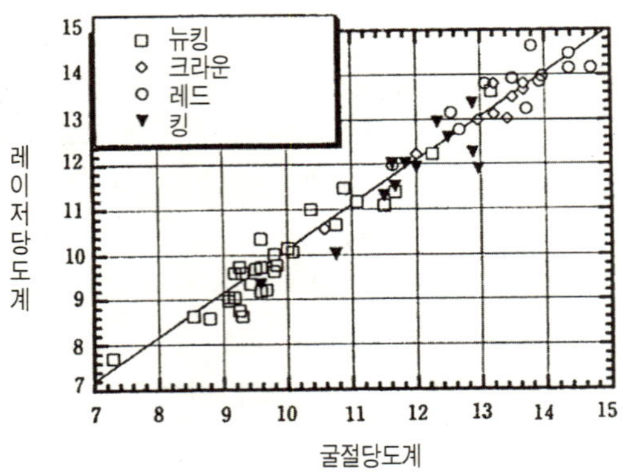

그림21. 레이저당도계와 굴절당도계의 상관관계[9]

당도를 아는 것이 가능하다. 그러므로 광원의 광강도는 반드시 클 필요는 없고, 보통의 램프로 충분하다. 그런데 수박이나 멜론과 같이 껍질이 두꺼운 과일은 표면의 반사광에 내부에서의 산란광이 거의 포함되지 않으므로, 반사광으로 당도를 아는 것이 불가능하여 투과광이 측정 대상이 된다.

투과광은 내부의 정보를 많이 포함하고 있으나, 두꺼운 껍질을 두 번 통과하므로 광량이 상당히 감소한다. 감쇄가 현저한 투과광을 검출하려면 높은 광 강도의 조사광이 필요하게 되므로 두꺼운 껍질 과일의 당도 측정은 레이저광을 이용함으로써 처음으로 가능하게 되었다. 그림20은 멜론에 He-Ne 레이저광을 조사한 상태를 보인 것으로,[9] 표면의 반사광이 아주 강한 것을 알 수 있다.

최근 당도뿐만 아니라, 크기나 형상(진원도 : 眞員度), 멜론의 경우는 껍질 모양도 비접촉으로 검사 가능한 장치(스미토모 금속광산)가 개발되어 시판되고 있다.[10] 레이저의 종류는 공표되지 않았으나, 당도 측정에는 적외 영역의 파장가변 고체 레이저가 사용되고 있는 것 같다. 반도체 레이저가 사용되면 원가절감이 기대된다.

레이저 당도계의 측정원리는 당분에 의한 특정 파장의 광 흡수에 의한 것이다. 레이저광을 이용하면, 필요한 파장의 빛만을 높은 광 강도로 얻을 수 있고, 조사광량은 1W이므로, 스펙트럼 폭넓이 수백W인 램프로 조사하는 경우에 비하여 열에 의한 과일의 손상이 없는 것도 큰 이점이다.

레이저 당도계에 의한 비파괴 검사결과와 굴절당도계에 의한 파괴검사를 4종류의 멜론 65개를 대상으로 실시한 결과 그림21과 같이 되었다. 전체의 상관계수는

0.967로, 표준편차 0.41이다. 통상 상관관계는 0.8 이상이면 실용적인 것으로, 0.967이라는 값은 충분히 실용적이라고 평가된다.

이상, 식품이나 농산물의 품질관리에 대한 레이저의 응용에 대하여 대표적인 것을 소개했다. 이 분야의 레이저 기술의 응용은 충분히 침투되지 않지만, 차후의 연구에 따라 응용 범위가 크게 넓어질 것으로 기대된다.

제6부의 요약

레이저 조형, 레이저인쇄, 레이저 레이더, 레이저 유뢰의 보급을 위해서는 사용하기 쉽고 고효율·장수명이며 소형·저가인 레이저의 개발이 필수적이다. 이를 위해서는 반도체 레이저나 전고체(全固體) 레이저의 개발이 강하게 요구되고 있다. 이 전고체 레이저는 반도체 레이저(LD)에 의해 여기되므로, LD의 저가격화가 아주 중요하다. 이를 위해서는 대면적 조사가 요구되는 농업분야 등에 LD가 사용되기 시작하면 LD의 저가격화가 가속될 것이라고 생각한다. 일본에서 개발된 청색 LD의 수명이 1만 시간 이상으로 길어져 레이저 식물공장도 실용화가 이루어지는 상황이 되었다.

차후 생활·환경·농업분야에 한정되지 않고, 레이저가 완전히 새로운 분야에 응용될 날이 기대되고 있다.

제6부 참고문헌

1) 電子写真学会編：“電子写真技術の基礎と応用” コロナ社(1988)，“続電子写真技術の基礎と応用” コロナ社(1996).
2) 北村 孝司：レーザー研究 **25**（1997）621.
3) 榎本 哲巳：レーザー研究 **25**（1997）634.
4) 西野 高嶺：レーザー研究 **25**（1997）643.
5) S. W. Henderson and K. Ota：レーザー研究 **25**（1997）19.
6) さらに詳しい情報については，“レーザー植物工場小特集号”，レーザー研究 25 巻 12 号（1997）に掲載された論文を参照されたい.
7) 陳 競，上田 正紘，谷口 慶治，浅田 勝彦：レーザー研究 **25**（1997）529.
8) 堀中 博道，和田 健司，張 吉夫：レーザー研究 **25**（1997）691.
9) 図20は住友金属鉱山(株)製レーザー糖度計カタログより版権所有者 有限会社APORO DESIGN のご厚情により転載.
10) 伊東 雅宏：アグリビジネス **10**（1995）87.

제 7 부
의료분야

레이저의 의학응용이 시작된지 30년이 넘는 세월이 흘렀다. 최초의 10년은 개척자의 시대로서, 의료용 레이저가 없던 시대에 다양한 선구적 시도가 이루어졌다. 이때는 Ar 레이저의 안저응고(眼底凝固)로 대표되는 광에너지의 열적 이용에 의한 치료 응용이 주로 이루어졌다. 다음의 10년은 레이저 의학이 비약적으로 발전한 시기이다. 여러 가지 레이저가 다양한 의료분야에 응용되어, 의료용 레이저 기기가 시판되었다. 열효과를 이용한 치료법, 광화학효과를 이용한 치료법 등 원리적인 면에서도 커다란 진보가 있었다. 레이저의 의학 응용이 많은 의료관계자에게 미래를 향한 커다란 꿈을 준 시대라고 말할 수 있다.

최근 10년간을 보고 먼저 주목할 만한 것은 의료용 레이저의 종류가 엄청나게 늘었다는 것이다. Er : YAG, Ho : YAG, Tm : YAG 등을 YAG 레이저 시리즈, Nd : YAG 레이저의 고주파빔, ArF 레이저 등의 엑시머 레이저, 각종 반도체 레이저가 크게 진보했다. 이에 더하여 자유전자 레이저의 의학응용도 시작되었다. 190nm 부근에서 $10\,\mu m$ 부근에 이르는 다양한 파장이 상당히 자유롭게 이용할 수 있게 되었다. 또 피크 출력이 높은 광펄스도 얻어지게 되었다. 의료용 레이저의 중요한 조건은 소형일 것, 사용하기가 편리할 것, 발진에 필요한 전원 등의 공급인자가 간단할 것을 들 수 있는데, 최근의 반도체 레이저의 진보는 아주 중요하다.

뛰어난 레이저가 있어도 그 주변기기의 진보가 없으면 레이저 의학은 전진하지 못한다. 최근 10년간 주변기기에 커다란 발전이 있었다. 예를 들면, 뛰어난 광섬유의 개발과 그것에 의한 빔 유도의 연구 등이다. 이러한 성과가 여러 가지 레이저 내시경이나 광섬유 복강경의 개발에 연결되고 있다.

레이저 의료의 대상으로 최근 주목되는 것으로 레이저 세포처리가 있다. 예를 들면, 레이저로 세포에 구멍을 내어 세포의 내부에 다른 유전자를 넣는 외래유전자의 주입법이나 다른 세포끼리 융합시켜 양자의 특징을 동시에 가지는 새로운 세포를 만들어내는 세포융합법이 주목되고 있다. 또 레이저를 이용한 무침습(無侵襲) 또는 비파괴 생체계측법도 크게 발전해왔다. 무침습, 비파괴 생체계측의 연구는 레이저 광 CT 연구로 발전하고 있다.

최근 10여년간 의료 응용에서 또 하나 지적해 둘 필요가 있는 것은, 레이저가 정말로 필요한 치료 도구라는 것과, 레이저 치료가 반드시 만능은 아니라는 것이 의료 관계자들 사이에 인식되기 시작한 점이다. 또 레이저 의학이 가져오는 문제도 생기기 시작했다. 레이저를 취급하는데 충분히 익숙하지 않은 사람이 레이저를 이용한 성형외과적 시험을 하여 재판을 받아야 하는 경우가 그 예이다.

제 30 장
근적외광을 이용한 조직 산소농도의 계측

생체를 대상으로 하는 광계측의 커다란 특징 중 하나는 분광학적 수법으로 조직의 대사 등 생체의 기능 정보를 얻을 수 있다는 것이다. 빛을 이용한 생체기능 계측은 오래 된 것으로는 1920년대 새의 가슴근육의 투과 광스펙트럼 변화의 관측이나 1930년대의 고양이 뒷다리 근육의 미오글로빈 계측에서 시작된다. 결국 의료분야에도 응용되어 동맥피의 산소농도를 비침습적으로 측정하는 이야옥시미터가 빛을 이용한 대표적 생체계측장치로서 최근까지 이용되어 왔다.

현재는 이것 대신 펄스 옥시미터가 신뢰성과 간편성에서 뛰어나 없어서는 안 될 환자 모니터로서 널리 보급되었다. 그런데 생체조직의 산소수급에 있어 동맥피의 산소농도에 더하여 조직 레벨의 산소농도·대사정보를 분광학적으로 파악하는 것이 요구된다. 왜냐하면 모세혈관 수준의 혈액, 조직의 미오글로빈, 세포 미토콘드리아 내의 시토크롬 등이 생명활동의 에너지원인 ATP의 생산과 밀접하게 관련되어 있어, 각각 특유한 광흡수성을 가지고 있기 때문이다.

그러나 빛은 생체조직에 대하여 투과성이 낮고, 표피에서 조직을 한번에 측정하는 것이 곤란했다. 1977년에 근적외선광을 이용한 뇌조직의 대사계측 가능성이 보고되고, 근적외선의 뛰어난 생체조직 투과성이 알려지면서 이 분야의 연구가 급속하게 진전되고 있다. 특히 700에서 1200nm의 파장 영역은 혈액 헤모글로빈과 물의 광흡수가 비교적 낮아 생체 내를 조사하는 빛의 창문(optical window)으로서 잘 알려져 있다 (그림1).

최근 광기술의 발전과 함께 이 파장 영역의 다양한 레이저광원을 비교적 손쉽게 사용하게 되어 생체조직을 대상으로 한 많은 계측법이 개발되었다. 그러나 생체조직의 대부분은 다중 산란이 현저한 광흡수체이어서, 이와 같은 물체를 대상으로 할 때 분광법의 기초가 되는 흡수계수와 광로 길이를 결정하는 것은 쉬운 일

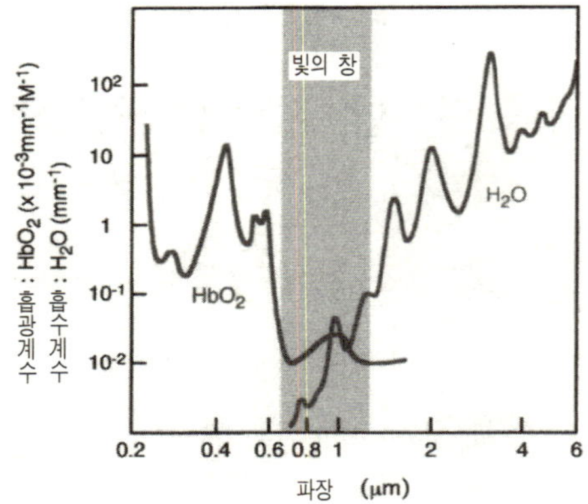

그림1. 생체조직에 대한 빛의 창문

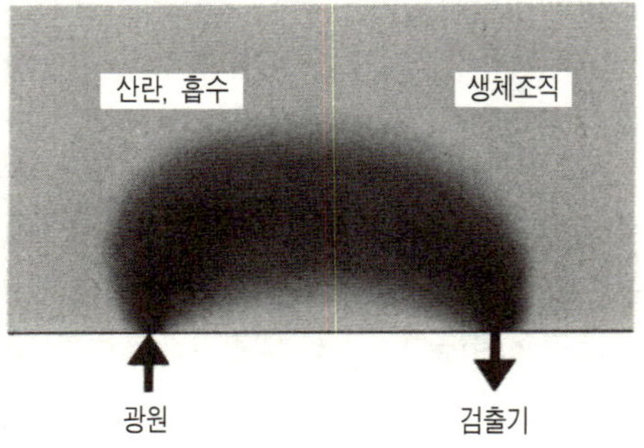

그림2. 생체조직 내부의 후방 산란광의 전파

은 아니다. 더욱이 그대로의 조직을 투과광으로 측정하는 것은 현재의 기술로 높이 수cm까지 한정되어 있다. 그래서 표면에서 빛을 조사하여 조직으로부터 나오는 후방산란을 검출하는 수법이 이용된다 (그림2).

실제적인 광로 길이를 알기 위해 피코초 펄스 레이저를 이용한 시간분해법 TRS(Time Resolved Spectroscopy), 고조파로 광강도를 변조하여 송수신 신호의 위상차를 이용하는 PMS(Phase Modulation Spectroscopy), 광송수신 기간의 거리를 여러 개 놓아서 광확산 방정식을 적용하는 연속광 SRS (Spatially Resolved Spectroscopy) 등의 수법이 개발되어 있다. 현재 제품 레벨의 장치로서는 장치구성이 간단한 SRS가 많이 이용되고 있다. 계측 가능한 생체 대사물질은 주로 헤모

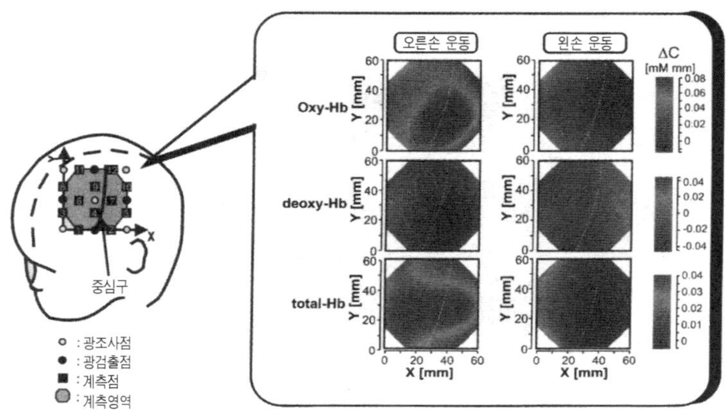

그림3. 광단층상에 의한 뇌활동의 계측(히타치 중앙연구소)

글로빈과 시토크롬으로서, 뇌조직과 근조직이 주요 측정 대상이다. 측정물질의 수에 대응하여 2파장에서 수개 파장의 빛이 이용된다.

근적외광을 이용한 뇌기능계측은 종래의 PET(Positron Emission CT), SQUID 뇌자계, f-MRI(functional Magnetic Resonance Imaging)에 비해 아주 간편하면서도 시간분해능에서 우수한 방법으로서 주목받고 있다. 광원과 광검출기를 머리의 적당한 위치에 장착하여 특정 자극(운동이나 정신활동)에 반응하는 뇌활동을 검출할 수 있다. 또 뇌피질 활동부위의 화상화도 검토되고 있다. 그림3은 광조사용 광섬유와 수광용 광섬유를 3cm 간격으로 왼쪽 머리 부분의 두피 위에 배치하고 12점에서 뇌피질의 활동을 측정하여 화상으로 나타낸 예이다.

광원으로는 레이저 다이오드(787, 827nm의 두 파장), 검출기로는 광다이오드(APD:Avalanche Photo Diode)가 이용되었다. 자극으로는 오른쪽 손의 운동을 30초간 하였을 때 운동에 따른 산소화 헤모글로빈 농도(oxy-Hb)와 총 헤모글로빈 농도(total-Hb, 혈액량)의 증가가 관측되었다 (왼쪽 손의 운동에서는 변화가 관측되지 않았다). 반응은 운동개시 후 수 초 이내에 관측된다. 뇌혈관계의 이와 같은 빠른 반응이 명확히 알려진 것은 최근의 일로서, 생리학적으로도 중요한 지식이다. 공간분해능은 광산란으로 인해 현재는 약 25mm로서 f-MRI나 SQUID보다 못하지만 침대에서 사용 가능한 점은 의료상의 큰 이점이 된다. 근적외광을 이용한 뇌조직 산소계측은 신생아 뇌의 모니터링, 체외순환수술에서 뇌산소 모니

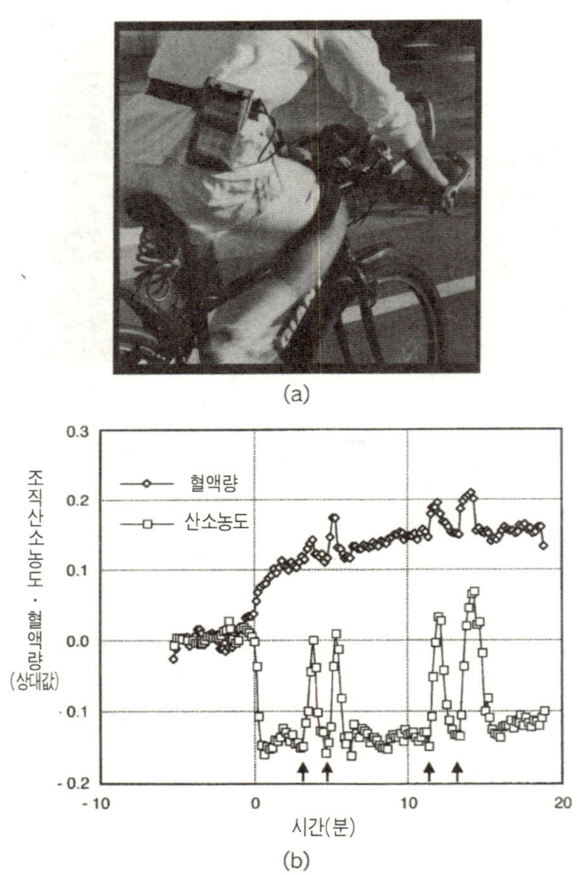

그림4. (a) 이동형 조직산소 모니터 (b) 자전거주행시의 근조직산소 모니터링

터링, 구급구명시의 뇌 내부 출혈의 조기진단 등에도 유용하다.

골격근을 대상으로 한 조직산소계측도 운동생리학 분야에서 커다란 성과를 올리고 있다. 그림4(a)는 휴대용 조직산소 모니터를 자전거 주행시 대퇴부근육 조직산소계측에 적용한 예이다. 광원으로는 760, 840의 LED를 사용하고 계측데이터를 메모리카드에 기록 가능하도록 했다.

그림4(b)는 도로(완만한 내리막길)를 주행할 때의 기록 예로서, 주행개시와 함께 혈액량이 증가, 조직의 산소 레벨이 저하하고 있다. 그림에서 화살표는 신호등

때문에 정지하고 있어, 주행상태에 대한 조직산소의 상태를 파악하는 것이 가능하다. 근조직산소 모니터는 근대사의 연구, 미토콘드리아, 미오파티(근육 세포내 대사 이상)의 진단, 재활시의 근능력회복의 진단 등 생리학, 임상, 스포츠의학 분야에서 많이 사용되고 있다.

이와 같이 근적외광에 의한 조직대사계측은 기초에서 임상까지 활발하게 연구가 이루어지고 있으나, 체표면에서 계측하는 한 피할 수 없는 공통의 문제점도 확실해졌다. 생체조직의 불균일한 구조, 즉 뇌조직에서는 뇌척수액, 두개골, 근조직에서는 지방층 등, 광흡수가 적은 조직의 존재가 측정감도에 크게 영향을 주는 것이 실험과 몬테카를로 시뮬레이션에 의해 명확해짐으로서 그 영향을 고려한 정량 계측법의 개발이 요구된다. 지방층의 영향에 대해서는 수광 강도와 지방층의 두께 사이의 관계를 이용하여 지방층 효과를 제거하는 수법이 제안되었다. 트랜드 모니터에서 정량적인 절대치 계측으로 이동하고 있다.

본 장의 마지막에 기술하는 광 CT도 최종 목적은 분광학적인 수법에 기초한 기능정보의 화상화에 있다. OCT(Optical Coherent Tomography)에 의해 깊이 수mm까지 고분해능 광단층상을 얻는 것은 이미 제품으로 실용화되어 있다. 또 광산란의 문제를 극복하는 수법으로서, 초음파에 의해 변조된 광신호를 검출하여 화상화하는 수법도 몇 가지 제안되었다. 조직의 대사정보가 실용적인 화상으로서 의학분야에 제공되는 것도 먼 장래의 이야기는 아니다. 실현된다면 의학적 가치는 상상할 수 없을 것이며, 레이저 기술의 진보와 함께 차후의 발전이 크게 기대되는 분야이다.

제 31 장
세포와 생체분자의 광 조작

레이저는 탄생 이래 현미경에 도입되어 여러가지 기능을 가진 현미경을 만들어 냈다. 레이저 형광현미경, 레이저 공초점(共焦點) 현미경, 최근에 나온 펨토초 펄스를 이용한 2광자 현미경은 레이저에 의한 고도의 조명효과를 이용한 것이다. 한편 여기에서 소개하는 광 핀셋현미경이나 광 메스현미경은 레이저광에 의한 조작과 가공기능을 살린 것이다. 이 광조작 현미경은 비접촉, 비파괴로 세포나 세포소기관, 또는 생체 단일분자를 관찰하면서 포획, 조작하는 것이 가능하여, '보고', '만지고', '측정하는' 바이오 계측의 새로운 도구가 되었다.[1] 여기서는 최근 화제가 된 광핀셋에 의한 모터 분자, DNA 분자, 세포내 분자, 세포의 조작에 대해 소개한다.

모터 분자는 ATP의 가수분해에 의해 일을 하는 단백효소로서 근육의 수축, 세포 내 과립의 수송, 섬모운동 등의 움직임을 동반하는 생명활동에서 중심적 역할을 하고 있다. 미소관 등 세포골격계의 필라멘트 상에서 과립의 이동을 담당하는 키네신과 근육필라멘트, 즉 악틴을 부드럽게 이동시키는 미오신은 모터 분자의 커다란 2개의 대표적 예이다.

모터 분자가 움직이는 스텝의 최소단위와 그때 발생하는 힘의 측정에 레이저 핀셋 기술이 사용되어 커다란 성과를 거두었다. 그림5에서 보이는 것은 키네신에 의한 미소관 위로 운반되는 비즈 관찰의 실험 개략도이다. 광핀셋 용의 레이저빔은 비즈의 위치 검출에도 이용되어, 모터 분자의 움직임에 의해 움직이는 비즈를 원래의 위치로 되돌리도록 PZT를 움직여 변화량을 구한다.

수송된 비즈를 광핀셋으로 구속하고 그 움직임을 상세하게 관찰하여, 키네신에서는 8nm의 스텝을 단위로 이동하는 것이 알려졌다. 그때 발생하는 힘을 계측하여 5~6pN인 것이 알려졌다. 8nm의 스텝은 미소관의 구성단위인 튜블린 분자의 길이에 상응하며, 키네신의 이중 머리가 한쪽은 튜블린에 부착한 상태에서 다른

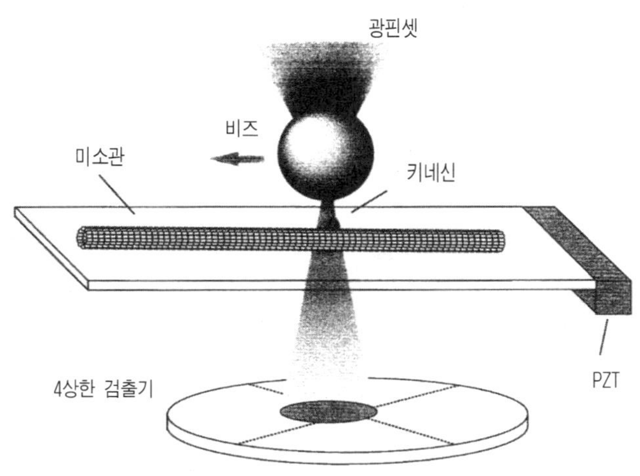

그림5. 모터 분자 키네신 운동의 나노미터 계측

한쪽은 머리가 튜블린에서 이탈하여 흔들리면서 하나 앞의 튜블린에 부착한다. 프로세스를, 단일분자의 ATP를 해리시키면서 교대로 반복하여 진행하는 모델이 제창되었다.

이에 대해 미오신의 움직임은 더 복잡하여 키네신과 같이 명확한 스텝이 보이진 않는다. 스텝의 개시점이 명확하지 않고 움직인 후 그 위치에서 유지하는 시간도 짧다. 힘은 3~4pN이며, 평균 스텝으로 보이는 약 11nm의 스텝은, 악틴 필라멘트의 반복단위인 4nm와 일치하지 않는다. 미오신도 아직 키네신과 같이 이중머리의 모니터 활성 영역을 가지고 있으며, 그 분자구조는 아주 비슷하나 크기가 2배이다. 악틴-미오신계의 움직임의 특징은 운동 중의 악틴과 미오신이 접촉하고 있는 시간 비율에 기인한다고 설명되고 있다.

광핀셋에 의한 생체분자의 조작에서는 강성이나 탄성율 등 생체분자의 물성치(物性値)를 한 분자 한 분자 측정하는 것이 가능하다. 예를 들면, DNA 한 분자의 양단에 비즈를 붙이고, 이 비즈를 광핀셋으로 잡아서 DNA를 직선으로 늘이면, 한 개 DNA의 길이를 측정하는 것이 가능하다. 분자길이 측정에 의해 DNA를 형성하는 염기대의 수를 알고 있으면, 염기대 사이의 거리가 구해진다. 그림6의 예에서는 3.32Å이라는 값을 얻었다.

이것은 종래의 X선회절에 의해 수용액 중의 염기대 사이의 거리로 알려진 3.38

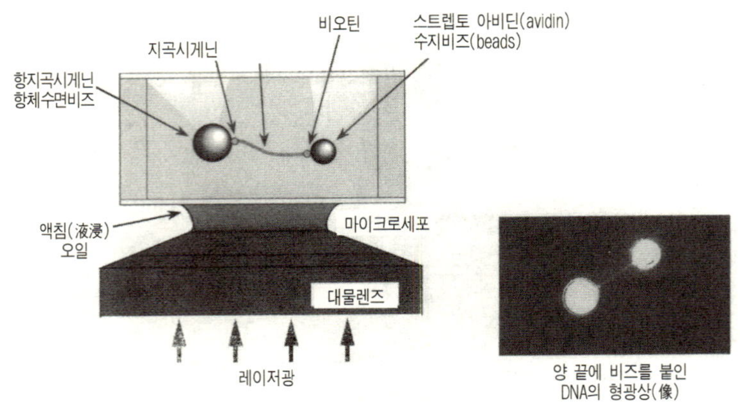

그림6. 광핀셋법에 의한 DNA 단일분자의 조작과 형광관찰상

Å보다 조금 짧다. 또 양단의 비즈를 반대방향으로 당겨 늘린 힘과 변위의 관계에
서 각종 DNA분자의 탄성계수도 얻는다. 또 DNA의 특수한 염기배열에 따른 단
백질의 종류가 많아, 그 단백질들이 결합하여 DNA가 루프모양인 유전자 전사인
자 단백질 SP1도 알려져 있다. 이와 같은 단백질을 작용시켜, 양단의 비즈를 당겨
그 사이의 거리를 측정하면, 루프의 형성을 실시간으로 조사할 수 있다. 실제 SP1
을 작용시키면 루프 형성에 따른 광핀셋에 의한 최대 신장시의 DNA가 짧아지는
것이 확인되었다.

광조작현미경은 신경세포 구조분자의 안정성이나 강성의 특성 분석에도 이용된
다. 배양 신경절세포를 프로셀에 넣어 현미경으로 관찰하면서 계면활성제를 포함
하는 완충액을 넣어 세포막을 제거하면, 신경돌기 내의 미소관 다발을 노출시키는
것이 가능하다. 이때 많은 미소관은 탈중합(脫重合)하여 몇 분 이내에 소실되지만,
일부는 안정형 미소관으로서 수 시간에 걸쳐 잔존한다. 이 안정형 미소관에 폴리
스티렌 비즈를 광조작으로 붙인 비즈를 움직여 단일 필라멘트로 보이는 미소관의
일부가 몇 개의 미소관으로 이루어진 다발임이 확인되었다. 또 이 미소관에 비즈
를 부착시켜 광핀셋으로 수 pN의 힘으로 움직임으로써 이러한 미소관을 휘게 하
는 것이 가능하고, 미소관의 휨 강성은 대략 10^{-23}N/m^2 정도인 것으로 평가되었
다. 이 값은 시험관 내에서 합성된 미소관과 거의 같았다.

또 광메스로서 피코초 모드록 Nd : YAG 레이저광을 사용하여 미소관을 절단하
면, 거기서 시작되는 미소관의 수축 과정을 관찰하는 것이 가능하다. 그림7에 보이

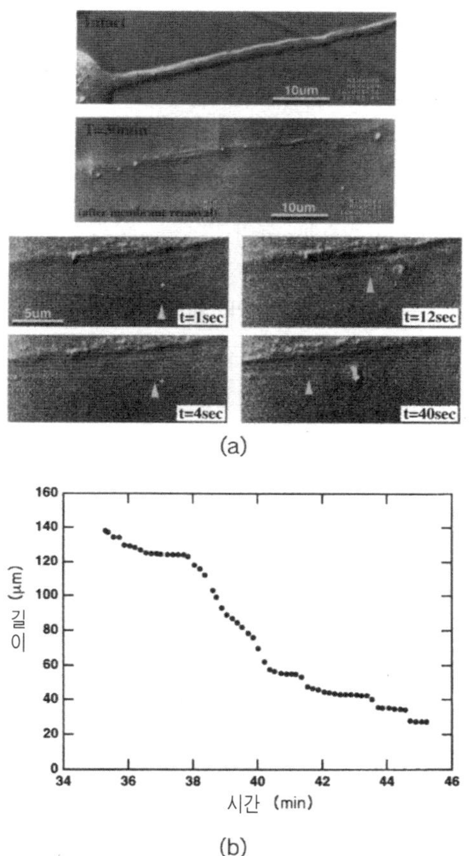

그림7. 광메스에 의한 미소관의 절단과 수축과정의 관찰

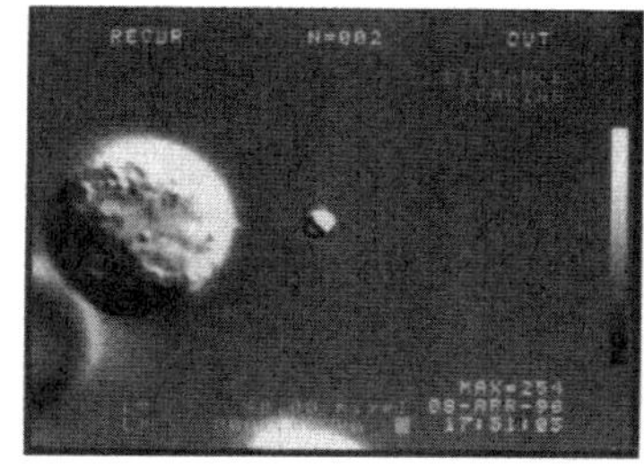
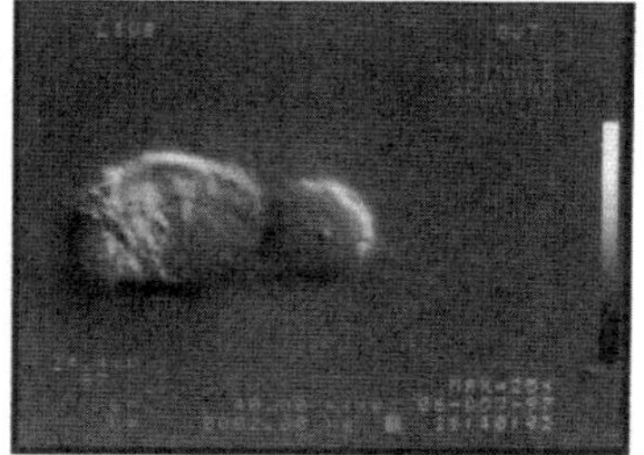

그림8. 광핀셋에 의한 세포막의 늘어남(a)과 과립의 조작(b)

는 것처럼 광메스로 절단하면, 간격을 채워가면서 수~수십 mm/min의 속도로 탈중합하여 짧아진다. 이와 같은 미소관의 국소적 안정성을 검증하면 필라멘트 전체의 연속적인 안정화가 진행하는 과정이 해석된다.

광핀셋 조작으로 세포에 변형을 주는 것이 가능하여, 세포막이나 세포질에 대한 조사도 할 수 있다. 광핀셋으로 세포 내 과립을 쉽게 포획, 조작할 수 있다. 예로서 그림8(a)에 보인 바와 같이, 세포막에 비즈를 부착하여 이것을 광핀셋으로 조작하면 막을 신장시킨다. 이와 같은 조작은 세포막의 활성 진단에, 또는 세포막 자체의 생성과정 연구에 응용할 수 있다. 또 레이저광으로 세포 내의 과립을 포착하고 그 레이저빔을 정현파(正弦波) 형태로 수 마이크로미터의 진폭으로 진동시켜 생기는 과립의 운동을 해석하여 세포 내의 점성, 탄성을 조사하는 것이 가능하다. 그림8(b)에 보인 활동 중에서 촉수를 늘린 앞부분에서는 과립이 움직이나, 뒷부분에서는 약간의 변위와 커다란 위상의 지연이 있는 것을 알게 되어, 세포질의 점탄성(粘彈性) 변화가 최초로 정량적으로 알려졌다.

광핀셋이나 광메스를 이용한 세포의 광조작법은 생물물리학과 세포생물학에서 적용단계에 있다. 그러나 광조작을 이용하여 변형시킨 세포의 변위에서 회복과정, 세포와 세포 또는 다른 물체와의 접촉이나 융합과정을 직접 보는 것이 가능하여 개별 세포의 고도 특성분석을 하게 되었다. 이것은 의학적 이용 가능성을 지적하고 있다. 차후, 광조작에 의한 개별 세포의 분해, 시스템화, 통계적인 처리법을 더하여 의료현장에서 검사법이 될 날이 의외로 가까울 지도 모른다.

제 32 장
레이저를 이용한 광역학적 암진단과 치료

식물의 엽록소나 동물의 헤모글로빈, 시토크롬효소 등의 분자구조를 이루고 있는 테트라피롤 고리는, 피롤 고리 4개가 링를 형성하고 있는 분자이다. 엽록소는 파란색(450nm)과 붉은색(650nm) 빛을 흡수하여 그 에너지를 가지고 물을 분해하여 H^+와 O_2로 만든다. 헤모글로빈은 혈액을 구성하며 산소(O_2)의 운반에 관여하여 각 조직에서 세포내 호흡에 필요한 산소를 공급하고 있다.

시토크롬 효소는 세포 내의 미토콘드리아의 내막에 존재하며, 물질대사에 의해 생산된 H^+와 O_2를 결합시켜 물로 만드는 과정에서 생체의 열원인 ATP를 생산하고 있다. 이와같이 테트라피롤 고리는 빛이나 분자결합 에너지를 매개로 생체내 효소의 반응에 관여하고 있는 광감수성 물질이다.

한편, 암조직에서 헤모글로빈의 분해산물인 테트로피롤 고리가 집적된다는 사실이 20세기 초에 관측되었다. 이후 암조직에 집적되는 광감수성 물질의 연구가 진행되었다. 이 광감수성 물질은 소의 헤모글로빈으로부터 생성된 헤마토포르필린 유도체[HpD] (헤모글로빈에서 철을 제외한 분자)로서, $C_{34}H_{38}O_6N_4$ 테트라피롤 고리의 기본분자식을 가지며, 분자량 598.7을 중심으로 한 복합체이다. 초기 암환자에 HpD을 정맥에 투여한 후 암이 집적되어 있는 부위를 흡수파장 레이저로 조사하여 치료하는 방법이 후생성으로부터 1995년에 인가되었다.

HpD는 자외부 360~410nm의 강한 흡수대(Soret대)와 가시부 506, 538, 565, 610nm의 약한 흡수대(Q대)를 가지고 있다 (그림9(a)).

제2세대의 광감수성물질로서 mono-L-aspartyl chlorine 6[Npe6]가 있다. Npe6는 테트로피롤 고리의 탄소고리에 있는 이중결합이 하나 해체된 염소 고리의 탄소15 위치의 아미드 결합에 의한 아스파라긴산염을 하나 옆에 붙인 구조를 갖는 분자량 799.75의 광감수성 물질이며, 정상조직에서 빨리 분리되는 특성을 가지고

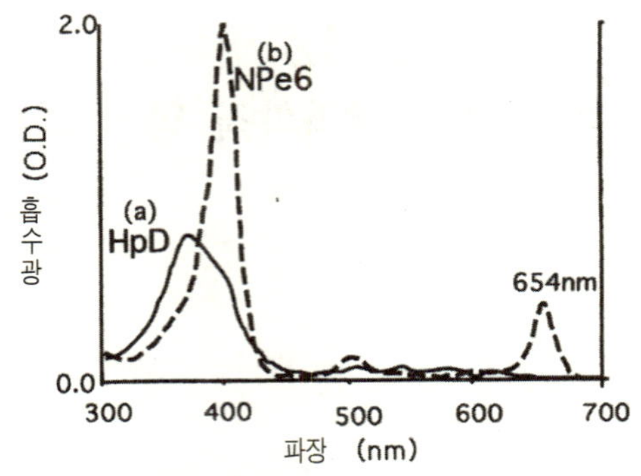

그림9. PBS 용액 중의 NPe6와 HpD의 흡수 스펙트럼

있다. NPe6는 염산완충액(pH 7.4) 속에서 Soret대(398nm)와 Q대(502, 530, 620, 654nm)에 각각 흡수 피크를 가지고 있다.(그림9(b)).

광감수 성물질의 흡수 스펙트럼은 헤모글로빈 등의 흡수대가 적은 600nm 이상의 파장영역에 있어, HpD는 628nm, NPe6는 664nm에서 피크가 된다. 이 파장영역에서 각 광감수성 물질의 동일 농도 흡수 피크를 단순 비교해 보면, HpD1에 대한 NPe6은 8.8이 된다.

이 치료 원리는 광감수성 물질이 레이저를 흡수하는 것에 의해 2차적으로 만들어지는 활성산소의 강한 산화작용에 의해 암세포가 붕괴하는 것이다.

레이저 암치료는 광감수성 물질의 흡수파장의 여기에 의존하기 때문에 여기파

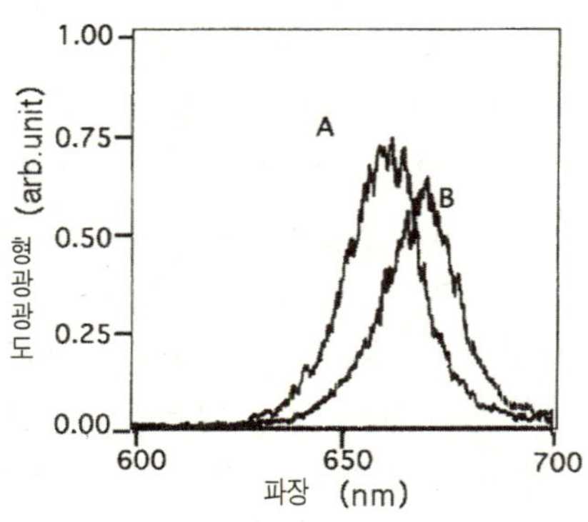

그림10. 406nm에서 여기된 NPe6의 형광 스펙트럼

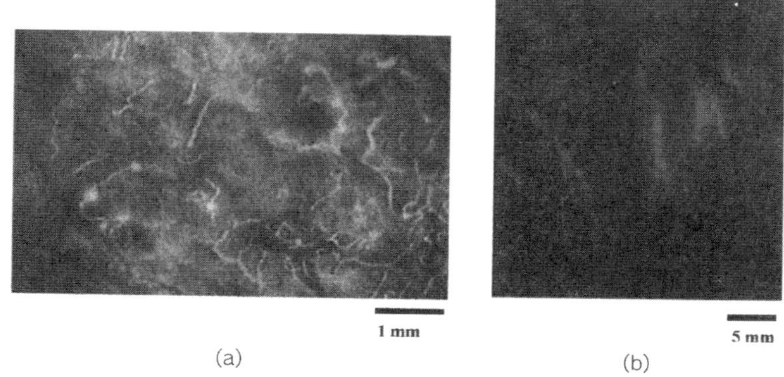

그림11. (a) 토끼 간암에 존재하는 동맥의 형광화상(NPe6)
(b) 토끼 관동맥의 선단세동맥에 존재하는 점장(粘場) 동맥경화부의 형광화상(NPe6)

장이 헤모글로빈 등의 흡수대와 같은 경우에는 레이저가 양쪽으로 분산되어 치료
효과가 감소한다. 그래서 광감수성 물질을 헤모글로빈 구조에서 엽록소의 염소 구
조로 바꾸어 헤모글로빈의 흡수대보다 긴 파장에 흡수대를 가지도록 하여 치료효
과를 증대시켰다 (그림10).

흡수파장에서 여기되면 HpD는 618과 678nm이고, NPe6는 662nm에서 피크를
가지는 형광 스펙트럼을 보인다. 이 형광 내시경 화상을 관측하여 병이 있는 부위
의 존재 영역을 지정한다. 최근에 염소 계열의 물질이 암조직 및 동맥경화부위에
대해 높은 친화성을 가지는 것이 형광화상에서 확인되었다 (그림11(a),(b)).

쥐로부터 이식한 암을 이용하여 각각의 광감수성 물질의 암조직 및 정상조직의
집적상태를 시간에 따라 형광 스펙트럼 관측으로 조사했다. NPe6는 투여 후 24시
간, HpD는 96시간에 정상조직 집적량이 90% 감소하였다. 그 뒤 24시간 후에는
광감수성 물질은 조금도 관측되지 않는다. 그러나 HpD는 48~96시간에 걸쳐서
위벽에서 형광량의 증가가 관측되었다. NPe6는 투여 후 72시간만에 정상조직에서
배설되었다.

암세포 내부에 빛을 도달시키기 위해 레이저광의 출력을 증강하는 방향으로 연
구가 이루어졌다. 그러나 연속발진 레이저의 출력을 올리면 조사된 부위의 온도가
상승함을 알게 되었다. 연속발진 레이저의 출력을 500mW/cm^{2}에서 조사하면 조직
온도가 45℃ 이상이 된다. 이 온도에서는 HpD가 집적하지 않는 정상조직에도 세

포붕괴를 가져오고, HpD에 의한 국소적 암을 치료하는 특성을 살리는 암치료 효과의 의미를 잃게 된다. 그래서 우리는 연속발진 고출력 레이저를 엑시머, 색소 레이저나 YAG-OPO 레이저 등의 펄스 레이저 발진으로 바꾸어 광선역학적 암치료에 이용되는 여러 종의 광감수성 물질에 조사하여, 레이저 조사에 의한 정상조직의 온도상승을 막았다.

활성산소에 의한 암치료는 크게 두 가지 근거에 기초한다. 첫째는 광감수성 물질이 암세포 내 소기관에 결합할 때 레이저를 조사하여 치료한다. 이 암세포의 전자현미경 관찰에서 미토콘드리아 내막의 손실이나 조면(粗面) 소포체의 팽창이 현저하게 관측되었다. 둘째는 암 주변의 혈관계에 집적되는 경우, 모세혈관에서 백색 혈전을 형성시켜 혈류가 정체됨으로써 암조직에 산소나 양분이 공급되지 않도록 하여 암세포를 죽인다. 이때 암세포 표면의 혈관내에 피블린 염색 양성 부위를 확인했다.

암조직이 비대해졌을 때, 레이저 치료 유효출력의 도달거리가 10mm 내외이므로 광감수성 물질의 깊은 부분은 여기되기 어려워 부분적인 치료가 되고 만다. 이러한 특정 파장에 대해 효과적으로 발진하면서 모든 의사들이 간단히 조작할 수 있는 안정된 레이저장치의 개발이 절실히 요구된다.

NPe6에 의한 연구도 최근 수년간 급속하게 진전되어 왔다. 현재 미국에서는 FDI의 Phase I과 일본 후생성에서는 실험치료 Phase II 단계에 이르고 있다.

제 33 장
성형외과의 레이저 응용 사례

레이저 기술의 눈부신 진보에 의해 성형외과 영역에서도 점점 새로운 피부 레이저 치료가 시험되어, 피부색소 이상질환에 대한 치료, 피부재형성기술이나 레이저 탈모치료 등에서 커다란 성과를 올리고 있다. 본 장에서는 이러한 최근의 피부 레이저 치료에 대해 기술한다.

선택적 광열분해는 앤더슨 등에 의해 확립된 개념으로, 이것에 의해 피부 레이저 치료의 선택성이 비약적으로 높아져, 피부에 반점을 남기지 않고 표적조직만을 선택적으로 파괴하는 것이 최초로 가능하게 되었다. 이 이론은 레이저광의 펄스폭 또는 조사시간이 표적물질의 냉각시간이나 열완화 시간보다 짧으면 선택적으로 표적물질을 파괴할 수 있는 것이다.

대표적인 피부 색소 이상 질환에 대해 레이저 치료의 현황에 대해 소개한다.

혈관성 색소 이상 중 단순성 혈관종은 레이저 치료의 좋은 대상으로서, 색소 레이저에 의한 치료가 주류로 되어 있다. 단순성 혈관종은 진피 잔층에서 심층에 걸친 모세혈관의 확장을 주체로 한 병변으로, 피부는 정상구조를 가지고 있다. 이 확장혈관을 선택적으로 파괴하기 위해 처음에는 577nm가 이용되었으나, 진피내 도달이 약 0.5mm로 짧아서, 보다 충분한 깊이까지 도달하기 위해 현재 585nm, 590nm의 파장을 가진 색소 레이저가 이용되고 있다.

태전모반(太田母斑)은 대표적인 진피 멜라노사이토시스이다. 한 쪽 얼굴의 3차신경 제1, 2영역에 보이는 갈청색 점이다 (그림12(a)). 이와 같은 심재성 색소 이상 질환에 대한 종래의 치료는 충분한 개선이 얻어지지 않은 경우가 많았다. 현재는 Q스위칭 시스템을 적용한 Q스위치 루비 레이저, Q스위치 알렉산드라이트 레이저, Q스위치 Nd : YAG 레이저로 피부에 반점을 남기지 않고 색소 병변만을 선택적으로 파괴하는 것이 가능하게 되었다(그림12(b)). 이러한 새로운 레이저 치료

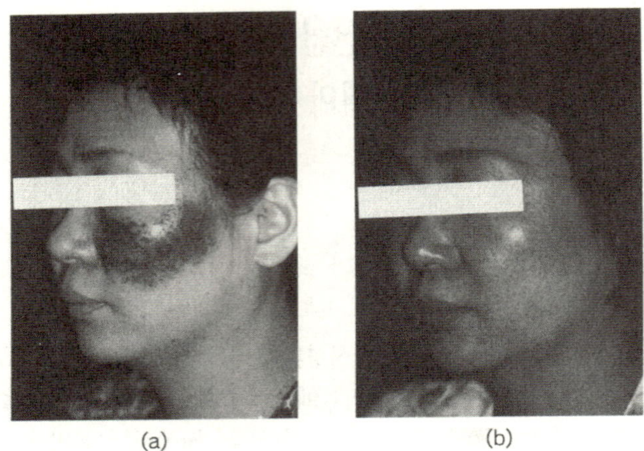

그림12. 태전(太田)모반
(a) 치료 전, (b) Q스위칭레이저 치료 후

장치의 출현에 의해 치료성과가 비약적으로 향상되었다. 이러한 레이저 치료 시스템의 펄스 폭은 항상 멜라노솜의 열완화 시간인 1 μs보다 짧으므로 멜라노솜에 대한 높은 선택성을 갖는다고 말할 수 있다.

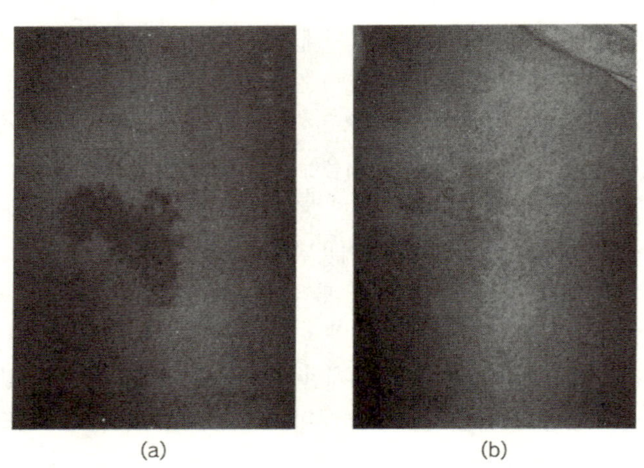

그림13. 편평모반
(a) 치료 전, (b) Q스위칭레이저 치료 후

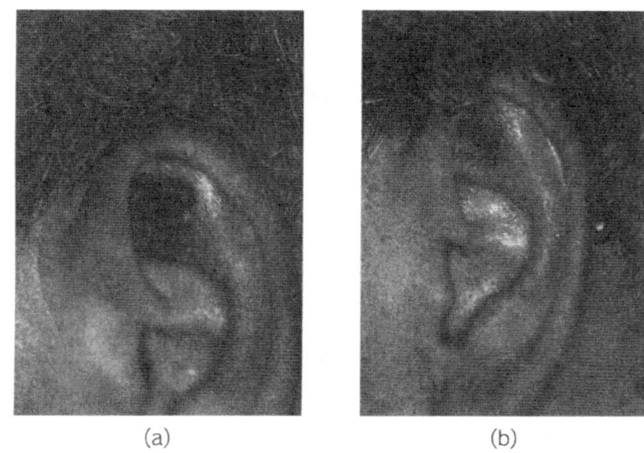

(a)   (b)

그림14. 지루(脂漏)성 각화증
(a) 치료 전, (b) 울트라펄스 CO_2 레이저치료 후

편평모반(扁平母斑)은 표재성 색소 이상 질환으로서 지금까지 냉동요법, 피부박피술 등의 치료를 해왔으나 충분한 치료효과를 거두지 못하고 곤란한 상태였다 (그림13(a)). 이에 대하여, 정상모드 루비 레이저를 비롯하여 현재는 위에서 기술한 각 Q스위치 레이저나 파장 510nm의 색소 레이저가 사용되고 있다. 반점을 남기지 않고 색조의 개선이 얻어지는 점에서는 이러한 레이저 치료가 종래의 치료법에 비해 탁월한 성과를 낸다고 말할 수 있을 정도는 아니다 (그림13(b)). 본 증상의 치료에 대해 치료효과가 반드시 일정하지는 않고, 일회의 조사로 양호한 개선이 얻어지는 경우 색조가 변하지 않는 것 또는 일시적으로 색소침착이 증강되는 것 등 경우에 따라 치료효과가 상당히 차이가 있다는 점, 또 약 50% 가까운 사례에서 조사 후 3개월 이내에 재발하는 문제가 있다. 치료효과가 보이지 않는 경우에 대해서는 차후 뒤에서 기술하는 피부재형성(skin resurfacing) 기술을 응용해 보는 것도 하나의 방법일 것이다.

종래의 연속 파장 탄산가스 레이저에서는 레이저조사에 의해 생기는 2차적 열적 손상이 심부 및 창상치료가 늦어 반점 형성이 강하게 보이는 결점이 있어 성형외과 영역에서 이용되는 것은 한계가 있었다. 이런 점들을 개선하기 위해 펄스 탄산가스 레이저가 개발되었다. 이것은 종래의 CO_2 레이저의 연속빔을 전자적으로 차단하여 일정 출력을 만드는 것이다.

최근의 울트라 펄스 CO_2 레이저에서는 펄스간격이 1msec 이하에서 최대펄스 출력 500mJ을 넘는다. 이 레이저의 출현에 의해 불필요한 열손상이 없어져, 출혈도 적고, 반점형성도 최소한으로 되어서 더욱 정밀한 피부 레이저 치료가 가능하게 되었다. 울트라 펄스 CO_2 레이저에서는 100에서 $150\,\mu m$의 피부표면을 정확하게 깎는 것이 가능하여, 주름제거, 노인성 반점의 제거, 여드름 자국의 치료에 널리 이용되고 있다 (그림14(a), (b)). 동시에 메스로서도 이용되어 주로 안검(眼瞼) 성형수술에 응용되고 있다.

선택적 광열분해(selective photothermolysis)의 이론에 기초한 모근만을 선택적으로 파괴하여 주변조직을 손상시키지 않는, 종래의 영구탈모와는 완전히 다른 새로운 레이저에 의한 탈모의 가능성이 추구되어 이미 임상 응용되고 있다. 이것은 레이저광으로 직접 모근을 파괴하는 것이 아니라, 멜라닌에 흡수된 레이저광의 열에너지가 모근에 방열되어, 모근에 열손상을 주어 모근이 파괴되는 것으로 생각된다. 탈모에 이용되는 레이저로는 루비 레이저, 알렉산드라이트 레이저, Q스위치 Nd : YAG 레이저 등이 있다.

이와 같은 최근 수년 간의 성형외과 영역의 피부 레이저 치료의 진보는 눈부시며, 각종 색소 이상질환의 치료는 근본부터 울트라 펄스 탄산가스 레이저에 의한 피부재형성(skin resurfacing), 레이저 탈모 등 획기적인 레이저 치료가 임상 응용되고 있다. 그러나 그러한 임상 응용은 이제 막 시작된 것으로 차후 정확한 검토가 필요하다.

제 34 장
안과에서의 레이저 응용

안저질환에는 당뇨병 망막증, 노인성 횡반변성 등이 있으며 예측불가능하게 도중에 실명이 되는 경우가 많다. 이러한 병증은 연령과 함께 증가하여 초고령화 사회를 맞이하는 때에 적절한 진단과 치료가 실명 방지와 건강인생의 유지에 중요하다. 최근 안저질환에 대한 레이저 응용은 종래의 열응고에 그치지 않고 다양하게 퍼지고 있어 레이저의 역할이 크다. 여기서는 진단의 응용과 치료의 응용으로 나누어 보고한다. 먼저 주사 레이저 검안경이 최근 주목되고 있다.

주사 레이저 검안경(Scanning Laser Ophthalmoscope: SLO, 모덴스톡사)는 안저를 약 $15\,\mu m$의 초점 크기로 주사하여 안저상을 얻는 장치이다. 공초점 방식의 채용으로 보다 산란광의 영향을 억제한 콘트라스트가 좋은 화상을 얻는다. 1초에 30코마의 촬영으로 순환을 동적으로 비디오 녹화한다. SLO에는 청색 아르곤(488nm),

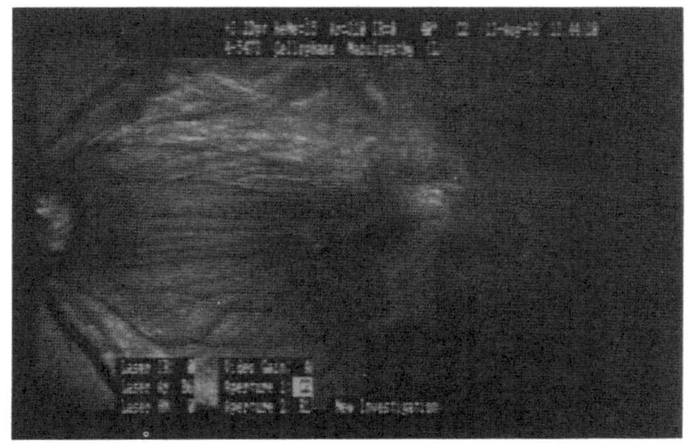

그림15. 주사레이저 검안경에 의한 단색광 촬영
청색아르곤 레이저에 의한 망막표층의 막상 물체와 망막주름살벽을 잘 알 수 있다.

녹색 아르곤(514nm), 헬륨네온(633nm), 반도체(780nm) 4종류의 레이저가 탑재되어 파장과 공초점 개구 크기의 선택에 의해 다른 깊이의 안저상이 얻어진다.

예를 들면, 아르곤 레이저는 초자체나 망막표층 병변의 관찰에 뛰어나고 (그림15), 헬륨네온 레이저는 망막색소 상피층의 병변 관찰이 가능하다. 또 임의의 안저 부위를 레이저로 자극하여 망막감도를 조사하는 미소시야측정(스코토메트리)나 청력측정(비쥬메트리)도 이루어진다.

현재 사용되는 형광 조영제는 플루오르세인나트륨(Fluo)와 인도시아닌그린(ICG) 2종류이다. Fluo는 여기, 형광과 청-녹색의 단파장으로 망막혈관의 조영에 적절하며, ICG는 망막색소 상피의 멜라닌을 투과 가능한 적외파장이므로 색소상피보다 뒷부분의 맥락막 혈관의 조영에 뛰어나다. 양자를 나누어 사용하여 안저를 다른 관점에서 관찰하는 것이 가능하다. SLO에서는 콘트라스트가 좋은 조영상이 얻어지나 (그림16), 해상도가 안저 카메라의 필름촬영보다 못한 점, 정지상 화질이 아주 좋지 못한 결점이 있다. Angil ScanTM System(Laser Diagnostic Technologies사)은 1초간에 30매의 ICG 조영상을 디지털로 기록한다.

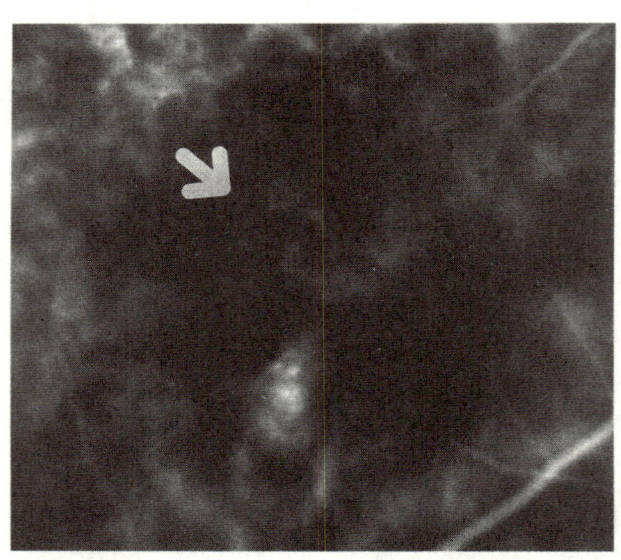

그림16. 주사레이저 검안경에 의한 인도시아닌그린 형광조영

노인성 횡반변성에 의한 맥락막 신생혈관(화살표)이 깨끗하게 조영되었다.

  Heidelberg Retina Flowmeter(HRF, 하이델베르그 엔지니어링사, 그림17)은 주
사 레이저 검안경과 레이저 도플러 혈류계를 조합한 장치이며, 안저혈류를 비침습
적으로 측정가능하다. 파장 780nm 반도체 레이저에 의해 안저를 최대 20×5도 범
위를 계측하고, 혈류상태는 유동(flow), 양(volume), 속도(velocity) 세 가지로 표
현한다. 단 측정치는 절대치가 아니다. 망막정맥 폐쇄증이나 당뇨병 망막증에서 망
막 혈류저하가 보고되어 있으나 임상적 가치에 대해서는 차후의 연구가 필요하다.

  Optical Coherence Tomography Scanner(OCT, 험프리 사, 그림18)은 파장
850nm 반도체 레이저로 안저를 주사하여 저간섭법으로 망막의 2차원 단층화상을
얻는다 (그림19). 비침습적으로 망막의 두께 계측이나 횡반동공, 망막부종 등의 단
층상을 관찰한다. 임상적 유용성 평가는 차후의 연구가 필요하다.

  다음은 치료의 응용 예이다. 먼저 레이저 광 응고에 대해서는 1970년대의 아르
곤레이저 출현으로 광 응고기술이 급속하게 퍼져, 당뇨병 망막증이나 미숙아 망막
증에 의한 실명을 방지하게 된 것은 커다란 진보이다. 그 후 색소 레이저로 가능
하게 되어, 황색-적색까지의 파장을 질환에 따라 선택 사용하게 되었다. 안저에서
레이저광을 흡수하는 색소는 주로 멜라닌과 헤모글로빈이다. 파장에 따라 흡수계
수가 다른 점과, 조직투과성이 다르므로 상황에 따라 다른 파장이 사용된다 (그

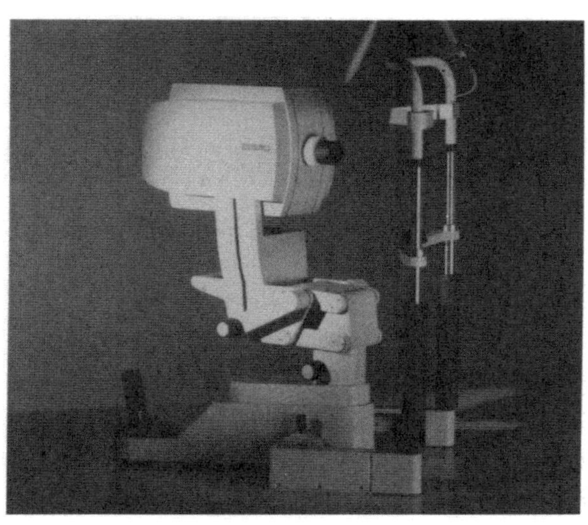

그림17. Heidelberg Retina Flowmeter(HRF)

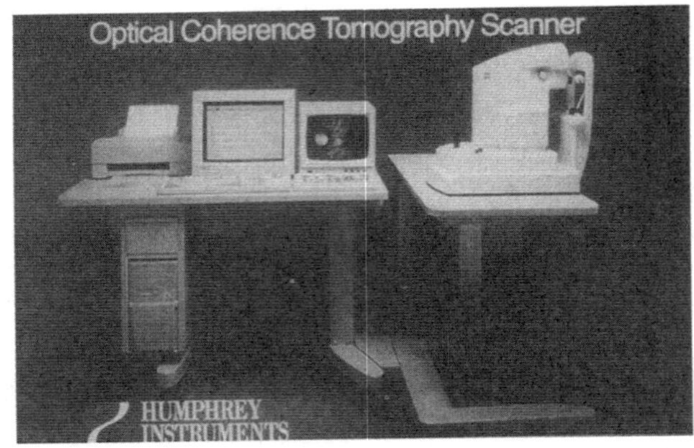

그림18. Optical Coherence Tomography Scanner(OCT)

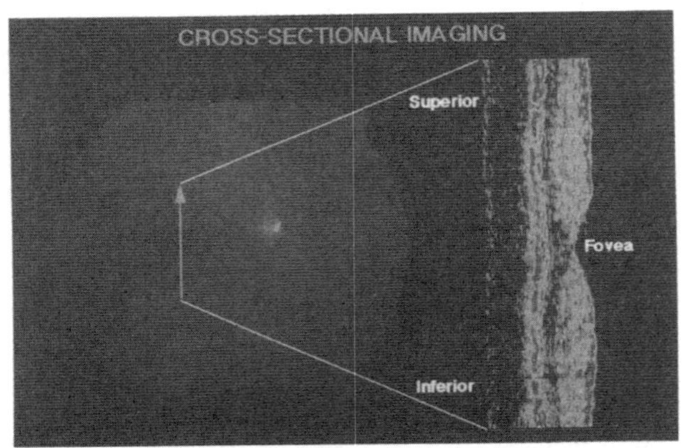

그림19. OCT 스캐너에 의한 정상 안저 단층상

림20). 예를 들면, 혈관의 직접 응고에는 헤모글로빈 흡수가 좋은 577nm를, 맥락
막 등의 안저심부의 병이나 내부출혈에는 투과성이 좋은 630nm 레이저를 사용한
다. 크립톤 레이저의 적색, 황색, 녹색광을 선택할 수 있는 장치도 개발되었다 (그
림21). 보다 소형화를 지향하는 반도체 레이저나 Nd : YAG 레이저장치가 개발되
었으나, 근적외 반도체 레이저는 낮은 응고효율, 맥락막 장해 등이 있어 안저응고
에는 적절하지 않다.

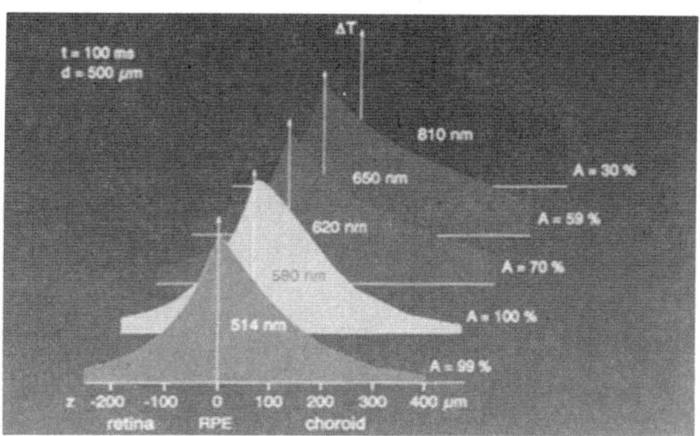

그림20. 광응고시의 망막, 맥락막내 온도변화 (V-P Gabel 교수제공)
가로축은 색소상피(上皮)에서의 거리, 왼쪽이 망막, 오른쪽이 맥락막을 나타낸다. 파장에 따른 맥락막
내의 온도분포 차이가 보인다.

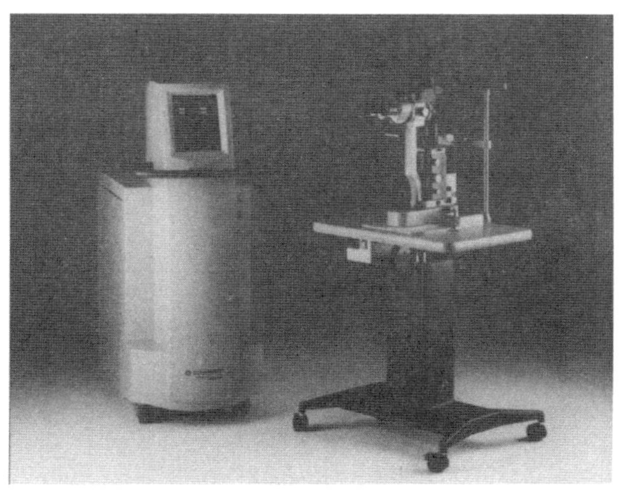

그림21. Novus Omni Multcolor Laser(Coherent Inc)

단파장 레이저가 시작되었으나 임상사용이 가능한 것은 아니다. 근적외 반도체
나 1064nm Nd : YAG 레이저는 각막을 통과하여 안구 밖에서 안저를 응고하는
경강막(經强膜) 광응고에 적합하다. Nd : YAG 레이저의 파장을 532nm로 변환한
장치가 개발되어, 반도체 여기에 의한 오큐라이트 GL(Iris Medical Instruments

사)은 100볼트 전원으로 연속 발진이 가능하다.

근적외 반도체 레이저와 ICG의 흡수파장이 일치하므로 ICG를 미리 인체에 주사하고, 병소부의 농도가 높은 상태에서 반도체 레이저 조사를 하여, 치료효율을 높이는 ICG 색소증강 광응고도 질환에 따라 유효성이 보고되었다.

마지막으로 새로운 레이저의 응용 예로서, 광화학치료에 대하여 기술한다. 레이저 열응고가 복음을 가져온 질환은 많지만, 열응고는 어디까지나 조직파괴이며, 해부학적 개선이 얻어져도 신경조직의 손상으로 시력 저하를 가져오는 경우가 많다. 가령성(加齡性) 횡반변성에 대한 맥락막 신생혈관 치료는 그 대표이다. 최근, 광감수성 물질의 레이저 여기로 생기는 광화학반응이 신생혈관을 폐쇄시켜 신경조직의 장애, 즉 시력저하를 동반하지 않는 병소 치료 방법이 기초적으로 연구되고 있다. 현재는 부작용이 없는 광감수성 물질의 개발을 기다리는 단계로, 일본에서는 ATX-S10(동양박하공업), NPe6(메이지제약) 등의 물질이 검토되고 있다.

제 35 장
치과에서의 레이저 응용 사례

　최근 빛에 의한 의료 진단기술은 하나의 핵심 기술로서 생각되고 있다. 지금에 이르러 레이저 치료는 아주 중요한 기술의 하나로서 응용분야가 점점 넓어지고 있다. 치과의학에서도 많은 연구자에 의해 레이저에 의한 충치예방, 이른바 표면개질 (대산성 부여)이나 무자극 상태의 절삭 등이 치과 임상에 시험되고 있다. 치주치료의 영역에서는 치내 절제, 치주정형 및 치면 침착 제거에 CO_2 레이저 또는 Nd : YAG 레이저를 응용한 보고도 보인다.

　치과치료에 적합한 레이저는 어떤 것일까. 레이저광으로 치아를 치료하기 위해서는 레이저가 치아에 흡수될 필요가 있다. 필자는 먼저 치아에 대한 흡수도가 높은 레이저를 찾아보았다. 자외, 적외 영역에 걸쳐 넓은 파장 범위에 대한 상아질 및 에나멜질의 흡수계수를 결정하기 위하여, 200nm~2.5 μm에서는 시마즈제작소의 MPS5000 자기분광 광도계를, 또 1.5 μm~2.5 μm에서는 같은 회사의 IR27G 적외분광 광도계를 이용하여 측정했다. 시료는 두께 약 40 μm의 연마를 표본으로 했다. 그 결과 상아질 및 에나멜질에 대한 스펙트럼 흡수대의 위치, 즉 구성성분은

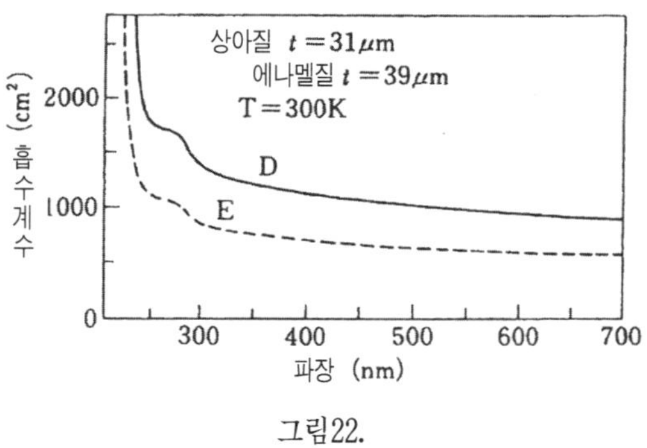

그림22.

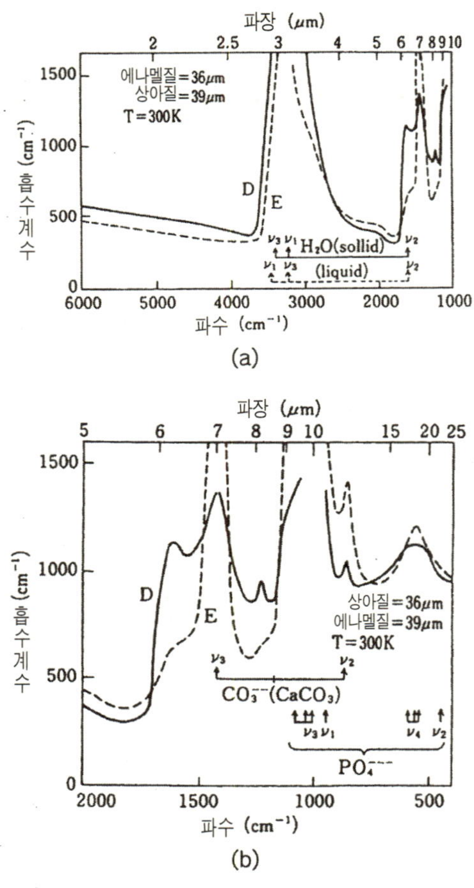

그림23. (a) 2-10 μm 파장 범위의 적외선 흡수 스펙트럼
(b) 5-25 μm 범위의 적외선 흡수스펙트럼

거의 같음을 알았다. 단 구성성분의 함유율에는 양자에 차이가 있었고, 그 흡수계수에도 차가 보였다. 240nm에서 상승하는 것은 아파타이트 내 전자천이 또는 밴드 간의 천이에 의한다.

280nm의 흡수대는 아로매틱 아미노산의 함유율을 보이지만, 그 함유는 상아질이 확실하게 많다 (그림22). 700nm보다도 파장이 긴 영역은 생략하고, 자외영역에서 근적외 1.5 μm까지에 대해서는 특별한 구조물은 없고 단순하게 흡수계수가 감

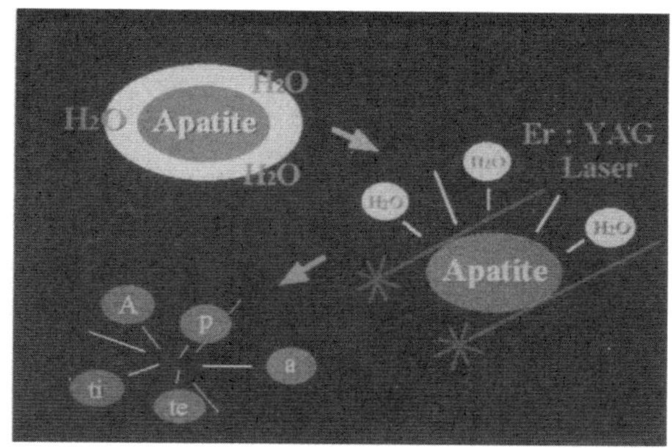

그림24. Er : YAG 레이저에 의한 아파타이트 붕괴의 모식도

소하며, 흡수계수도 상아질 쪽이 크다.

 $2 \sim 10 \, \mu m$ 파장범위의 적외선 흡수 스펙트럼에서는 $3000cm^{-1}$ 부근의 흡수대는 2개의 흡수대로 이루어진다. 먼저 아파타이트 결합의 물(결정수)에 기인한다고 생각되는 Solid H_2O와 거의 같은 흡수대가 $3300cm^{-1}$과 $1610cm^{-1}$에서 나타난다. 이 사실은 Weyl이 조사한 수화각(hydration shell)일 것이다. 물의 함유율은 상아질 이 크다 (그림23(a)). $5 \sim 25 \, \mu m$의 적외 스펙트럼에서는 $1430cm^{-1}$과 $880cm^{-1}$는 각 각 CO_3기의 $v_3 \cdot v_2$ 모드에 대응하는 것을 알았다. 양쪽 모두 흡수계수는 에나멜 질이 크다. 이 흡수계수의 차이는 $CaCO_2$의 함유율의 차에 기인한다. $1000cm^{-1}$ 부 근 및 $570cm^{-1}$의 흡수대에 대해서는 아파타이트의 PO_4기의 $v_3 \cdot v_4$ 모드로 완전히 결정화되면, $v_1 \cdot v_4$ 모드가 잘 보이지 않는 점, 또 $v_3 \cdot v_4$ 모드 splitting이 현저하 지 않은 점에서 고찰하면 결정화는 도중에 중단된다고 생각된다.

 이상과 같이 상아질, 에나멜질의 흡수계수 및 흡수대에서 굳어지는 성분을 넓은 파장 범위에 걸쳐 조사한 결과 상아질 및 에나멜질의 흡수대는 다음과 같다.

 상아질 및 에나멜질은 파장 $10 \, \mu m$ 전후 및 $3 \, \mu m$ 전후에서 큰 흡수를 보이므로 $10 \, \mu m$ 전후에서는 CO_2 레이저가, $3 \, \mu m$ 전후에서는 Er : YAG 레이저가 유효함을 알았다. 그러나 CO_2 레이저는 발열에 의한 치표면에 갈라짐이 발생하는 임상실험 상의 문제가 있어, 임상응용면에서는 Er : YAG 레이저가 유리하다고 생각된다. 치아의 경조직 절삭에 응용되는 레이저는 필자의 실험에 의해 $3 \, \mu m$에서는 Er :

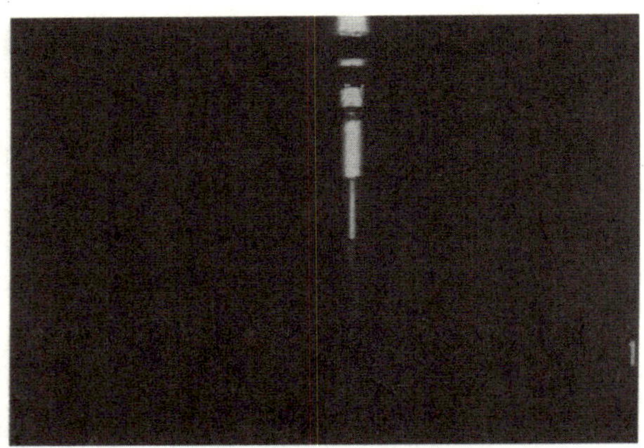

그림25. 저자가 개발한 콘택트칩 동심원 위에 물이 분무되고 있다

YAG 레이저가, $10\,\mu m$에서는 CO_2 레이저가 대표적인 것임을 이미 기술했다.

Er : YAG 레이저($2.94\,\mu m$)에서는 물의 최대흡수대와 일치하는 점에서 필자의 분광분석에 의해 확실해진 하이드록시 아파타이트 결정 중의 H_2O(결정수 : 고체상)나, Weyl이 말한 하이드록시 아파타이트 결정에서는 그 표면에 매질(媒質)의 층이 있어, 결정 차체도 자기 체적의 1.9배되는 수화각(hydration shell : 액체)을 갖는다고 설명하고 있으므로, 치아의 경조직 중에는 다량의 수분이 함유되어 있음을 충분히 알 수 있다. 이러한 H_2O가 Er : YAG 레이저에 의해 한번에 분출되어

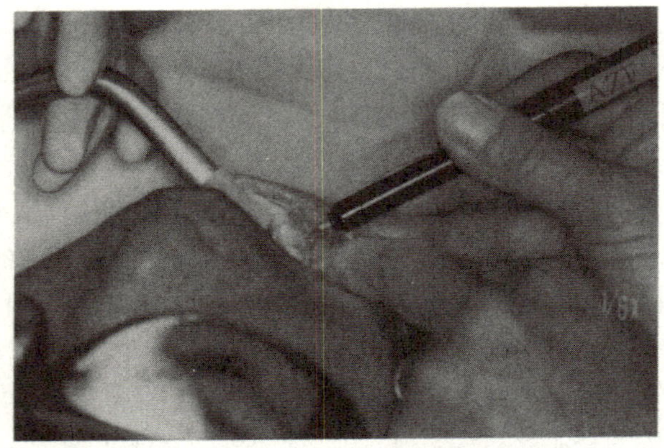

그림26. 저자가 개발한 콘택트칩을 사용하여 와동(窩洞)형성을 하고 있다.

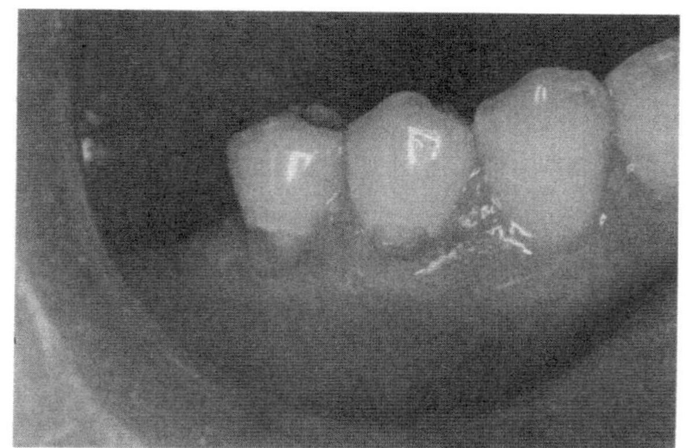

그림27. Er : YAG 레이저 100mJ, 10pps×49초(와동형성)

(고체→액체→기체) 분자 내부의 붕괴에 의해 절삭되는 것으로 생각된다. 그림24
에 그 상태를 모식도로 나타냈다.

 Er : YAG 레이저를 임상에 응용하는 경우, 조작상 직접 치아에 접촉하지 않으
면서 절삭이 가능하면 주변부의 오조사에 의한 사고방지에도 유용하며, 치아에 구
멍을 만들기도 용이하다. 여기서 우리들은 그림25에 보인 것처럼 Er : YAG 레이
저용으로 개발된 콘택트 칩을 임상에 응용하여 양호한 결과를 얻었다. 콘택트칩은

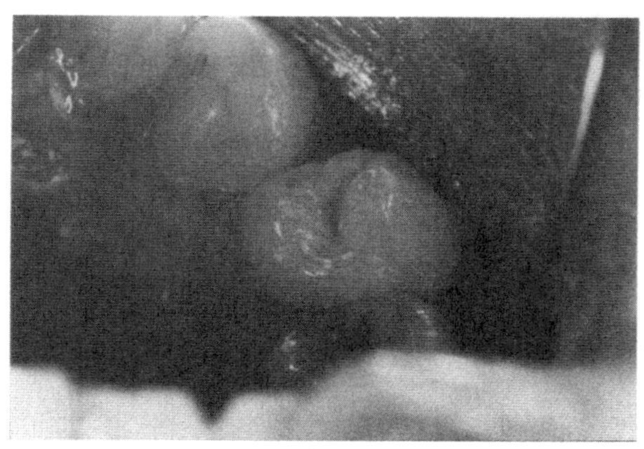

그림28. Ø0.6mm의 칩사용 150mJ, 10pps, 105초로 연화상아질 제거 후, 180mJ,
10pps, 150초동안 와동을 형성하고 있다.

고순도의 석영섬유(ϕ0.6mm)로서, 섬유의 주위에서 축상으로 공기량 2.5 ℓ/min, 물 3cc/min의 혼합비로 분무하여 절삭시의 발열을 방지한 결과 통증이 없어졌다는 점은 특기할 만한 사항이다.

최초의 레이저를 1960년에 마이만(Maiman)이 사용한 이래, 여러 종류의 레이저가 와동(둥그런 구멍, 窩洞) 형성에 응용되었으나 Er : YAG 레이저가 그 돌파구를 만들었다. 이유는 이미 기술한 바와 같이 Er : YAG 레이저가 치아 경조직 중의 H_2O를 효과적으로 분출시킨 때문으로 생각된다.

그림26은 필자들이 개발한 콘택트칩을 이용하여 치경부 칼리에스의 와동을 형성하고 있는 것이다. 콘택트칩은 치아면에 가볍게 접촉하여 이동하므로 절삭이 용이하게 이루어진다.

그림27은 치경부에 마모를 동반한 치경부 충치와 가벼운 통증을 호소한 45세의 주부로, 치경부에 기왕증(旣往症)이 있다. 치료에 사용된 콘택트칩은 ϕ0.6mm이고, 조사조건은 100mJ, 10pps, 49sec로 와동을 형성하였다. 그림28은 25세의 남성의 위턱 좌측 제1 어금니의 흡합면(吸合面) 칼리에스이다. 연화유질(軟化柔質) 제거를 위해 ϕ0.6mm 콘택트칩을 이용하여 조사조건 150mJ, 10pps, 105sec로 연화유질 제거를 수행했다.

이상 두 가지 증상 모두 마취없이 했다. 시술 때 통증은 완전히 없고 현재까지 경과는 아주 순조롭다. 환자들에 의하면 종래의 에어터빈 특유의 소리와 진동이 없어 절삭시의 공포감 및 정서적 고통이 아주 적었다고 한다. 또 본 장치에서는 레이저의 특징이기도 한 치경부에서의 출혈도 없어 노인 치료 등에 마취없는 치료나, 감염증 환자에 의한 감염예방에도 아주 유효한 치료법이라고 말할 수 있다.

제 36 장
생체용 광CT

광CT는 생체 중의 산소 지시물(指示物)인 헤모글로빈의 산소화, 탈산소화에 의한 흡수 스펙트럼의 차이를 근거로 산소 상태의 단층상을 얻고자 하는 장치이나, 아직 국내 국외 모두 제품으로 나오지는 않고, 미국·유럽·일본 그룹이 경쟁 개발하고 있는 단계이다. 화상을 목적으로 하지 않는 조직 산소 모니터는 이미 제품화되어 있으므로, 광CT 개발의 과제는 광원과 검출기 수를 대폭 늘린 화상화까지를 목적으로 한다. 여기에 문제가 두 가지 있다. 하나는 광이 확산에 의한 퍼짐 때문에 X선 CT와는 다른 화상화 방법을 필요로 한다. 또 다른 하나는 역시 산란에 기인하는 광의 감쇄가 크다는 것이다. 이 때문에 강한 광원과 고감도의 검출계가 필요하다. 또 후술하는 시간분해법을 적용하기 위한 광원에는 펄스 폭이 피코초 정도의 초단 펄스를 필요로 한다. 여기에서는 광CT를 실현하기 위한 단점을 개관한 후, 최근 수년간 필자들이 진행해온 장치화에 대해 소개한다.

오다(小田) 등에 의한 최초의 광CT는 X선원을 레이저 광원으로, X선 검출기를 광검출기로 각각 바꾸어 광CT가 가능하다는 것을 보였다. 그 후 투과광 중의 직진 광성분을 선출(選出)케 하는 방법으로 X선 CT와 같은 FBP(Filtered Back Projection)을 사용하면서 좋은 화상을 내도록 하는 각종 연구가 진행되었다.

예를 들면 키요미즈, 기타마 등이 쥐의 간장 단면을 화상화한 공간차분법(空間差分法)과 이나바, 토이타 등의 입사광과 가간섭성 방출광의 성분을 추출하는 헤테로다인법, 키타구치 등의 빠르게 도달한 광만을 이용하는 시간 게이트법 등이 있다. 시간 게이트법은 피코초 레이저 조사에 대한 시간응답파형 중, 가장 빨리 검출기에 도달하는 성분만을 취하면, 직진광에 상당한다는 원리이다.

그러나 실제로 해보면 생체중의 직진 성분은 거리가 길어질수록 산란에 의해 없어지고, 수cm 크기의 시료에는 사용할 수 없다는 것이 판명되었다. 여기서 야마

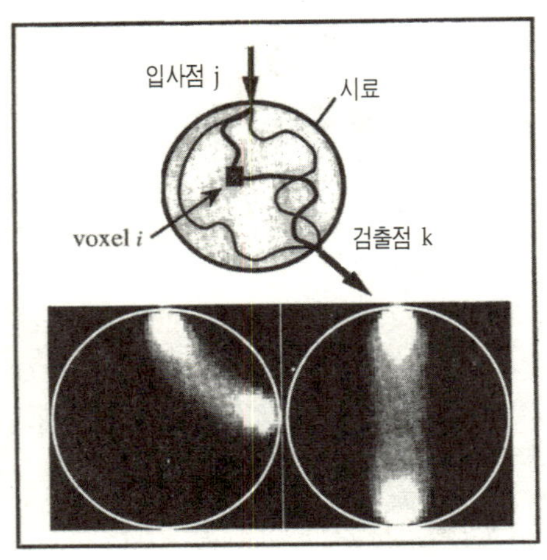

그림29. 중첩함수

그림에서 입사점 j와 수광점 k에 대하여 시료 내부의 각 voxel i의 흡수관계를 바꾸었을 때의 수광점 k 측 정신호의 크기가 중첩함수가 된다. 아래 왼쪽 그림은 입사점과 수광점의 관계가 90°, 오른쪽은 180°인 경우의 중첩함수이다.

다 등은 시간게이트법의 개량으로서 시간외삽 흡광도법을 제안하였다. 이것은 시간분해파형의 상승보다 후측의 데이터를 전방으로 외삽(外揷)하여, 시간게이트법에 상당하는 직진 성분을 추출하려는 것이었다.

오카자와 등은 야마다 등의 시간외삽 흡광도법을 추구한 화상화를 수행했다. 그러나 그 후 직진광의 추출에 얽매이지 않고, 빛의 퍼짐을 전제로 한 화상재구성법이 유리하다는 판단에서, 현재 이하의 재구성법이 검토되고 있다.

그림29의 윗그림처럼 입사점 j와 검출점 k의 조를 정하여, 시료 내부의 voxel I의 흡수계수 $\mu_a(i)$를 변화시켰을 때의 응답을 생각한다. 수광점 k의 수광량 I의 대수를 $A = -\ln I$로 표시했을 때 A의 변화는 각 voxel의 흡수계수 $\mu_a(i)$에 기여하는 정도는

$$dA = \sum_i \frac{\partial A}{\partial \mu_a(i)} d\mu_a(i) = \sum_i m(i) d\mu_a(i)$$

로 쓸 수 있다. 여기에서,

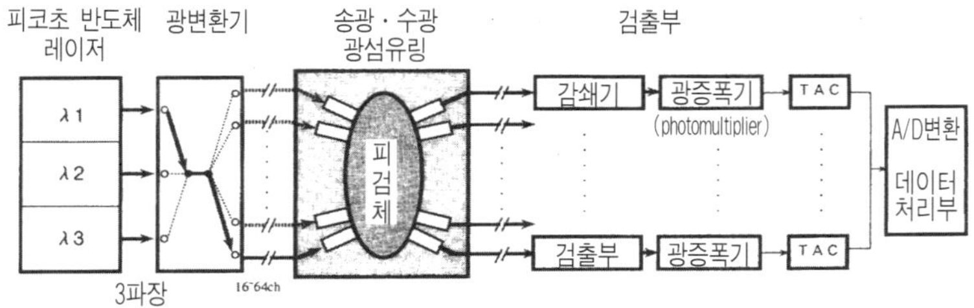

그림30. 단층 이미징 장치의 전체구성도

3파장의 반도체레이저(피코초)에서 나오는 빛의 순서대로 시료 주변에 64채널로 조사된다. 시료를 통과한 빛은 최대 64개소에 배치된 광섬유를 경유하여 검출기에서 동시에 수광되어 TAC에 의하여 각 채널의 시간분해 프로파일을 얻는다.

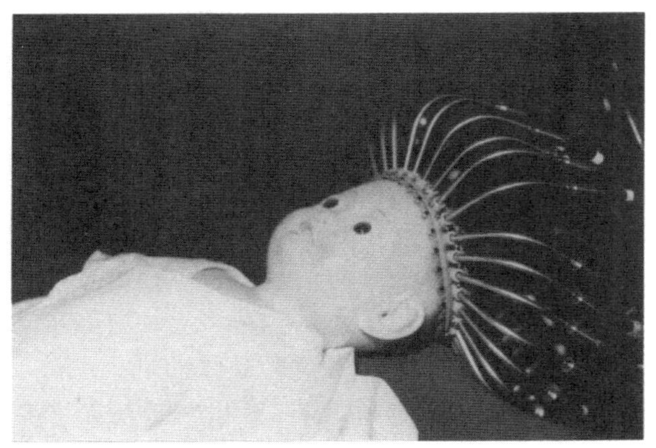

그림31. 측정장면 개념사진

피험자(사진에서는 모형)의 측정 부위에 여러 개의 광섬유를 배치하여 단층화상을 얻는다. 장착된 광섬유는 송광부와 수광부가 일체형으로 되어 있다.

$$m(i) = \frac{\partial A}{\partial \mu_a(i)}$$

로 나타나는 m(i)를 입사점 j와 검출점 k열에 대한 중첩점으로 정의한다. 각 voxel의 중첩을 몬테카를로법으로 계산한 것이 그림29의 아래 그림과 같은 분포가 된다. 중첩 m(i)는 흡수계수 $\mu_a(i)$(단위 mm^{-1})가 계수이므로, 해당 voxel이 주는 평균 광로 길이에 상당한다.

단층상을 얻는 작업은, 시료 주위의 다수 입사점 j와 검출점 k의 조 (이 조를 다시 n이라 한다)에 대한 측정치로서 광신호의 변화 ΔAn을 주고, 생체광 voxel i의 흡수계수의 변화 ΔX_i를 구하는 것으로 귀착된다.

모든 m(i)로부터 만들어진 중첩함수는 'n행 i열'의 행렬이 되어, 이것을 M이라 하면 측정 식은,

$$\Delta A = M\Delta X$$

로 된다. 단 ΔA는 시료의 외주에서 측정된 데이터(벡터형), ΔX는 시료 내부의 점 흡수계수의 변화(벡터)이다. 이 선형연립방정식을 ΔX에 대해 풀어 내부 흡수

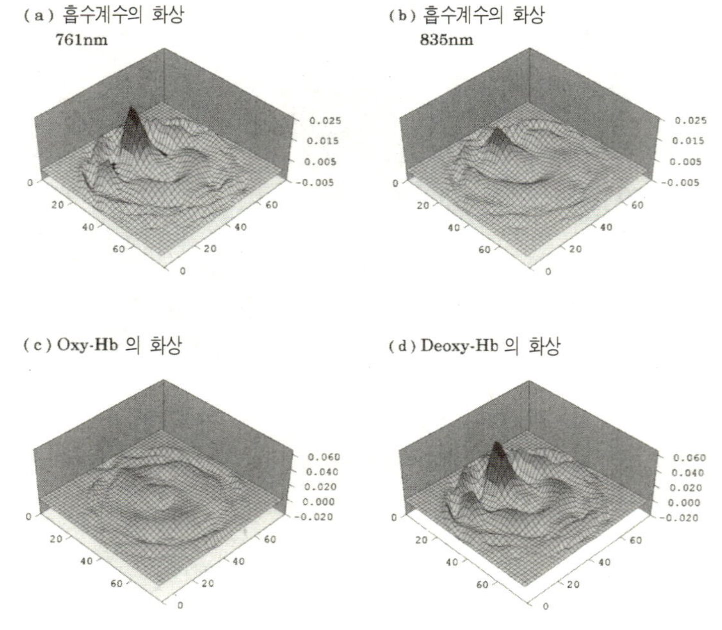

그림32. 산소상태가변 실험체의 재구성 화상

그림(a), (b)는 적혈구의 산소포화도가 0%(산소화 0.1%일 때)일 경우 761nm와 835nm의 흡수계수 화상이다. 이 두 개의 화상을 이용하여 (2)식에 의한 처리를 하면 산화헤모글로빈 농도[deoxy-Hb]의 화상[그림(c)], 탈산소화 헤모글로빈 농도[oxy-Hb]의 화상(그림(d))를 얻는 것이 가능하다.

계수의 화상을 얻는다.

800nm 부근의 생체 흡수계수 μ_a는 1mm 당 0.01~0.02 정도이므로 감쇄는 작아 보인다. 왜냐하면 μ_a가 1mm 당 0.01이라는 것은, 0.01의 역수인 100mm만 빛이 진행하면 강도가 1/e로 되는 것을 의미하기 때문이다. 그러나 실제로는 강한 산란이 함께 일어나므로, 흡수와 산란을 합친 실효적 감쇄계수 μ_{eff}를 생각하지 않으면 안 된다. 이 양은 $\mu_{eff}=\sqrt{3\mu_a\mu'_s}$ (μ'_s는 등가산란계수)로 얻어지므로, 생체의 전형적인 양으로 μ_a를 0.01mm^{-1}, μ'_s를 1mm^{-1}로 하여 계산하면 μ_{eff}는 1mm 당 0.2 정도가 된다. 이것은 1/e가 되기까지 진행한 거리가 5mm임을 의미한다. 다시 말하면 10mm 진행하면 광량이 $(1/e)^2$, 즉 제곱만큼 감쇄한다. 그러므로 10cm 정도의 시료를 측정하기 위해서는 10승의 감쇄를 감수하지 않으면 안 되어, 약한 광의 검출능력이 요구된다.

쯔나자와 등이 개발 중에 있는 단층화상장치에 대하여 아래에 소개한다. 이 시스템은 앞에서 기술한 문제를 해결하기 위하여 고감도의 검출법과 소형의 피코초 레이저 광원과 확산광에 의한 화상 재구성법을 채용하고 있다. 그림30에 전체 구성도를, 그림31에 시료(모형) 주위에 광섬유를 배치한 상태를 보인다. 광원으로는 761, 791, 835nm의 세 가지 파장의 반도체 피코초 레이저 (펄스의 반치폭으로 100ps, 반복율 5MHz)을 이용하여 순서대로 바꾸어가면서 시료 주변의 64채널에 조사한다. 시료를 통과한 광을 최대 64개소에 배치한 광섬유를 경유하여 검출기 (광증폭기)로 동시 병렬로 수광 후, TAC(시간전압 변환기)를 이용하는 시간상관 단일광자 계수법에 의해 각 채널의 시간분해 프로파일을 얻는다. 강도 수준이 크게 다른 빛을 병렬로 측정할 필요가 있으므로, 최대신호의 100억분의 1까지 감광이 가능한 감쇄기(attenuator)를 설계하여 각 채널에 광량 조절을 한다. 시간상관 단일광자 계수법은 형광 수명측정법 등에 이용되고 있는 미약한 광의 시간분해 측정법이다. 단, 10초에서 20초 정도의 계수시간을 요구하므로 측정시간이 길어지는 결점이 있으나 피코초 수준의 시간분해능을 광자계수로 수행하는 유일한 방법이므로 이 방법이 채택되었다.

본 장치의 평가를 위한 가상시료로서 직경 80mm의 수지 중에 산란체를 첨가하여 등가산란계수 μ_s'이 생체와 거의 같은 1mm^{-1} 정도가 되도록 만들었다. 수지 원통의 바깥에서 13mm 위치에 10mm ϕ의 구멍을 내어, 여기에 농도 3%의 적혈구를 포함하는 현탁액을 흘려보내었다. 적혈구의 산소포화도는 기체교환기의 산소, 질소의 비율을 바꾸어서 조절하였다. 이 가상시료의 둘레에 64채널 중 16개의 광섬유 선단을 등간격으로 감싸서 전체 원주에 걸쳐 측정하였다. 세 파장 각각에 대하여 산소화 100%와 0%인 경우의 흡수계수 μ_a의 화상을 얻었다. 그림32(a)와 (b)는 내부의 산소포화도 0%의 경우 (즉 구멍에 흘러들러간 부분이 완전 탈산소 상태인 때), 761nm와 835nm일 때 흡수계수의 재구성 화상으로서, 세로축은 흡수계수이고 단위는 mm^{-1}이다.

복수 파장에 대한 흡수계수의 화상이 얻어지면 이러한 화상의 각 점의 선형결합으로서 산소화 헤모글로빈 농도[oxy-Hb], 탈산소화 헤모글로빈 농도 [deoxy-Hb]의 화상이 다음 (3)식과 같이 얻어진다. 이 식에 나타나는 계수는 정제된 헤모글로빈의 각 파장의 몰 흡수계수로부터 연립방정식을 풀어 구하였다.

$$[oxy\text{-}Hb] = -2.791\,\mu_{a761nm} + 5.997\,\mu_{a835nm}$$

$$[deoxy\text{-}Hb] = 3.707\,\mu_{a761nm} - 2.3497\,\mu_{a835nm}$$

그림32(a)와 (b)의 각점의 흡수계수 μ_a를 (3)식에 대입하면 그림32(c)와 (d)의 결과를 보인다. (c)는 산소화 헤모글로빈 [oxy-Hb]의 화상, (d)는 탈산소화 헤모글로빈 [deoxy-Hb]의 화상이다. (c)의 화상은 거의 평평한데 이는 적혈구가 완전히 탈산소화되어 산소화 헤모글로빈의 농도가 영이 되는 것을 반영하는 타당한 결과이다. 같은 원리로 그림으로 보이지는 않았으나 산소화 100% 상태의 화상에서는 반대로 [deoxy-Hb]의 화상이 평평하게 되어 있다.

제7부의 요약

최근의 레이저 의학 발전을 불과 몇 사람이 정리한다는 것은 도저히 불가능하다. 최근 몇년간의 레이저 연구에 대한 많은 뛰어난 해설이 있으므로 그것들을 참고하기 바란다. 차후의 전망을 보면, 레이저 의학 분야에서도 이제부터는 환자의 삶의 질, 안전하고 확실한 치료, 경제적인 의료 등을 강하게 의식하고 있다. 그런 의미에서 외과적 침습(侵襲)의 최소화, 비파괴, 무침습, 비접촉 생체계측법의 새로운 개발, 레이저장치의 자동화, 소형화, 외래치료 (입원기간이 없거나 단축된 것) 등이 검토되지 않으면 안 된다.

지금부터 의료에 이용되는 새로운 레이저로는 자유전자 레이저가 크게 주목된다. 말할 필요없이 이것은 자유전자 레이저가 넓은 파장 영역에서 동조하기 때문이다.

자유전자 레이저에 의한 의료효율을 올리기 위해서는 환부조직에 빔을 도달시키는 것, 도달한 빔이 좋은 효율로 환부조직에 흡수되는 것 등이 검토되지 않으면 안 된다. 여러 가지 파장조절 레이저도 의료용으로 사용되는 듯하다. 예를 들면, 이화학연구소에서 개발된 음향광학소자를 이용한 전자제어 파장가변 레이저 등은 비파괴, 무침습 생체계측에서 활약할 것으로 보인다. 의료용 레이저의 소형화에서는 반도체 레이저 여기 소형 고체 레이저의 발전이 기대된다. 레이저 암치료에서는 YAG 레이저 여기의 OPO나 반도체 레이저 등 새로운 시도가 진전될 것이다.

레이저 치료로서 차후 주목되는 것은 레이저를 이용한 유전자 도입에 의한 유전자 치료법, AIDS 등 혈액질환치료, 광선역학적 암치료법에 의한 위암과 식도암 등의 치료, 암의 온열요법(레이저미아), 동맥내 레이저 수술과 같은 각종 레이저 애블레이션 치료 등이다. 레이저를 이용한 각종 임상 검사기기도 새로운 발전을 보이고 있다. 표면플라즈몬 공명(共鳴), 형광, 라만산란, 광음향분광 등이 이 목적으로 사용되고 있다. 레이저현미경도 임상검사에서 중요한 역할을 할 것이다.

임상검사와 진단에서부터 치료까지 레이저 의학분야는 지금부터 꿈으로 가득하다. 반면, 레이저 의학이 만능이 아니라는 것은 확실하다. 레이저 의료가 시작된지 30년이 지난 지금, 우리 인류는 레이저 의료에 관한 상당히 장기적인 치료 데이터를 가지게 되었다. 미래의 레이저 의학을 생각할 때, 이러한 데이터는 신중한 검토가 필요할 것이다. 나아가 어떠한 의료응용이 참으로 인류의 의료복지에 유용할까를 생각하지 않으면 안 되는 시기가 왔다.

제7부 참고문헌

1) 倉知 正, 田代 英夫 : レーザー研究 **24**(1996) 12.
2) レーザー研究 **25**(1997) 196.
3) レーザー研究 **24**(1997) No.8.
4) 久保 宇市 : レーザー技術の新展開, 霜田 光一監修, レーザー学会編(1994) 286.

제 8 부
우주 · 항공 분야

레이저가 발명되었을 때, 레이저빔의 퍼짐이 아주 작은 것을 알고 먼저 우주통신과 같은 응용이 생각되었다. 발명 이후 40년 정도 되었으나, 최근에 들어 항공기는 물론 인공위성 등의 우주선에 레이저를 탑재하여 통신이나 계측을 하는 것이 가능해져 우주에서의 레이저 사용이 실현되고 있다. 이것은 반도체 레이저와 고체 레이저의 개발, 특히 소형, 경량화, 고출력화 등의 진전에 의한 경우가 많다.

일본에서는 1995년 세계에서 선구적으로 레이저를 위성에 탑재하여 우주광통신의 제1보로서 위성-지상간 광통신실험에 성공했다. 1997년 화성에 도착한 NASA의 화성 탐사선에서는 화성의 주회전 궤도 위에서 화성 표면에 레이저를 발사하여 표면의 형상을 측정하는 '레이저 고도계' 실험에 성공했다. 이것도 최근의 새로운 뉴스 중 하나이다. 고체 레이저의 우주 사용이 가능해지면서 항공기에 원격감지기를 달고 지구환경을 우주에서 관측하는 우주라이더도 최근 미국에서 실현되고 있다. 더욱이 중력파 검출 등에 이용되는 초고정밀 광간섭계도 발전하여 우주공간에서의 이용이 검토되고 있다.

제 37 장
우주 레이저 장치

　미국에서는 1970년대부터 인공위성 등의 우주선에 레이저를 탑재하여 광통신 실험을 수행하는 계획을 세워 많은 연구를 했다. 예를 들면 NASA에서는 CO_2 레이저를 이용한 시스템으로, 공군에서는 Nd : YAG 레이저를 이용한 시스템을 각각 개발하여 항공기를 이용한 시험 등을 수행했다. 휴즈(Hughes)사에서도 2개의 레이저로 우주광통신을 비교검토했다. 실험이 활발하게 이루어졌으나 위성탑재는 실현되지 못했다. 그것은 우주 환경을 견디는 레이저장치나 로켓 발사에 대한 내진동 조건 등의 기술적 신뢰성 문제와, 우주통신에 대한 광통신의 장점과 필요성이 당시에는 충분히 이해되지 않았던 문제 등이 요인이었다고 생각된다.

　그 후 고체 레이저나 반도체 레이저의 기술이 발전하여 소형·경량화와 신뢰성이 높아지자 1980년대 후반부터는 미국뿐만 아니라 유럽이나 일본에서도 우주용 레이저 장치의 연구개발이 활발히 이루어졌다. 1990년대가 되면서부터 우주광통신이나 계측이 일본 및 미국에서 실현되기 시작했다.

1. 우주장치용 레이저의 해외 동향

　먼저 미국의 동향에 대하여 기술한다. NASA는 0.8 μm 대의 반도체 레이저를 이용한 광통신 장치를 개발하여, 정지위성 ACTS(Advanced Communication Technology Satellite)에 실어, 우주선 간의 광통신 실험을 1990년대에 시작할 예정이었으나 예산문제로 탑재가 중지되었다. 그 후 LCT (Laser Communication Transceiver)로 불리는 400Mbps의 전송속도를 갖는 개량형 우주 광통신 실험장치를 개발하여 우주정거장에서 실험할 계획이었지만, 이 계획도 중지되어 20세기 중의 우주 실험계획은 없게 되었다.

한편 MIT 링컨연구소에서는 우주용 coherent 광통신 시스템 (헤터로다인 광검출을 함)을 긴 시간 동안 연구 개발해 오고 있다. LITE(Laser Intersatellite Transmission Experiment) 계획이 대표적인 것이다. 최근에는 LITE-2라는 우주용 coherent 광통신 장치를 개발했다. 본장치의 광원은 반도체 레이저이며, 송수신계와 망원경은 광섬유로 연결하여, 중량과 전력 소모를 경감한 것이 특징이다. 가까운 장래에 우주에서의 실험을 계획하고 있다.

BMDO(Ballistic Missile Defense Organization)에서는 지상과 우주 사이의 광통신을 대비하여 지상실험을 같이 하고 있다. 1.2Gbps까지 고속 데이터 전송이 가능한 장치 (출력 150mW의 DBR형 반도체 레이저 사용)를 개발하여, 1998년에는 저고도위성(STRV-2)에서 우주관측 데이터를 지상에 전송하는 실험이 이루어졌다.

JPL(제트 추진연구소)에서는 태양계 행성에서 데이터를 1Mbps 이상의 속도로 전송할 수 있는 원거리 우주광통신을 연구해오고 있다. 사용되는 레이저는 LD (Laser Diode, 반도체 레이저) 여기 Nd : YAG 레이저로, 초기에는 1.06 μm의 기본파장을 이용하고, 두번째는 0.53 μm의 제2고조파를 이용할 계획이다.[1] 현재 OCD (Optical Communication Demonstrator)라는 실험장치를 개발하여 실험하고 있으며, 100Mbps 이상에서 우주선과 지상 간의 실험을 하고 있다.

미국의 동향으로, 계측용 우주선 레이저 장치로서 레이저 고도계도 주목받고 있으므로 소개한다. NASA에서는 특히 극지방의 빙하 상태 등 지표면 측정용으로 우주선 탑재 SLA(Shuttle Laser Altimeter)를 개발하여, 우주에서 실험을 하고 있다.[2] 레이저는 LD 여기 Nd : YAG 펄스 레이저이다. 출력은 40mJ/pulse, 10Hz의 반복율의 펄스 발진이며, 펄스 폭은 8ns이다.

NASA의 우주용 레이저 장치로 주목받는 것으로, 화성탐사선에 탑재하여 화성의 표면 형상을 측정하기 위한 장치 MOLA(Mars Observer Laser Altimeter)가 있다. 레이저는 LD 여기 Nd : YAG Q스위치 펄스 레이저이며, 사양은 우주선용 SLA와 거의 비슷하다.

다음은 유럽의 동향을 소개한다. 가장 주목받는 것은 ESA (European Space Agency)를 중심으로 연구개발되고 있는 SILEX(Semiconductor Laser Inter-satellite Link Experiment) 계획이다. 이 계획은 프랑스의 지구관측위성 SPOT-4와 ESA의 정지통신위성 ARTEMIS 사이에 광통신을 하는 것이다. 이것이 실현된다면 세계 최초의 위성간 광통신 실험이 된다. 사용되는 레이저는 0.8 μm대의 출력 100mW 반도체 레이저로서, 50Mbps와 2Mbps에서 각각 통신실험이 이루어 진다.

2. 일본의 우주장치용 레이저 현황

일본의 우주선용 레이저장치에서 특필할 것으로는, 1994년에 발사된 기술시험위성 ETS-VI에 탑재되어, 세계 최초로 우주광통신 실험에 성공한 LCE(Laser Communication Equipment)가 있다.[3] 이 광통신실험장치는 통신총합연구소(CRL)에서 1985년 이래 개발된 것이다 (제작은 토시바, 일본전기 두 회사가 공동으로 담당했다). 광원으로는 출력 30mW (통신시 평균 15mW), 파장 0.83 μm의 반도체 레이저가 이용되었다. CRL의 지상국 사이에서 1Mbps의 속도로 쌍방향 광통신이 가능하도록 설계되어, PIN 광다이오드를 이용한 수신장치, 정확도 2 μrad의 레이저빔 방향제어가 가능한 추적장치, 같은 정확도의 광로차 보정장치 등이 장착되어 있다 (표1 및 그림1 참조).

ETS-VI 위성에 탑재된 LCE를 이용하여 지상과 위성 사이의 광통신 실험을 기초로, 다음 단계인 위성과 위성 사이의 실험을 수행하여, 일본의 우주개발사업단은 광통신 전용 실험위성 OICETS를 2000년에 발사할 예정으로 있으며, 이 위성을 이용한 실험을 위해 광통신장치 (그림2 참조)를 개발하고 있다.[4] 상대 위성으

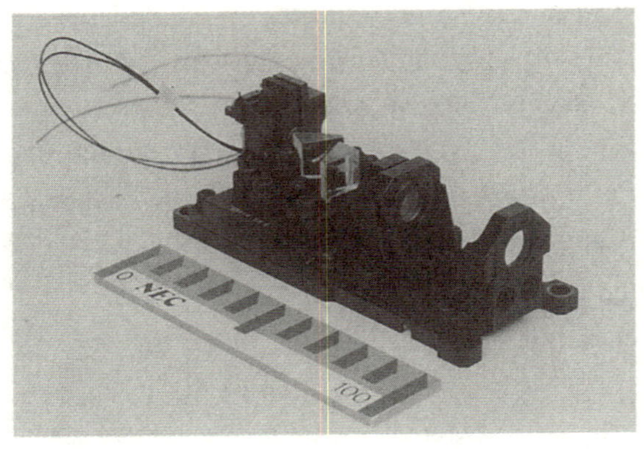

그림1. ETS-VI위성에 탑재된 광통신 실험장치 LCE에 사용된 반도체 레이저와
빔 집속기[3]

표1. 기술시험위성 ETS-VI에 탑재된 레이저 통신장치 LCE의 주요 사양

레이저(LD/AlGaAs)	
파장	0.83 μm
출력	30mW
시스템	
망원경	7.5cm 구경(송신/수신)
추적장치	2 μrad
전송속도	1.024Mbps
중력	22.4kg

로는 앞에서 기술한 ESA의 위성 ARTEMIS이며, 500Mbps의 광통신 실험을 목표로 하고 있다. 통신용 레이저로는 출력 200W의 반도체 레이저를 사용한다.

그림2. 차기 광통신위성 OICETS에 탑재 예정인 위성간 광통신 장치의 외관
(구경 26cm의 망원경 사용)[4]

그 외 실험실 수준에서는 우주에서의 사용을 목표로 한 각종 레이저장치가 연구개발되고 있다.[5]

우주선용 레이저 가운데 광통신 및 계측용으로 이미 우주로 옮겨진 것과, 가까운 장래에 우주 사용이 계획된 것들을 정리하여 표2에 나타냈다. 현재까지 우주에서 실현된 것은 일본 CRL의 LCE용 반도체 레이저, 계측용으로 미국 NASA의 우주선 및 화성탐사선용의 레이저 고도계용 Nd : YAG 레이저 등이 있으며, 실질적인 예는 아직 적지만 앞으로 21세기 이후에는 우주 사용이 대폭 증가할 것으로 예상된다.

광통신으로는 단일 모드 고출력 LD가 현재 주류이지만, 고출력화를 위한 MOPA나 광섬유 증폭기 사용도 검토되고 있다. 우주선 탑재용 레이저는 지상이나 항공기용과는 달리 우주환경뿐만 아니라 발사될 때의 내진동/중력의 엄격한 조건이 요구되므로, 차후에도 반도체 레이저와 소형 고체 레이저가 주류가 될 것으로 생각된다.

표2. 우주선에 탑재된 레이저

탑재장치	레이저	우주선
LCE(일본)	LD, 0.8m, 30mW	ETS-VI(1994~)
MOLA(미국)	Nd : YAG, 1.06 μm, 40mJ/pulse	Mars Observer(1997~)
SILEX(유럽)	LD, 0.8 μm, 100mW	ARTEMIS(2000~)
LUCE(일본)	LD, 0.8 μm, 200mW	OICETS(2001~)

제 38 장
항공기의 레이저 응용

항공기 레이저 응용으로는 지상 기기에 비해 소형, 저소비전력, 고신뢰성 등이
요구되므로 군사용 이외에는 실용화 예가 적다. 그러나 최근 반도체 레이저(LD :
Laser Diode) 여기 고체 레이저의 발전에 의해 위의 요구조건을 만족시키게 되었
으므로 실용화를 향한 연구개발이 많이 추진되었다. 항공기 레이저 응용으로는 항
공기 자체의 운항 상의 안전을 확보하기 위한 응용과, 항공기의 기동성을 살려 관
측에 응용하는 것으로 대별된다.

1. 항공기 운항의 응용

항공기의 운항 상 안전 확보를 위한 응용 중에서 실용화를 향해 급속하게 진보
를 이루고 있는 기술으로 항공기에 탑재된 코히런트 라이더에 의한 대기 중의 바
람 분포를 측정하는 윈드세어나 vortex(후방난기류) 검출장치가 있다. 급격한 풍
향, 풍속의 공간적인 변화인 윈드세어 중에 특히 공항 근방에서 발생하는 마이크
로 버스트라고 불리는 하강기류는 사고와 연결되는 경우가 많다. 예를 들면, 미국
에서는 1974년 이래, 600건 이상의 비행기 사고 중 적어도 28건의 사고가 윈드세
어에 의해 일어났다고 결론짓고 있다. 또 항공기 이착륙시에 발생하는 vortex가
뒤따라 오는 항공기의 이착륙에 영향을 주기 때문에, 공항 내의 트래픽을 조절하
기 하기 위한 vortex 검출도 중요하다.

그림3에 일반적인 고체 레이저를 이용한 코히런트 라이더의 개략도을 보인다.[6]
펄스 발진하는 Q스위치 레이저에 단일 종 모드로 발진하는 마스터 레이저광을 주
입하여, 인젝션 시드법에 의한 단일 종 모드 펄스광을 얻어, 이것을 대기 중에 보
내 미에(Mie) 산란광을 수신한다. 수신광을 마스터 레이저 출력광과 광다이오드로

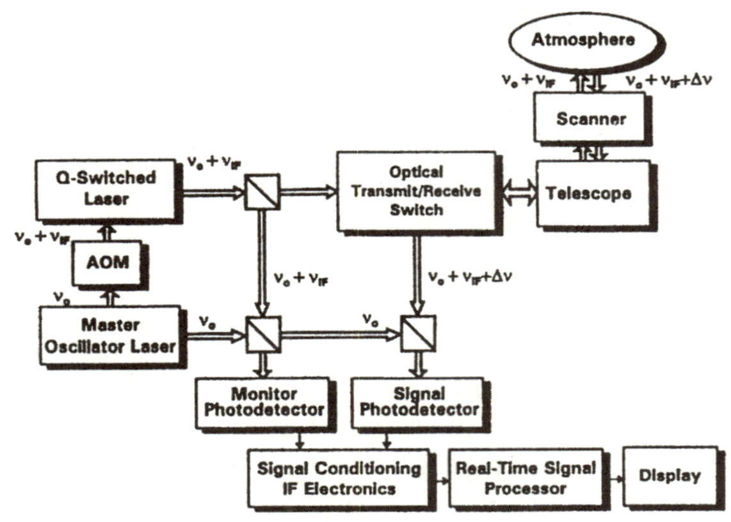

그림3. 코히런트 라이더 시스템의 블록 다이어그램[6]

믹싱하고 헤테로다인 검파를 하여, 미에산란시 생기는 대기의 속도에 비례하는 도플러 주파수를 검출한다.

사용하는 레이저광의 파장으로는 대기 요동의 영향에 의한 검출시의 S/N이 나빠지는 점이나, 수신광과 마스터 레이저의 축맞춤이 장파장일수록 완화되므로, 초기의 연구에서는 $10\,\mu m$대에서 발진하는 CO_2 레이저를 이용하는 경우가 주류였으나, 검출신호의 속도분해능과 거리분해능의 곱이 단파장보다 적은 점, LD 여기 고체 레이저의 도입에 의한 레이저의 소형, 고신뢰화가 이루어진 점, 광혼합에 단일모드 광섬유계를 이용하여 단파장에 대한 파면보정을 얻는 것이 쉬워졌다는 점에서 CO_2 레이저보다 단파장에서 발진하는 고체 레이저의 사용이 주류가 되고 있다.

특히 눈의 안전(eye safety)을 고려하여, $1.4\,\mu m$ 이상의 레이저광 파장이 요구되므로, $2\,\mu m$대에서 발진하는 Tm : YAG 레이저를 이용한 시스템이나 $1.5\,\mu m$대에서 발진하는 Er : Glass 레이저를 이용한 시스템 등이 차후 주류로 될 것이다.

항공기 운항상의 안전을 확보하기 위한 그 외의 응용으로서, 저공비행하는 헬리콥터에 탑재하는 선상 장해물 (전선이나 전화선 등) 검출장치가 있다. 선상 장해물은 가늘고 배경과의 콘트라스트가 낮으므로 육안이나 카메라로 검출이 곤란하

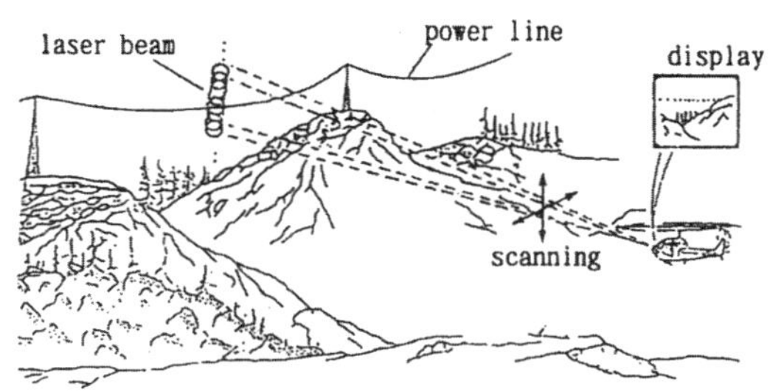

그림4. 헬리콥터 탑재 전선탐지 시스템의 동작상황 개념도[1]

다. 이를 위해 일본 국내 헬리콥터의 선상 장해물 충돌사고가 1962년 이후 130건 정도 발생하고 있다.

펄스 레이저광을 장해물에 조사하여 펄스의 왕복시간에서 거리를 계산하는 레이저 거리측정기를 이용하여 출사하는 레이저광을 스캐닝함으로써 거리정보를 얻어 장해물을 배경과 분리하는 이미징 레이저 레이더는 공간분해능도 높고 선상 장해물의 검출장치로서 적합하다. 그림4에 운용형태의 개념도를 보인다. 고반복 펄스 레이저광을 발생하는 LD 여기 Nd : YAG 레이저를 이용한 탐지거리 300m 정도의 시스템(10kHz, 22ns 펄스)[7]나, LD 여기 Nd : YAG 레이저에 파라메트릭 발진기를 조합한 아이세이프 레이저($1.54\,\mu m$)를 이용한 시스템(15kHz, 5ns 펄스) 등이 개발되어 있다.

2. 항공기 탑재 라이더

한편, 항공기의 기동성을 살려 관측에 응용한 예로는 항공기 탑재 라이더가 있다. 펄스 레이저광을 대기 중에 조사하여 에어로졸이나 분자에 의한 산란광량의 시간변화를 측정함으로써 에어로졸이나 분자의 고도분포 정보를 얻는 라이더를 항공기나 저고도 위성에 탑재하여 3차원적 대기환경계측이 가능하다. 특히 항공기에 탑재하는 경우는, 화산분화 등의 이상이 발생한 특정 지역의 대기관측을 신속하게 수행하는 것이나, 지상 설치 라이더에 의한 계측 결과와 측정데이터를 비교하기 쉽다는 점 등, 지구 규모에서 대기환경을 감시하는 우주라이더는 별도의 유효성이 있다. 또 저가격이며, 우주라이더에 비해 전력, 중량, 신뢰성 요구도 엄격하지 않은 점에서 우주라이더의 기능 실증용으로 자리잡고 있다.

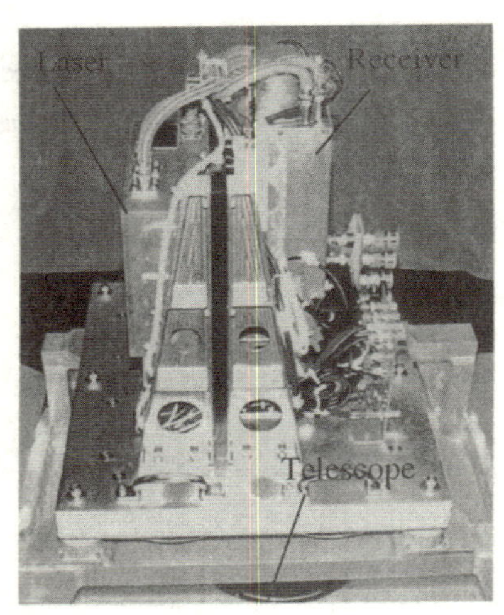

그림5. 항공기탑재 미에(Mie)산란 라이더 광학장치의 외관

항공기 탑재 라이더로는 에어로졸 분포나 구름을 관측하는 미에산란 라이더, 오존이나 수증기 등 특정 분자의 분포를 관측하는 차분흡수(差分吸收) 라이더(DIAL : Differential Absorption Lidar) 등이 개발되어 있다. 그림5는 우주 라이더의 기능 실증용으로 개발된 항공기 탑재 미에산란 라이더의 외관도이다. 여기에서, 레이저는 단일 횡모드이며, 출력 100mJ, 반복율 50Hz, 전기-광변환효율 7%의 고효율 LD 여기 Nd : YLF 레이저를 이용하고 있다.

또 수신에는 유효직경 20cm의 베릴륨 거울이 주경으로 사용된다. 한편 DIAL에서는 측정하고자 하는 분자의 흡수선 파장의 광(ON)과, 흡수선 파장에 가까운 분자에 의해 흡수되지 않는 파장(OFF)을 이용하여, 각각의 파장에 대한 미에산란량의 차분을 얻어 흡수분자의 분포를 얻는 방법을 이용한다. 이를 위해 미에산란 라이더가 1 μm대의 Nd 레이저를 이용하고 있으나, 레이저가 비교적 간단하게 제작 가능한 것과 비교하여, DIAL에서는 분자흡수선 레이저 발진파장의 동조나 안정화가 커다란 과제이다.

미국에서는 알렉산드라이트 레이저 출력광을 ON 파장(720nm)으로 하고 Nd : YAG 레이저의 2배수를 여기원으로 한 색소 레이저 출력광을 OFF 파장으로 이용한 항공기 탑재 수증기 DIAL로 그 유효성을 실증했다. 사용한 알렉산드라이트 레이저는 출력 30mJ, 반복율 10Hz, 선폭 1pm이다. 발진파장의 수증기 흡수선에 대한 동조는, 공진기 내에 설치된 파장 선택용 에어 스페이스 에탈론의 간격을 조정하여 수행한다. 그 후 파장 안정화는 에어 스페이스 에탈론의 간격을 주파수 안정화시킨 He-Ne 레이저광을 기준으로 제어하여 수행한다. 1.5시간의 발진 중심파장의 안정도는 0.7pm 정도이다. NASA의 LASE(Lidar Atmospheric Sensing Experiment) 프로그램에서는 ON 파장의 동조자동화나 파장 안정도의 향상 등, 상기한 실험에 비해 보다 실용화를 추구한 시스템이 개발되고 있다. 여기에서는 긴 광로 흡수셀에서 수증기 흡수선에 고정된 반도체 레이저를 인젝션 시더로 이용하여, 한 대의 티타늄 사파이어 레이저로 ON 파장과 OFF 파장을 5Hz의 타이밍으로 교대로 발생시키고 있다.

일본 국내에서도 항공기 탑재 수증기 DIAL의 개발이 추천되어, 우주 라이더에 이용한다는 전제로 몇몇 선진적 시도가 이루어지고 있다. 고층에서 측정할 때, 수증기 농도가 낮고, 높은 고도에 대한 측정 정밀도를 높이기 위해 강한 흡수선 파장 ON1과, 수증기 농도가 높고 낮은 고도에 대한 측정 정밀도를 높이기 위해 약한 흡수선 파장 ON2와 OFF의 3파장을 한 대의 티타늄 사파이어 레이저에서 발생시켜 고도방향 전역에 걸친 측정 정밀도의 향상을 꾀한다.

또 수평방향의 공간 분해능을 높이기 위해 3파장의 측정을 50Hz (광펄스의 반복율로 150pps)의 고반복율로 한다. 이 때 여기원으로는 우주 라이더로 전환이 용이한 전도냉각형(傳導冷却型)이며 고효율인 LD 여기 Nd : YLF 레이저의 2배파를 이용하여 50W의 고평균 여기 광출력을 발생시킨다. 게다가 티나늄 사파이어 레이저의 파장을 동조시키기 위한 인젝션 시더로는 음향광학셀에서 ON1 파장, ON2 파장 각각에 0.1pm 이하의 안정도에서 파장 동조시킨 2개의 반도체 레이저와, 1pm 이하에서 파장 안정화시킨 OFF 파장용의 반도체 레이저를 연속 발진시켜 티타늄 사파이어 레이저의 발진 타이밍에 맞게 광스위치로 주입하는 파장을 고속으로 전환하는 방식에 의해, 고속 파장 전환과 시딩 파장의 안정화를 동시에 실현하고 있다.

제 39 장
우주 라이더

위성에 의한 지구관측[9]은 지구환경문제의 중요성이 증대됨과 함께 가장 효과적인 관측 수단으로 점점 필수 불가결하게 되었다. 현재 정지위성 '히마와리(GMS)'나 극궤도위성 LANDSAT, SPOT, NOAA 등이 지구를 관측하고 있다. 라이더(레이저 레이더)는 마이크로파 영역의 레이더와 함께 대표적인 능동적 센서(active sensor)이다. 후자는 합성개구 레이더(SAR : Synthetic Aperture Radar)로서, 이미 실용적인 센서의 단계에 이르렀고, 라이더는 우주선에서 실험에 성공하여, 21세기 초두 위성탑재를 목표로 개발이 진행되고 있다.

1. 라이더에 의한 우주에서의 관측

지향성이 좋고 공간분해능이 높은 레이저광으로 전 지구를 쉽게 커버하는 위성을 플랫폼으로 하여 관측을 하면, 레이저 고도계로 대상물까지의 거리를 정밀계측할 수 있다. 여기에는 지표면 고도뿐만 아니라, 구름 상층 고도의 측정도 포함된다. 대기 중의 입자상 물질뿐만 아니라, 풍부한 빛과 물질의 상호작용에 의한 대기 중의 미량 기체나 바람 등의 투명한 매체의 가시화 및 수직 프로필의 측정이 가능해진다. 특히 우주에서의 라이더 계측은 지구 대기의 바깥 경계까지 감쇄시키는 물체가 없으므로, 먼 거리의 대상 물체를 측정하기에 적절하다. 그러나 이 경우도 산란광은 거리의 제곱에 비례하여 감쇄하고 선회 위성에서는 계측시간에 제약이 있으므로 측정거리가 이미지 센서에 비교하여 짧아진다.

NASA에서는 1980년대 초반에 우주정거장(space station)을 중심으로 다수의 센서를 동시에 탑재한 극궤도위성을 계획했다. 이것이 EOS(Earth Observing System)계획이다. 그 후 EOS의 중심은 우주정거장으로부터 극궤도위성을 이용한 지구관측계획으로 옮겨졌다. EOS의 일환으로 에어로졸·수증기 관측용의 우주 라이더 LASA(Lidar Atmospheric Sounder and Altimeter)와 전지구의 풍장(風場) 측정을 위한 코히런트 라이더 LAWS(Laser Atmospheric Wind Sounder)가 계획되었다.

LASA계획에서는 반도체 레이저 여기 YAG 레이저를 기반으로 한 시스템 설계가 이루어져, ① 고도계측, ② 위성으로부터의 거리, ③ 구름 상층 고도, ④ 접지경계층, ⑤ 성층권 에어로졸, ⑥ 구름 변수, ⑦ 대류권 에어로졸, ⑧ 수증기층 두께, ⑨ 지표면 압력, ⑩ 오존층 두께, ⑪ 수증기 고도분포, ⑫ 압력 고도분포, ⑬ 기온 고도분포, ⑭ 오존 고도분포 등의 관측이 계획되었다. LASA계획과 LAWS 계획은 예산부족으로 수차 계획이 변경되고 규모가 축소되어, 현재 레이저 고도계 GLRS(Geoscience Laser Ranging System)와 LASA 계획이 병합되어 GLAS (Geoscience Laser Altimeter System)으로 명칭을 바꾸어 2002년에 출발한다.

2. 우주선 관측 : LITE와 SLA

LITE(Lidar In-space Technology Experiment)는 LASA계획의 중간단계로서 계획되었다. 1994년 9월 9일 발사된 우주선 STS-64 (고도 240~260km, 궤도경사각 57°)에 탑재하여 11일 간의 비행에서 총 42회 관측이 이루어졌다. 궤도의 1주기는 89.6분, 위성의 지상 투영속도는 7.4km/s로, 직경 1m의 망원경과 플래시 램프 여기 Nd : YAG 레이저의 3파장 (344, 532, 1064nm)을 이용했다. 레이저 반복율은 10Hz로, 직하(直下)에 대해 5° 기울어져 레이저광을 발사했다. 수직방향의 분해능은 15m, 발사(發射) 사이의 footprint 간격은 740m이다.

LITE의 관측 목적은 다음과 같다.

[대류권] ①에어로졸의 산란비와 파장 의존성, ②접지경계층 고도와 구조, ③접지경계층의 광학적 두께

[성층권] ①에어로졸의 산란비와 파장의존성, ②40km까지의 밀도와 온도

[구름] ①수직분포, ②구름양, ③알비드, ④광학적 두께

[지표면] ①지표면 알비드, ②후방산란의 입사각 의존성

그림6은 LITE 계획의 구성도를 나타낸다. 그림7은 아프리카 북부의 아틀라스산맥 상공에서 관측한 사하라 사막의 모래 이동 모양을 나타낸다.

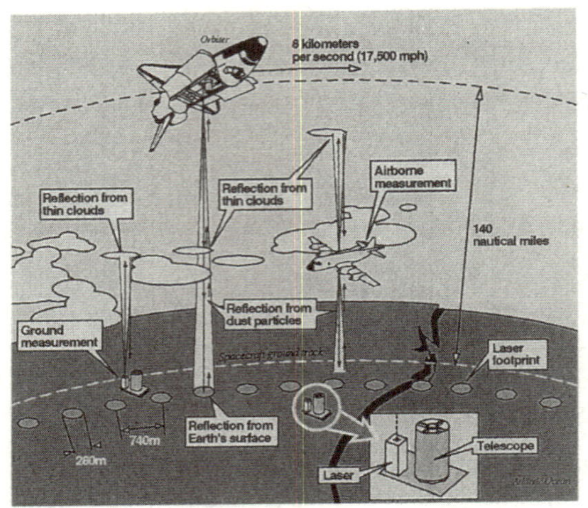

그림6. LITE 계획의 개념도

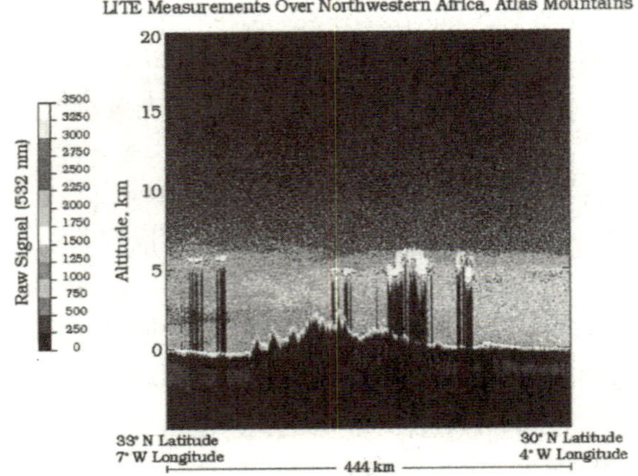

그림7. 1994년 9월 12일(1:43:25 GMT)에 북아메리카 아틀라스산맥 상공에서
532nm의 파장으로 관측된 LITE 신호의 THI도
그림에서 산맥의 구조와 사하라 먼지(금색)와 구름(흰색)이 6km위에 떠 있는 것을 알 수 있다.

한편, SLA(Shuttle Laser Altimeter)는 Shuttle Small Payloads Project
(SSPP)의 하나인 규격화된 payload Hitchhiker에 장치된 센서로서, 1996년 1월에
STS-72에 의해 발사된 SLA-01과 1997년 8월에 발사된 SLA-02가 있다. SLA

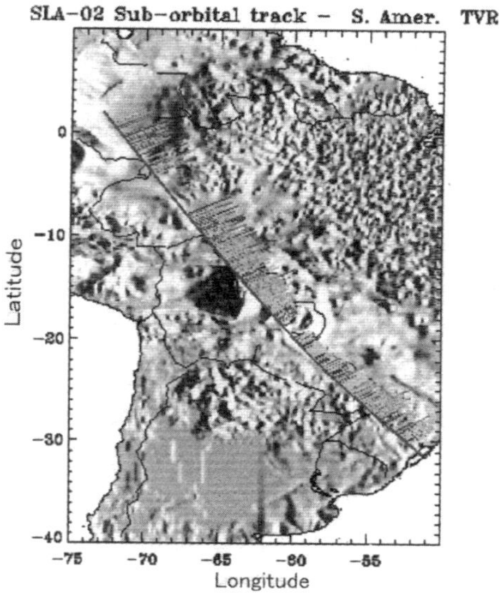

그림8. 아마존의 수원지(서아마존 분지)의 SLA 단면 측정 예
지표고도의 변화 및 식생(植生)의 높이(직경 100m 내의 수직 TVR)를 보이고 있다.

는 100m 정도의 지상 분해능 영역을 1m 이내 고도의 정확도로 측정하는 것으로, 해양과 육상의 고도를 정밀하게 구한다. 특히 최초의 Earth System Science Pathfinder(ESSP) 계획에서는 나무(식생)의 고도측정 라이더(VCL) 역할을 했다. SLA-02는 북미, 유럽, 아시아의 데이터를 얻었다. SLA-02는 38cm망원경, LD 여기 Nd : YAG 레이저, 고도계용 전자장비, 250MHz 전송·디지타이저로 이루어 져 있다. SLA는 4회 예정이고, SLA-03(1998년 12월 예정)에서는 고반복율 레이 저의 사용을 예정하고 있고, 식생의 고도측정을 계획하고 있다. SLA는 2002년 발 사 예정인 우주 라이더 GLAS의 기초 데이터를 공급하는 의미도 있다. 그림8은 남미 아마존 지역의 지표 고도의 변화와 Total Vertical Roughness(TVR)를 나 타낸다.

3. 향후의 우주 라이더

일본의 우주개발사업단(NASDA)에서는 우주 라이더 개발을 1990년부터 시작했다. 대기계측용의 위성 ATMOS-B1 탑재 센서의 기초실험으로, ELISE라 명명한 MDS-2 (Mission Demonstration Satellite-2호기)로 2001년 2월에 발사될 예정이다.

레이저 고도계 GLRS는 고도뿐만 아니라, 구름이나 에어로졸의 변수를 측정하도록 설계가 변경되어, GLAS(Geoscience Laser Altimeter System)이라 명칭한 free-flyer형의 위성으로, 고도 705km, 궤도경사각 94°의 태양 비동기 원궤도로 2002년에 발사될 예정이다. GLAS는 고도·거리를 측정할 뿐만 아니라, 구름이나 에어로졸의 측정도 포함하고 있다.

ESA(European Space Agency)에서는 NASA와는 독자적 노선으로 2003년 발사 예정인 Envisat-2에 탑재를 예상하는 대기용 라이더(ATLID : Atmospheric Lidar)의 개발을 진행하고 있다. 표3은 ELISE, GLAS, ATLID의 사양을 나타낸다.

이와 같이 우주 라이더는 21세기 초반에 발사를 목표로 급속히 개발이 진행되고 있다. 위성에서의 관측이 이미지뿐만 아니라, 우주 라이더에 의해 얻어진 3차원 데이터가 기초 데이터로 확충되어, 대기의 대순환, 지구 온난화 등의 연구를 발전시킬 것으로 믿는다.

제 40 장
우주에서의 차세대 레이저 응용

반도체 레이저의 진보는 지금까지 거의 사용되지 않았던 우주에서의 레이저 실험을 가능하게 하였다. 최초의 실험은 1994년에 우주 라이더로서 우주선으로부터 대기를 관측했다. 지상에서의 활발한 응용에 비해 우주의 응용은 지금부터가 시작이다.

1. 우주 파편(debris)의 검출과 그 대책

인공위성 등 우주 이용이 빈번해지면 우주공간에는 우주 파편이라 불리는 우주 쓰레기가 쌓여간다. 저궤도에서는 대기의 저항이 크므로 수명이 짧으나, 500km 이상에서는 상당히 장기간 체재한다. 이것이 우주궤도의 구조물에 부디친다면 그 피해를 무시할 수 없다. 일본 우주개발사업단의 지구관측위성 '미도리'가 태양전지판에 이상이 생겨 기능을 정지했을 때도 바로 우주 파편에 의한 것이 아닌지 의심되었다.

원인을 알기 어려운 우주에서의 문제에 대해 파편에 원인을 돌리는 것은, 책임 회피로는 좋겠지만 현재 상황에서 아직 그 가능성은 적다. 그러나 이동통신 등의 우주이용에 지금까지와는 달리 지구주변의 위성 이용이 많아졌다. 파편이 위성이나 우주정거장에 맞으면 그로 인한 피해를 받을 뿐만 아니라, 이로 인해 새로운 파편이 대량으로 생성된다. 최종적으로 파편이 파편을 만들어 결국 500~1000km 영역의 지구궤도에는 우주 구조물을 만드는 것이 불가능해진다는 계산이 된다.

1cm 크기의 파편이 상대속도 10km/초로 충돌하면 60km/시로 달리는 자동차가 부딪힌 것과 같은 피해를 가져오므로, 우주정거장과 같은 우주 구조물에는 커다란 위험을 가져온다. 파편의 분포에 대해서는 현재 10cm 이상 크기의 것은, 지상으로

부터 전파탐사 시스템으로 검지가 가능하다고 생각되고, 수도 적으므로 충돌 확률은 낮다. 또 궤도가 알려져 있으므로 사전에 우주 구조물의 궤도를 바꾸어 피하는 것이 가능하다. 한편 1cm 이하의 작은 것은 아주 많아 위험하지만 현재의 기술로는 완전하게 검지하는 것이 어렵다. 또한 대부분은 우주 구조물을 차폐함으로써 어느 정도 대응 가능하다고 생각된다. 현재 상황에서는 1~10cm 크기의 것만 대상으로 한다.

파편에 대한 대책으로서, 각각의 우주 구조물이 스스로 방어하도록 하는 경우와 지상에서 종합적으로 방어하는 것을 생각할 수 있다. 전자의 경우 중량 문제를 포함하여 기술적으로 해결해야 할 일이 많다. 여기서는 NASA가 공군과 협력하여 진행하는, 지상에서 파편을 검지하여 그 궤도를 바꾸어 대기로 돌입시키는 Orion 계획을 중심으로 기술한다.

1.1 파편의 검지

현재 전파탐지로는 지상 500km 고도에서 10cm 정도의 물체까지 검지 가능하다. 그러나 이 보다 작은 물체를 찾기 위해서는 레이저 레이더가 필요하다.

지구궤도 1,000km 근방에서, 속도로는 10km/초를 가지는 적어도 1cm 크기의 파편을 100km의 거리에서 검지하는 능력을 갖는 레이저 레이더가 필요하다. 이를 위해서는 10^{-8}의 분해능이 요구되는데 결코 쉬운 기술이 아니다. 각각의 변수는 아래와 같이 계측된다.

① 파편까지의 거리 : 펄스의 왕복시간, ② 파편의 속도 : 도플러효과에 의한 반사파의 파장 변화, ③ 형상 : 확실한 계측이 어렵지만 반사율이 같다면, 산란광은 반경의 제곱에 비례하는 것을 이용한다.

높은 분해능이 요구되므로, 대기의 난류유동을 고려할 때, 당연히 그것을 보정하여 피드백하기 위해서는 보상광학(Adaptive Optics)이 필요하다. 또 이것을 시간적으로 빠른 분해능으로 검지할 필요가 있다. 이를 위해서는 강력한 레이저광이 필요하다. 레이저의 강도가 증가할수록 이에 의한 대기나 먼지의 비선형 상호작용도 무시할 수 없게 된다.

1.2 파편의 궤도변경

검지된 파편은 동시에 펄스 레이저를 쏘아 궤도를 바꾼다. 지상에서는 1cm 정

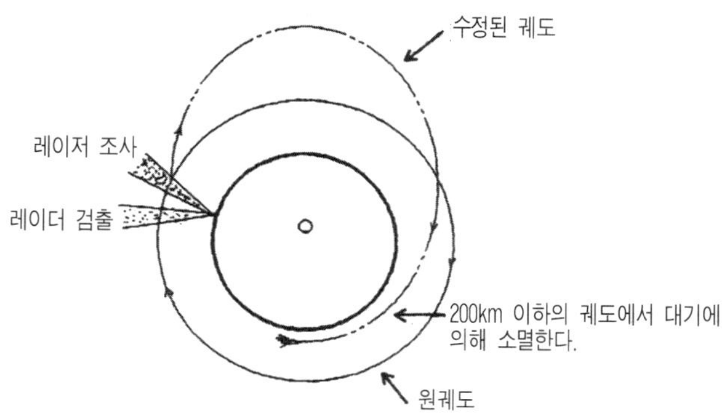

그림9. 우주파편을 퇴치하는 Orion계획

도도 완전히 증발시키는 것이 어렵지만, 궤도를 바꾸는 것 만이라면 필요한 에너지는 상당히 줄어든다. 그림9에 나타낸 것처럼 원궤도를 그리는 파편에 지상에서 레이저를 조사하면, 일부분이 플라즈마가 되어 그 추진력으로 파편은 타원궤도를 그리게 된다. 결과적으로 지구의 반대측 부근에서 저궤도로 내려와 대기에 의한 저항(drag)이 작용하도록 하는 구상이다.

Orion계획에서는 지상 800km 부근의 고도에 존재하는 파편 약 3,000개를 일소하는 목표를 세우고 있다.

2. 레이저를 이용한 우주중력파 안테나

우주에서의 차세대 레이저 응용으로 팔길이 500만km의 거대한 간섭계를 우주에 건설하는 중력파 천문대 계획이 있다. 이 연구는 몇 개의 우주 비행체를 발사하는 것이다. 당장 산업응용에는 연결되지 않지만 현재의 광학계측, 제어공학의 극한을 연구하는 것이며, 또한 장래 위성 사이의 광통신에서 접점이 될 가능성도 있다. 우주계측기술의 기반을 높이고자 하는 관점에서 설명한다.

2.1 중력파의 중요성

중력파의 중요성은 아인슈타인의 일반상대성 이론을 검증한다는 의미도 크지만 그것보다 지금까지의 전자파(빛, 전파 등)와는 다른 우주의 새로운 창을 여는 21세기의 중력파 천문학을 확립하는 것에 있다. 즉 ① $1cm^3$ 당 1억톤의 세계 (중성자별의 가운데 핵) ② 우주의 탄생과 진화를 탐구하는 전자파로서 우주가 동트기 이전의 세계를 보게 될 것이다.

우주 레이저 간섭계 중력파 안테나의 대상은 지상의 안테나가 수10Hz 이상을 대상으로 하는 것에 비해 $10^{-1} \sim 10^{-4}$이라는 아주 낮은 주파수 현상이다. 구체적으로는 연성(連星) 펄서($10^{-4} \sim 10Hz$), 거대한 블랙홀 합체($10^{-4}Hz$), 우주배경복사($10^{-4} \sim 10Hz$, 전자파로는 보이지 않는 빅뱅부터 30만년까지의 세계)이다.

2.2 LISA 계획

원래 우주궤도의 레이저 간섭계 중력파천문대에 대한 구상은 NASA 제트추진연구소를 중심으로 미국에서 오래 전부터 검토되어 왔다. 그러나 실현성이 앞당겨진 것은 유럽우주기구(ESA)에서 Cornerstone계획 (2010년 경 발사예정인 대형 프로젝트) 가운데 우주 레이저 간섭계 LISA(Laser Interferometer Space Antenna) 계획이 중요한 세 가지 후보 중의 하나로 올려진 후부터이다.

LISA계획은 태양 주위 궤도에 4~6개의 위성을 팔길이 500만km로 배치한다. 중앙에 2개, 양단에 각 1 또는 2개의 위성을 배치하여, 직교 또는 60도의 각도를 가지는 두 개의 팔을 구성한다 (그림10). 우주에서는 일단 발사하고 나면 수리가

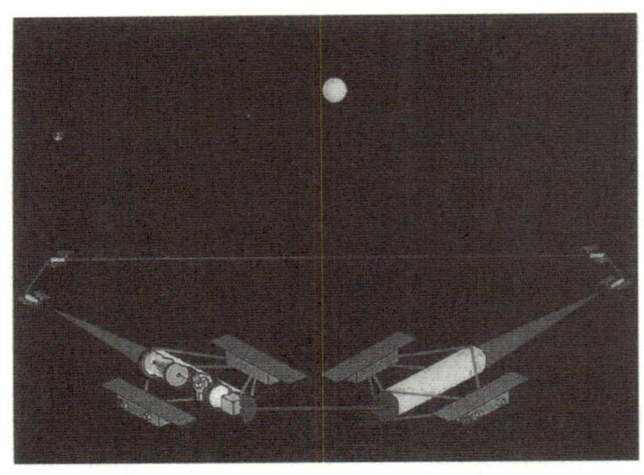

그림10. 우주중력파 안테나 LISA계획

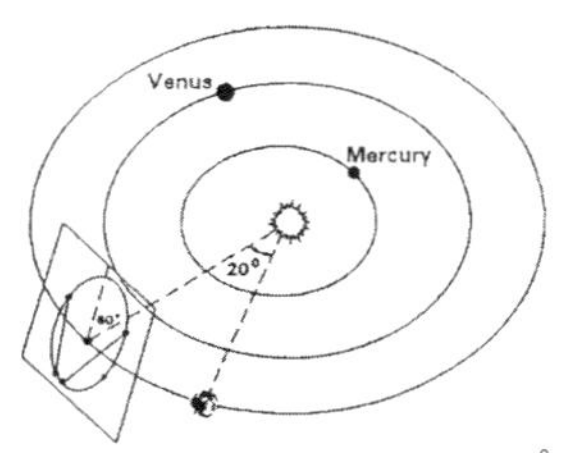

그림11. LISA계획의 궤도

곤란하므로, 4개의 경우 그 중 한 개의 위성에 결함이 생길 때, 또 6개의 경우는 두 개 위성에 결함이 생길 때를 대비하는 시스템을 구성하고 있다. 주궤도는 태양 일주 지구궤도(1AU)로서, 지구의 후방 20도에 위치한다 (그림11). 또 여기서 경사 각 60의 부궤도면을 가지고, 그 위에 팔길이 500만km 간섭계를 구성한다. 이 궤 도는 팔길이의 시간변화가 되도록 작은 배위(配位)로서 선택된 것이다. 간섭계는 마이켈슨형 간섭계로서 중앙에 레이저를 각 한 개 배치하여 시스템을 구성한다.

2.3 기술적 특색

우주간섭계의 특색으로 아래와 같은 혁신적인 기술이 요구된다.

① 빛의 주파수로 위상(位相)을 동기화한 트랜스포터 : 중앙의 위성을 나온 레이 저광은 끝단에 위치한 위성에서 거울로 반사되지 않고, 레이저광의 주파수 위상과 동기된 후 증폭되어 되돌아오는 트랜스폰더 방식으로 증폭하여 반사된다.

② Drag-free 제어 : 위성이 받는 힘, 예를 들어 태양광의 압력 등 중력 이외의 힘을 보상하는 Drag-free 제어가 요구된다. 요구 정도(精度)는 $\delta g = 1.5 \cdot 10^{-15} \mathrm{ms}^{-2}/(\mathrm{Hz})^{1/2}$으로 대단히 엄격하다. Drag-free 제어는 위성의 중심에 기준구 (基準球)를 태양광과 같은 외력(drag)이 가해지지 않도록 배치하여, 이에 대해 위 성이 언제나 상대적으로 움직이지 않도록 위성의 위치를 제어하는 것이다.

③ Nano-radian(10^{-9} rad)의 자세 및 포인팅 제어

④ 이처럼 미소한 제어를 가능하게 하는 Micro-thruster의 개발 : ESTEC에서 FEEP thruster로 불리는 전계방사형 Cs Mirco-thruster가 개발되어, 실험실 수

준의 실험에서 만족스런 것이 완성되었다.

⑤ 엄격한 위성의 열 제어 : 광학계의 열 변형이 충분히 작아지지 않으면 안 되므로, 위성 내부의 온도제어 수준인 $\delta T < 10^{-6}$ K/(Hz)$^{1/2}$가 요구된다. 발사 시는 전 중량 1톤에 가까운 기기를 태양일주 궤도에 올리는 능력이 요구된다. ESA는 최근 완성한 Arian-V를 예정하고 있다.

우주의 레이저 간섭계 중력파안테나는 주파수가 낮은 영역을 계측 가능하므로, 지상의 것과 비교하여 대상으로 고려해야 하는 천체가 많아 S/N도 높다. 또한 중력파 관측의 빈도도 크게 기대된다. 최초의 중력파 계측은 지상 안테나가 빠를지라도, 천문학적 관점에서는 의외로 우주 안테나가 천문대로서의 실현이 빠를 가능성도 크다. 특히 최근에 이르러 NASA의 제트추진연구소가 힘을 싣는 것으로 볼 때 2010년대 전반에 실현도 가능하다. 위성의 수가 많고 규모도 크므로, 일본의 우주과학연구소나 국립천문대 등이 적극적으로 참가한다면 크게 가속될 것이다.

제8부의 요약

　우주 레이저장치로서 우주광통신용의 위성탑재장치나 달이나 화성탐사용의 레이저 고도계, 항공기 레이저 응용으로서 항공기의 운항안전 확보를 위한 코히런트 라이더, 환경계측을 위한 항공기탑재 라이더, 우주 라이더로서 지구대기를 전지구적으로 관측하기 위한 GLAS(계획)이나 우주왕복선에 의한 LITE 및 고도계 SLA, 우주에서의 차세대 레이저 응용으로서 우주파편 검출장치나 중력파검출시스템(광간섭계)의 계획 등을 각각 소개했다.

　현재 실용되고 있는 것은 위성탑재 광통신장치, 우주왕복선탑재 레이저 고도계나 대기관측용 라이더, 화성탐사기 탑재 레이저 고도계에 한정되며, 연구 또는 개발단계에 있다. 그러므로 현재는 대량생산에 연결되는 산업응용까지는 이르지 못하고 있다. 그러나 우주·항공 분야는 현재 발전단계에 있으며, 주류로 되고 있는 반도체 레이저나 소형·경량의 고체 레이저가 21세기에는 우주용으로 더욱 발전하여 레이저장치로서의 큰 수요가 있을 것이고, 우주·항공분야는 산업응용으로서도 기대가 된다.

제8부 참고문헌

1) J. Lesh, L. Deutsch, and C. Edwards: レーザー研究 **24** (1996) 1272.
2) J. L. Bufton and J. B. Blair: レーザー研究 **24** (1996) 1285.
3) 荒木 賢一, 有賀 規 : レーザー研究 **24** (1996) 1264.
4) 中川 敬三, 鈴木 良昭, 城野 隆 : レーザー研究 **24** (1996) 1324.
5) 例えば, レーザー研究 **24** 宇宙へのレーザーの応用小特集号(1996).
6) S. M. Hannon and S. W. Henderson: レーザー研究 **23** (1995) 38.
7) 土志田 実, 斎藤 英明 : レーザー研究 **21** (1993) 899.
8) E. V. Browell: レーザー研究 **23** (1995) 135.
9) 竹内 延夫 : レーザー研究 **24** (1966) 1278.

제 9 부
에너지 분야

에너지 공급을 목적으로 하는 에너지산업으로서 대규모 연구개발이 활발히 이루어져 현저한 진보가 있었던 분야는 주로 원자력산업이다. 특히 최근에는 원자력 기기·재료의 가공·표면개질·수정 내지는 각종 계측·분석 등, 타 산업분야와 같이 레이저 응용기술에 더하여 핵연료 사이클에 대한 농축, 사용 후 연료의 재처리와 폐기물처리에 대한 레이저 응용을 목적으로 한 연구개발이 실시되어 왔다. 또 원자로 폐지조치를 향하여 원자로의 해체나 제염(除染) 등에 레이저 응용이 검토되고 있다. 장래의 에너지원으로서 레이저 핵융합연구도 착실히 진전되어, 핵융합 점화·연소에서 에너지 이득 실현을 목표로 한 계획이 개시되어, 실용로의 개념설계도 이루어지고 있다.

레이저 우라늄 농축에 대해서는, 지금까지 연구개발을 담당해온 미국 리버모어 연구소로부터 우라늄 농축 공급공사(USEC)로 기술이전이 진행 중으로, 실용 플랜트 건설을 향한 준비가 진행되고 있다. 또 색소 레이저 여기용 구리증기 레이저를 대체하는 LD 여기 고체 레이저의 개발도 급속한 진전을 보이고 있다.

레이저 핵융합연구는 지금까지 원리 실증에서 핵융합 점화를 향한 새로운 단계에 들어갔다. 미국과 프랑스에서는 점화실험장치 건설이 개시되었다. 계획이 순조롭게 진행된다면 2005년 경에는 레이저핵융합 점화가 실현될 것으로 예상된다. 또 외부에서 추가적 가열을 하는 고속점화방식의 제안에 의해 초고강도 레이저의 건설이 진행되어 기초연구가 시작되고 있다. 이와 같이 레이저를 이용하면 10^{21}W/cm^2의 집광강도가 가능해져 레이저핵융합 뿐만 아니라 초고전자장 하의 새로운 물리현상에 관한 연구가 기대되고 있다.

제 41 장
우라늄 농축

1. 원자 레이저법 우라늄 농축기술

원자 레이저법 동위체분리(AVLIS : Atomic Vapor Laser Isotope Separation)는 특정 동위체만을 선택적으로 여기·전리하는 파장의 레이저를 조사하여 생성한 이온을 전기적으로 회수하여 농축한 동위체를 얻는 기술이다. 이 기술의 가장 유망한 적용은 우라늄 농축으로서, 천연우라늄에 포함된 0.7%의 ^{235}U에서 1회의 공정으로 경수로 연료에 필요한 약 5%의 농축우라늄이 얻어지므로, 경제적인 장점에서 차세대 우라늄 농축기술의 비전으로서 일본, 미국, 프랑스 등에서 독자적으로 실용화를 향한 기술개발이 이루어지고 있다.

일본에서는 레이저 농축기술 연구조합이 능력을 상업규모까지 높이는 것을 기본으로 필요한 기기 개발을 진행하고 있으며, 큰 폭으로 성능과 기기수명의 향상을 이루고 있다.[1]

2. 원자 레이저법 우라늄 농축의 개요

AVLIS는 진공 용기 내에서 고출력 전자빔 조사에 의해 발생된 금속우라늄 증기에 ^{235}U만을 선택적으로 여기·전리시키는 레이저광을 조사하여, 생성된 이온을 전기적으로 전극에 회수하여 농축우라늄을 얻는 것이다. AVLIS의 공정개념도를 그림1에, AVLIS에 의한 우라늄 농축 플랜트의 개념도를 그림2에 나타냈다. AVLIS 플랜트를 구성하는 설비로는 레이저장치와 분리장치로 크게 나누어진다. 레이저장치는 색소 레이저와 이것을 여기시키기 위한 구리 레이저로 구성된다. 생산능력 1500톤 SWU/년의 농축 플랜트로 수10kW 출력의 구리증기 레이저와 이

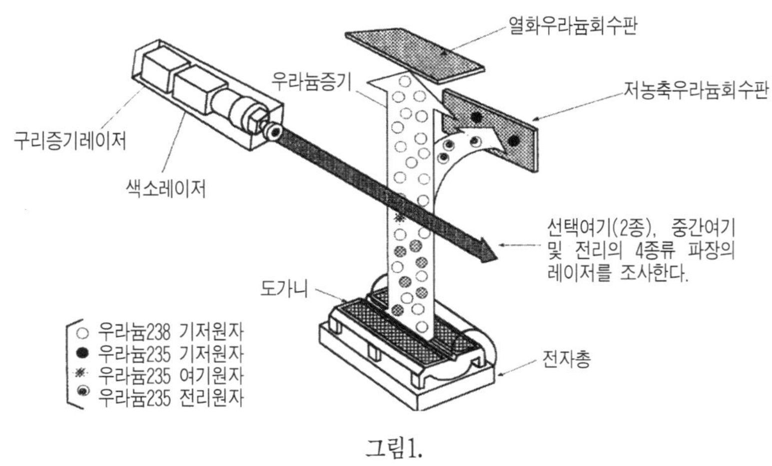

그림1.

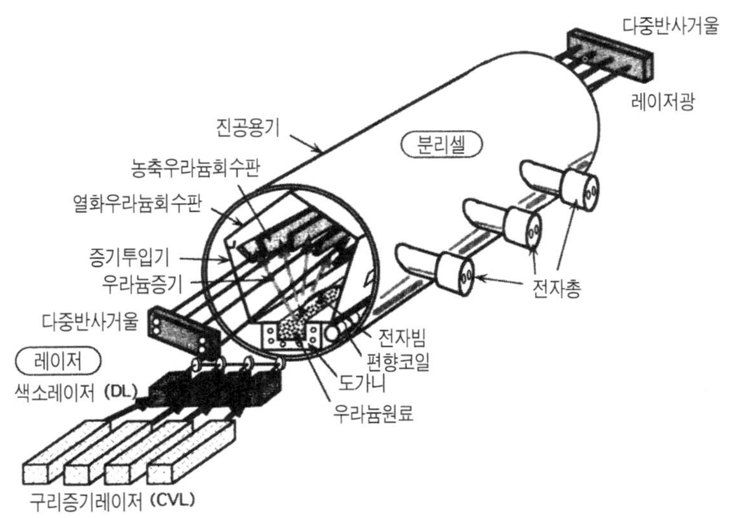

그림2. 원자레이저법 설비개념도

것으로 여기되는 색소 레이저가 필요하다.

2.1 구리증기 레이저

구리증기 레이저(Copper Vapor Laser: CVL)는 세라믹 방전관 중에서 고압 펄스방전에 의해 구리를 증발·여기시켜 511nm(녹색)과 578nm (황색) 파장의 레이저광을 발생한다. 세라믹 방전관의 대구경(90mm ϕ), 긴 길이(3.5m) 등에 의해 단기출력 600W (반복율 4.4~4.8kHz)을 얻었으며, 단일기 출력의 개발 목표를 달성하고 있다. 농축 우라늄에서는 CVL을 여러 개 병렬로 나열하여 운전한다.

2.2 색소 레이저

색소 레이저는 구리증기 레이저를 여기광원으로 하여, ^{235}U만을 선택적으로 여기·전리하는 파장의 광을 발생하는 중요한 레이저이다. 우라늄 원자의 전리 포텐셜은 약 6.2eV이므로, 약 2eV의 에너지를 갖는 가시광에 의한 여기로는 3단계의 공명여기 (선택여기, 중간여기, 전리)로 우라늄증기 중의 ^{235}U만을 선택적으로 전리한다. 우라늄의 동위체 추출량은 주파주로서 3~5GHz 정도이며, 레이저의 스펙트럼 폭은 그것보다 충분히 작게 제어된다.

한편 우라늄 증기는 약 1000m/s의 고속으로 회수 전극 사이를 통과하므로 여기에 모든 레이저를 조사하기 위해 레이저는 10kHz 이상의 고반복율 펄스 동작으로 운전한다. 색소 레이저는 액체레이저로서, 펄스당 색소용액을 하류로 흘려보내 앞 펄스에서의 잔류 열변형을 제거하기 위하여, 고속으로 균일하게 색소용액을 순환시키도록 유체설계된 색소셀을 채용하고 있다.

이 외, CVL을 대체하는 반도체 레이저 여기 고체 레이저의 기초개발, 색소 레이저 빔의 파면왜곡을 보상하기 위한 광학장치의 개발도 이루어지고 있다.

3. 분리장치

분리장치는 금속 우라늄을 넣는 도가니, 가열 증발시키기 위한 대출력 전자총, 우라늄 증기를 회수하기 위한 회수장치 및 이들을 포함하는 진공(眞空)용기로 구성된다.

3.1 증발장치

진공용기인 분리장치 내에서 도가니에 넣은 금속 우라늄을 전자빔으로 가열·증발시켜 원자증기류를 형성한다. 전자빔은 편향자석에 의해 도가니의 중심으로 입사되고 용융 우라늄 표면 수 μm에서 그 출력을 방출하여 고온(3000K 이상)을

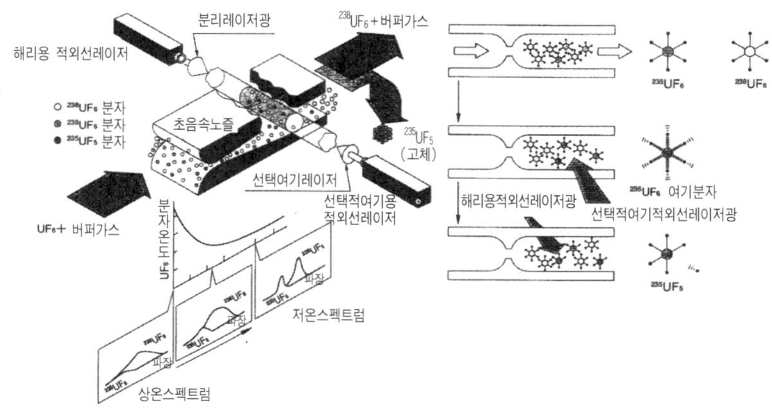

그림3. 분자레이저법 원리도

표면을 가열하여 우라늄 증기를 발생한다. 출력 300kW의 전자총을 개발하여 농축 플랜트의 전제가 되어 있는 높은 증발 효율을 거의 실현하고 있다.

3.2 회수장치

광전리된 ^{235}U 이온을 전기적으로 농축 우라늄 회수판에 모아, 전리되지 않은 우라늄원자(주로 ^{238}U)는 노화우라륨으로 회수한다. 회수판에 부착된 용융 우라늄은 고온으로 유지된 회수판을 흘러 한군데에 모아져 외부로 보내는 구조이다.

레이저 농축기술 연구조합에서는 상용기(商用機) 수준의 대형 분리장치를 설계·제작하고 있어, 1998년도부터 장시간 연속운전시험을 포함하여 성능평가시험을 하고 있다.

4. 분자 레이저법 우라늄 농축

분자 레이저법 우라늄 농축(이하 '분자법')은 현재 상업 우라늄 농축에서 원료로 사용되는 육불화우라늄(UF6) 중의 $^{235}UF6$과 $^{238}UF6$의 적외흡수파장의 미소한 차이 (v_3 진동 모드 $16\,\mu m$ 부근의 적외흡수 파장에서 가장 큰 약 $0.6cm^{-1}$임)를 이용하여, $^{235}UF6$를 적외레이저에 의해 선택적으로 진동 여기시킨 후, 자외레이저 또는 적외레이저 (현재는 적외 다광자 흡수과정을 이용한 다파장 적외레이저광이 이용되고 있다)로 광해리시켜, 고체의 UF5로서 회수하는 우라늄 농축법이다. 그림3에 그 개념을 보인다. 적외레이저로서는 단일체로 $16\,\mu m$광을 발진하는 적당한 레이저가 없으므로, 펄스 CO_2레이저의 $10\,\mu m$광을 파라수소분자에 의한 유도라만산란에 의해 $16\,\mu m$광으로 변환하는 방식이 사용되고 있다.

또, UF6 분자는 실온에서는 99% 이상이 열여기상태에 있으므로, ^{235}UF6와 ^{238}UF6의 적외흡수 스펙트럼이 겹쳐져 광여기에 의한 동위체 선택성이 아주 낮기 때문에 극저온(100K 이하)으로 냉각하여 UF6 분자를 진동기저상태로 완화시켜, 적외흡수 스펙트럼을 분리하여 선택 여기를 가능하게 할 필요가 있다.

극저온으로 냉각하는 방법으로는, 비열비(比熱比)가 적은 UF6 기체를 비열비가 큰 단원자 분자기체나 이원자 분자기체로 희석시켜, 초음속 노즐에서 단열팽창시켜 냉각하는 방법이 사용되며, 과냉각상태를 이용하여 비교적 높은 분자수 밀도를 얻는 것이 가능하다.

분자법은 원자법과 마찬가지인 개별적 분리법이다. 종래의 통계적 분리법인 기체확산법이나 원심분리법에 비해 동위체의 선택성이 높고, 1회의 조작으로 경수로 연료로서 필요한 농축도가 얻어지는 점에서, 건설 가격 및 소비 에너지를 낮추는 것이 가능하여, 농축원가를 크게 내릴 수 있다. 또 UF6를 원료로 하는 점에서 현재의 핵연료 사이클에의 도입이 용이하다. 이 때문에 차세대 우라늄 농축법의 하나로서 1970년대에 미국, 독일, 프랑스 등의 농축기술 보유국에서 연구가 개시되었다.

일본에서의 분리법 연구는 1982년경 이화학연구소에서 시작되어, 1988년에 적외다광자 흡수과정을 이용한 적외다파장 조사에 의해 약 3%로 농축 가능한 헤드 분리계수 4.2가 얻어진 것이 발표되었다.

동연(動然)사업단에서는 1988년부터 이화학연구소의 원리실증연구결과를 공학규모의 장치를 이용하여 실증하는 것을 목적으로 연구개발을 개시하였다.[2] 1990년에 반복율 100Hz의 레이저시스템 (그림4) 및 불화우라늄 공급회수시스템 (그림5)으로 이루어진 공학시험장치가 완성되어, 1991년부터 제1기 시험을 시작했다.

100Hz 레이저 시스템은 횡방향 여기 대기압 CO_2레이저 2계열, 연속파장 가변인 횡방향 여기고기압 CO_2레이저 1계열, 파라수소 다중패스라만셀 2계열로 구성된다.

불화우라늄 공급회수시스템은 공정 기체압축기, 노즐형 반응기, 제품 UF5 포획

그림4. 100kHz 레이저 시스템

그림5. 불화우라늄 공급회수 시스템

장치, 폐(閉)품 UF6 회수장치로 이루어진 폐루프 구조로서, 최대 유량 $40Nm^3/h$의 능력이 있다. 1992년의 원자력위원회 우라늄 농축위원회에 의한 체크 앤드 리뷰 (C&R)를 통과하여, 1993년부터 차기 C&R을 향하여 제2기 공학시험 및 kHz급 레이저 기술개발을 실시하고 있다.

　제2기 공학시험에서는 UF6 분자빔의 레이저 조사에 의한 분리특성시험으로 분리방식을 최적화함과 함께, 초음속 노즐의 유동해석계산 및 유동특성시험에 의한 초음속노즐의 최적화를 진행하면서, 이러한 결과를 반영한 공학조건 하에서 우라늄 농축시험을 실시하여 분리성능의 향상을 도모해 왔다.

분리방식의 최적화는, 적외다파장 조사 후 생성된 UF5만을 가시 레이저로 다광자 이온화시켜 비행시간형 질량분석계로 동위체비를 측정하는 분리특성시험장치를 개발했다. 파장, 광강도, 광펄스 지연시간, UF6 냉각온도 등을 변수로 한 분리시험을 실시하여, 농축도 10% 상당의 높은 분리계수를 달성함으로써 분자법에 잠재적 가능성이 있는 것을 확인했다.

초음속 노즐의 최적화에서는 rapid scan법을 이용한 적외반도체 레이저 분광에 의해 UF6 회수 및 진동온도 측정법, 푸리에변환 적외분광계에 의한 클러스터의 측정법, 슐리렌법을 이용한 유체의 가시화에 의한 충격파 측정법 등, 노즐 내 유동특성 측정법을 개발하여 노즐의 유동특성을 평가하는 것과 함께, 그 결과를 노즐 유동해석계산에 피드백시키면서 진행하여 50K 이하의 냉각온도를 달성하고 있다.

상기 성과를 반영한 우라늄 농축시험으로 착실하게 분리 성능을 향상시켜 목표 달성을 지향하고 있다.

kHz급 레이저 기술개발에서는, kHz급 CO_2레이저의 고효율화를 위한 요소 기술개발 및 광학재료 개발을 실시함과 함께, kHz 라만레이저의 설계 연구를 수행하여 1996년도에 종료했다.

kHz급 CO_2레이저에 대한 기술개발에서는, 이화학연구소에서 개발된 파이럿 시험기 KDM3를 이용하여 예비전리방식, 기체유동 특성, 불안정 공진기 방식 등에 대한 실험이 실시되어, 필요한 기술을 확립과 함께 반복율 1kHz로 펄스 에너지 3J의 레이저 발진을 확인했다. 광학재료에 대해서는 시판광학부품의 광강도 내구성 시험을 한 결과, 설계사양인 반복율 1kHz, 에너지 밀도 $1.6J/cm^2$에 충분히 견딜 수 있는 것을 확인했다.

차후 분자법에 대한 연구개발은 1997년도 말에 종료하여, 현재 실시 중에 있는 분자법 상업 플랜트의 설계연구 및 경제성 평가 결과와 맞추어 C&R을 받을 것이다.

제 42 장
레이저에 의한 핵연료 재처리 및 금속분리의 기본연구

레이저와 같은 광양자에너지를 원자력 분야에 응용하는 하나의 기술로서 광화학반응 분리가 있다. 이 반응에서는 특정 파장의 광을 목적 원소에 흡수시켜, 선택적으로 목적 원소에 반응을 일으키는 방법과, 공존하는 물질을 광여기시켜 간접적으로 목적 원소와 반응을 일으키게 하는 방법이 있다. 이러한 2종류의 방법에 대한 기초연구가 이루어졌다.

1. 광화학적 핵연료 재처리

현재의 핵연료 재처리 기술은 퓨렉스법이 실용화되어 있다. 이 방법에서는 사용 후 핵연료를 가열한 질산에 용해시켜 그 용해액 중의 우라늄(U)과 플루토늄(Pu)을 핵분열생성물(FP) 등에서 트리부틸포스페이트(TBP)의 유기용매를 이용하여 추출 분리하여 회수한다. 이 추출분리 공정에서는 U 및 Pu의 원자가를 화학시약 등으로 조정하여, 목적한 화학상태로서 추출분리 조작을 하고 있다.

광화학적 재처리기술의 목적 하나는, 이 공정에 대한 산화환원 화학시약을 사용하지 않고, 광의 양자효과에 의해 목적 원소의 원자가를 조정하는 것이다. 이하에 매트릭스 질소를 광여기시켜 간접적으로 용액 중의 목적 원소 원자가를 조정하여 목적 원소를 분리 및 공추출(共抽出)하는 기술의 기초시험 결과에 대해 기술한다.

질산용액은 350nm 이하의 자외광을 강하게 흡수하여 그 일부는 분해하여 아질소산이 된다. 종래의 연구에서는 이 광화학반응 분리 생성물인 아질산의 산화력을 이용하여 원자가를 조정하는 방법이 검토되어 왔다. 그러나 이것으로는 원자가 조정이 불완전했다.

동연(動燃)에서는 자외광을 흡수시킨 여기 단계의 광여기이온종인 NO_3가 강한

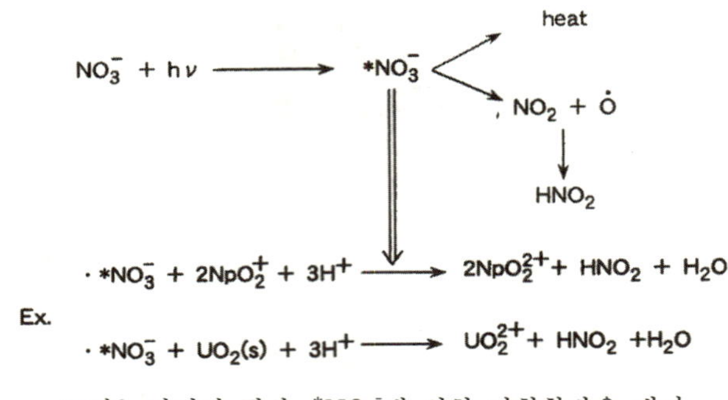

그림6. 광여기 질산, $^*NO_3^-$에 의한 광화학반응 개념

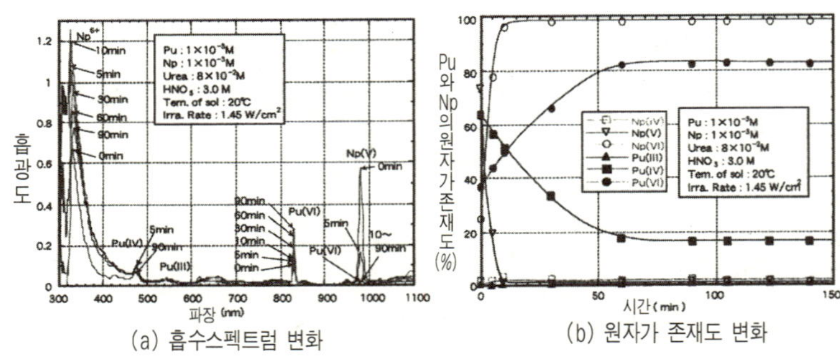

(a) 흡수스펙트럼 변화   (b) 원자가 존재도 변화

그림7. 광조사에 의한 Pu-Np 혼합질산용액 중의 각 원자가 변화

산화력을 가지고 있는 것을 알아내어, 원자가 조정에 응용을 검토해왔다. 그 응용 개념을 그림6에 보인다. 이 예에서는, 광여기 상태의 질소이온종이 넵트뮴(Np) 원자가의 Np(V)를 Np(VI)으로 쉽게 산화시키는 것이 가능하고, 또 UO_2 분말을 실온상태에서 광조사와 질산으로 쉽게 용해되는 반응을 나타내고 있다.

그림7은 위에서 기술한 반응의 실험결과 예로서, Pu와 Np의 광화학적 원자가 조정결과를 나타낸다. 이 실험에서 3M HNO_3 Pu-Np 혼합용액에 자외광이 있는 수은 램프광($1.4W/cm^2$)를 조사하여, 일정한 조사시간 마다 이 용액의 흡광 스펙트럼 변화를 나타내고 있다.

이 결과를 보면, Np(V)(흡수파장 980nm)이 조사시간과 함께 감소하여, 조사시간 10분 후에는 완전히 소멸했다. 이것은 광조사로 여기된 질소이온종에 의해, Np(V)→Np(VI)의 광산화반응이 진행된 것을 나타낸다. 이 반응속도는 질산농도

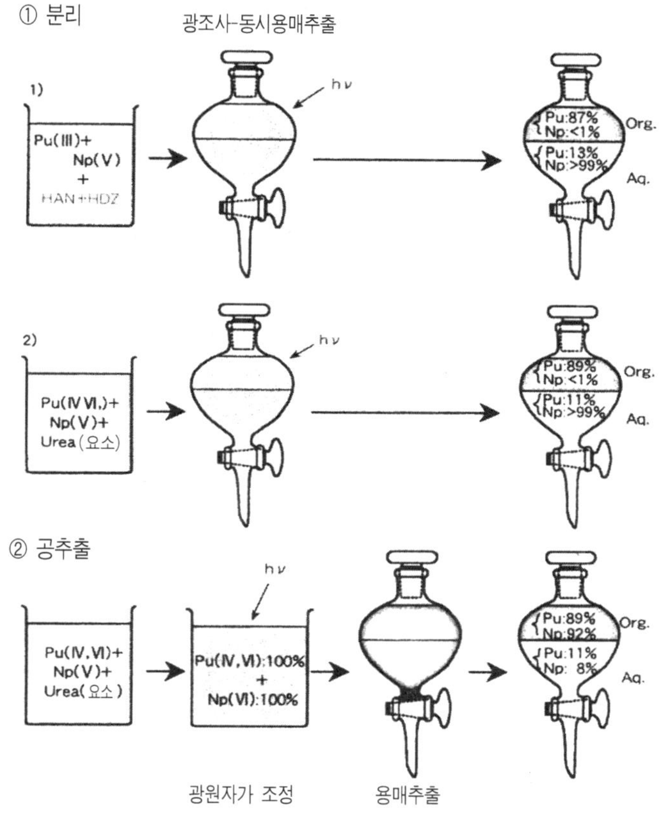

그림8. 광화학적인 Pu와 Np의 분리 및 공추출 결과

의 증가 및 광강도의 증가에 의해 더욱 가속된다.

이 예에서 Pu 및 Np가 TBP 용매에서 추출되기 쉬운 원자가의 공추출조건 Pu(Ⅳ, Ⅵ) 및 Np(Ⅵ)으로 광화학적 조정이 된 것을 보이고 있다.

그림8은 위와 같이 광원자가 조정과 TBP 용매추출로 광화학적인 Pu와 Np의 분리 및 공추출한 실험결과를 보인다. ①은 분리를 목적으로 한 실험과정으로, Pu 와 Np의 혼합질산용액에 소량의 아질소 분해제를 첨가하고, 30% TBP/n-도데칸 용매를 첨가하여, 용매추출조작을 하면서 광조사하면, 1회의 조작으로 99% 이상의 Np가 물의 상태 중에, 약 90%가 유기상(有機相) 중에 추출분리되는 것을 보이고

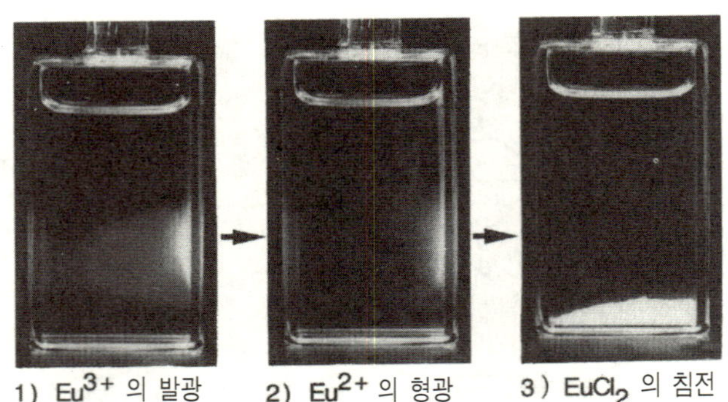

그림9. 308nm XeCl레이저 단일광자 여기에 의한 $Eu^{3+} \rightarrow Eu^{2+}$ 의 반응과 침전

있다.

②는 공추출의 조작으로서, 먼저 Pu-Np 혼합질소용액에 약 10분간조사한 다음 광을 정지시키고, 30% TBP/n-도데칸 용매를 첨가하여 추출조작을 하면, 약 89%의 Pu와 92%의 Np가 유기상 중에 공추출되는 것을 나타낸다.

이상의 기초실험 결과가 보이는 것처럼, 광양자에너지의 흡수만으로 광화학적으로 목적하는 화학반응을 촉진시켜, 목적 원소를 분리하거나 공추출하는 것이 가능하다. 이러한 광화학적인 실험결과는 공정기술을 간략화하고 공정 폐액의 발생을 없애는 등 핵연료 재생처리 기술을 높여줄 가능성을 보이고 있다.

2. 레이저에 의한 금속이온의 산화·환원 반응과 분리[4]

핵분열생성물 중, 란탄계열(Eu, Ce, Sm 등), 악티나이드, 백금족 원소, 초우라늄원소(TRU) 등의 각 이온은 용액 중에서 광반응하는 것이 알려져 있다. 산화환원 반응이 일어나 이온가를 변화시키는 것이 가능하면, 그 금속이온을 분리할 수 있다. 레이저를 이용한 경우 제1 특징은 금속이온에 맞는 여기파장을 이용하여 금속이온을 선택할 수 있다는 것, 제2는 2광자반응과 같은 광자과정을 이용 가능하다는 것이다. 레이저를 이용한 광반응은 란타나이드와 악티나이드의 분리과정을 간략화 하는 것이 가능하다고 생각된다. 실현된다면 화학적 산화환원법에 비해 ① 폐액의 양이 증대하지 않고, ②원격조작으로 안전하다는 이점이 있다.

다음은 $Eu^{3+} \rightarrow Eu^{2+}$의 예를 보인다 (그림9). 이 반응은 1.0에 가까운 높은 회수

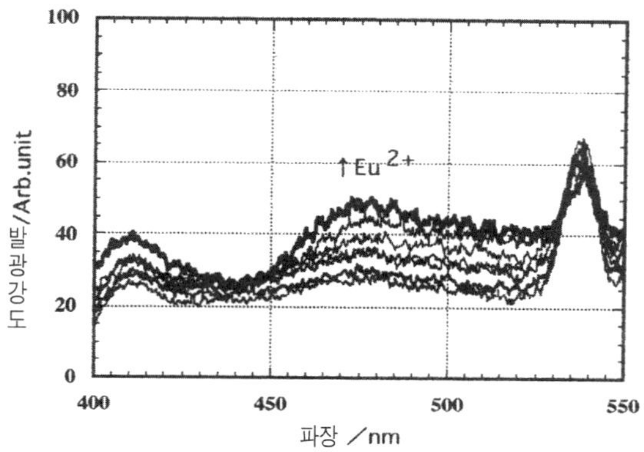

그림10. 2광자 여기에 의한 Eu^{3+}→Eu^{2+}의 반응

여기레이저는 394.3nm 티타늄 사파이어레이저(2ps, 0.83mJ/펄스, 10Hz)로 조사하였다. 이 파장은 $^5L_6$ ← $^7F_0$ 의 천이에 대응한다. 475nm 부근의 발광증대는 Eu^{2+}의 생성을 가리킨다. 레이저 조사기간은 아래에서부터 각각 0, 10, 50, 100, 200, 500, 1000초이다.

량을 보이는 경우가 있다. 염화물을 에탄올에 녹인 시료에, 파장 308nm의 XeCl 레이저(15Hz, 40mJ/펄스)를 조사한다. 처음에는 618nm의 적색 발광이 보인다. 3가가 2가가 되어, 30초 후에는 2가의 청색 형광(490nm)으로 바뀐다. 2가의 이온은 용해도가 낮아 EuCl$_2$로 석출되어 침전으로서 분리가능하다.

좁은 흡수대(f-f천이)를 여기시키면, 그 금속이온을 선택적으로 여기시킬 수 있다. 제2의 광원으로 다시 여기시키면 선택 여기, 산화환원반응을 일으킨다. 티타늄 사파이어 레이저의 짧은 펄스여기가 유효하며, 그 효율은 0.1정도였다. 이것을 그림10에 보인다.

제 43 장
레이저 핵융합

레이저 핵융합은 직경 수mm의 소형 연료구(燃料球 타겟)에 강력한 레이저광을 조사했을 때, 표면에 발생하는 플라즈마의 외부방향 팽창의 반작용에 의해 연료를 고체 밀도의 1000배 이상으로 폭축(爆縮 : implosion)시켜, 중심부에 초고밀도 및 고온의 플라즈마를 생성시킴으로써 순간적으로 핵융합 에너지를 내고자 하는 것이다.[5] 1972년 폭축 개념이 제안된 이래 1980년대 전반까지 각국에서 대형 레이저 장치를 건설하고 레이저 핵융합의 과학적 실증에 힘을 모아왔다.

1. 폭축 핵융합 연구

그림11은 오사카대학의 폭축 코어로부터 핵융합 중성자 발생수 및 폭축 코어의

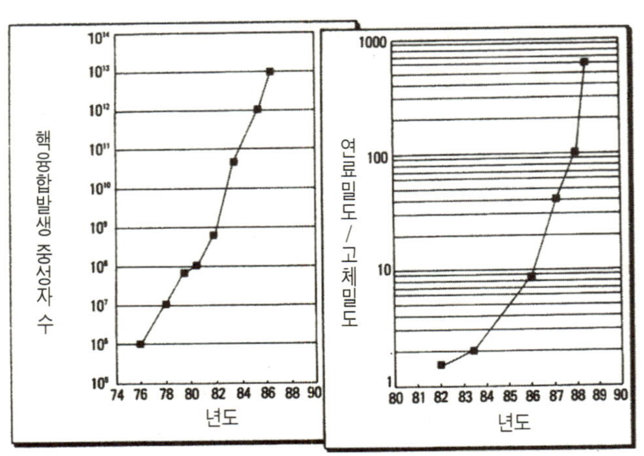

그림11. 폭축 파라미터의 진전

밀도 향상을 기록한 것이다. 1986년에는 격광(激光 : Gekko)XII호(파장 0.53 μm, 출력 15kJ)에 의해 LHART로 불리는 고aspect율 타겟을 이용하여 플라즈마 온도 1억도, 10^{13}개/shot의 중성자 (핵융합 이득 0.2%)를 얻었다.

같은 타겟을 이용하여 미국의 로렌스 리버모어 국립연구소는 NOVA 레이저 (0.35 μm, 25kJ)에 의해 210^{13}/shot, 미국 로체스터대학에서는 1995년에 OMEGA 레이저(0.35 μm, 35 kJ)로 10^{14}/shot의 중성자(핵융합 이득 1%)를 얻었다. 한편 고밀도압축에 대해서는 1986년 로체스터대학에서 고체밀도의 100~200배까지 압축되었다. 1988년에는 오사카대학에서 중수소화 플라스틱 구각 타겟으로 고체밀도의 600배 압축이 달성되어 세계 최초로 고밀도 플라즈마에 의한 전자의 페르미 축퇴가 관측되었다. 이러한 실험으로 얻은 온도와 밀도는 각각 레이저 핵융합에 필요한 값에 충분히 도달하는 것이다.

다음 목표는 핵융합의 점화·연소를 실증하는 것이다. 폭축의 최종단계에서, 압축된 주연료의 중심에 고온 스파크부를 가지는 2중 구조를 형성하기 위해 폭축의 비균일성을 아주 작게 하는 것이 중요하다. 랜덤(random)위상판(Random Phase Plate : RPP)을 시작으로 레이저광의 위상이나 스펙트럼의 시간공간 제어기술이 여러 가지 개발되어 연료 타겟 위의 레이저광 조사강도의 비균일성을 1% 이하로 억제하는 것이 가능해졌다.

또 폭축과정에 비균일성의 성장을 일으키는 유체역학적 불안정성에 대한 연구가 진전되어 레이저 폭축과 같이 타겟 표면에서의 애블레이션을 동반하는 경우, 불안정성의 성장률이 종래의 예측보다도 작다는 것이 확인되었다.

이러한 성과로 미국에서는 출력 1~2MJ의 레이저에 의한 핵융합 점화를 실증하는 국립점화실험시설(National Ignition Facility : NIF)을 건설하게 되었다. NIF는 2001년에 실험을 개시하여 핵융합 점화를 실증하는 것과 함께 투입된 레이저에너지의 10~20배의 핵융합에너지를 발생시키려 하고 있다. 프랑스에서도 메가줄 레이저장치(Laser Megajoule : LMJ)를 건설하는 계획이 진행되고 있다.

2. 고속점화

지금까지 기술한 중심점화방식에 대해 초고휘도, 초단펄스 레이저를 이용한 추가가열에 의해 핵융합 반응을 점화시키는 고속점화방식이 제안되었다. 고속점화에

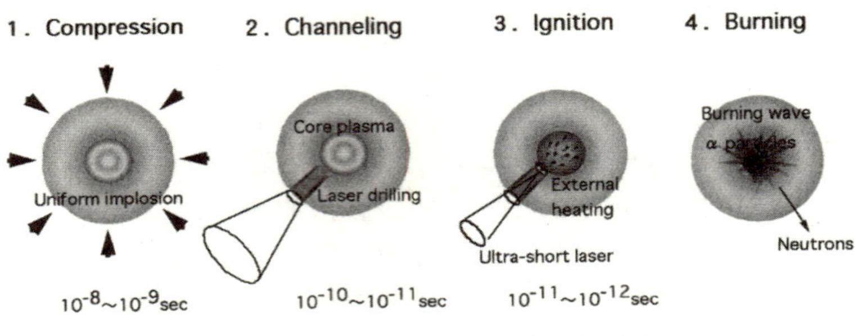

그림12. 레이저 핵융합 고속점화의 개념

서는 그림12와 같이 고밀도로 압축된 플라즈마에 폭축 최종 단계에서 초고위도 레이저를 조사하여 순간적으로 에너지를 주입시켜 폭축 플라즈마를 추가 가열함으로써 점화시킨다. 중심점화와 같이 최종 단계에서 '주연료/스파크' 구조를 필요로 하지 않기 때문에 유체불안정성의 문제를 피할 수 있으며, 전체적 에너지 효율을 향상시킬 수 있다. 또 보다 작은 레이저 에너지로 점화가 될 가능성도 있다.

고속점화를 위한 초고휘도, 초단펄스 레이저가 필요하여, 미국 리버모어연구소에서는 1.5PW/0.5ps의 출력을 달성하여, 타겟조사실험을 진행하고 있다. 오사카대학에서도 100TW/0.5ps의 빔라인이 완성되어 격광XII호에 의해 압축된 플라즈마의 추가가열 실험이 개시되었다. 중심의 코아플라즈마 근방까지 레이저광을 유도하기 위한 채널링을 형성하여 점화를 일으킨 고속전자의 발생 등에 관한 기초 데이터가 얻어지기 시작했다.

3. 노 설계

폭축과정에 관한 물리적 이해가 진전되어 실용로를 실현하는데 필요한 레이저 조건이 명확해졌다. 그림13은 연료타겟에 투사한 레이저 에너지를 폭축에 의해 발생한 핵융합 에너지의 비, 즉 펠렛 이득에 대한 비례치이다. 핵융합 발전소에 필요한 펠렛 이득 50-100을 얻기 위해서는 펄스 에너지 1-10MJ의 레이저가 필요하다. 또 연속으로 에너지를 발생시키기 위해 반복동작이 필요하다.

그림14는 오사카대학을 중심으로 설계된 레이저 핵융합로 '광양(Koyo)'의 플랜트 시스템 및 노(爐)챔버이다. 여기서는 파장 0.35 mm, 반복율 12Hz, 펄스에너지

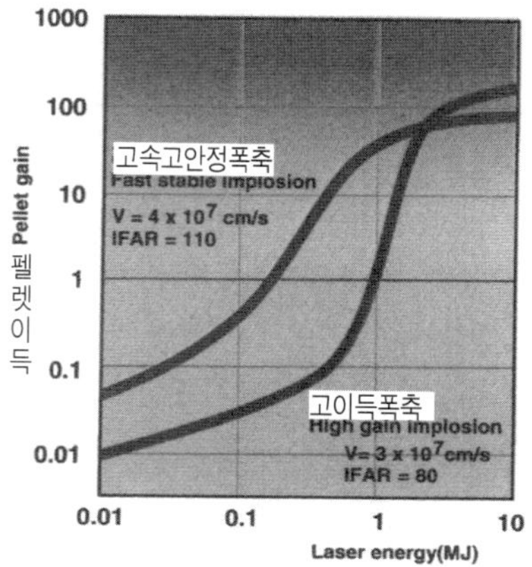

그림13. 레이저 핵융합 이득 곡선

v : 폭축속도
IFAR : 폭축 중의 연료 타겟의 aspect 비

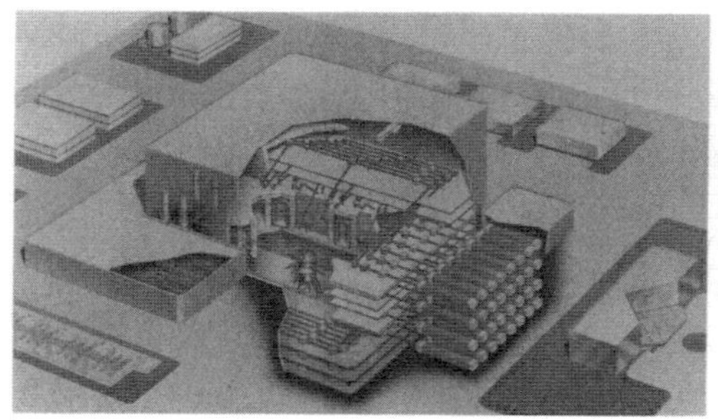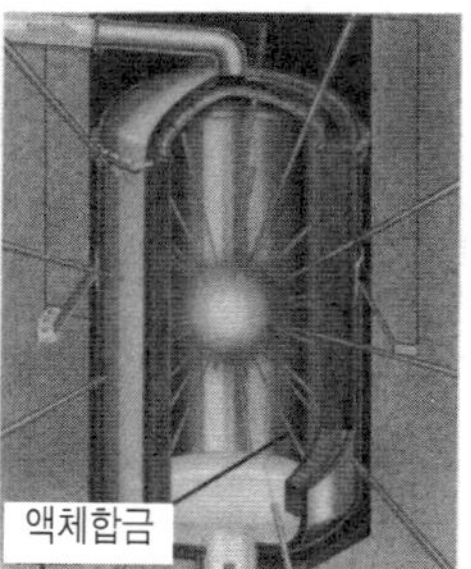

그림14. 레이저핵융합로 '광양'와 노(爐) 쳄버

4MJ, 효율 12%의 LD 여기 Nd : glass 레이저가 이용된다.[6] 출력 10kJ의 빔라인
을 수백개 이용하도록 설계되었다. 미국 리버모어연구소에서는 형광수명이 긴 Y
b : SFAP를 레이저 매질로 하는 에너지 드라이버의 개념설계가 보고되어 있다.

제9부의 요약

　원자력 에너지 분야에 대한 레이저 응용연구에 관련된 개략을 소개했다.

　레이저 우라늄 농축에 대해서는 미국에서 지금까지 연구개발을 담당해온 리버모어연구소에서 우라늄 농축 공급공사(USEC)로 기술이전이 진행 중이며 실용 플랜트 건설을 향해 준비가 진행 중에 있다. 또 색소 레이저여기용 구리증기레이저를 대신하는 LD 여기 고체 레이저의 개발도 급속하게 전개되고 있다.

　레이저 핵융합연구는 지금까지의 원리 실증에서 핵융합점화를 향한 새로운 단계에 들어갔다. 미국과 프랑스에서는 점화실험장치의 건설이 개시되었다. 계획이 순조롭게 진행되면 2005년 경에는 레이저핵융합 점화가 실현될 것으로 예상된다. 또 외부에서 추가 가열을 하는 고속점화방식의 제안에 의해 초고강도 레이저의 건설과 기초연구가 시작되었다. 이러한 레이저를 이용하면 10^{21}W/cm^2의 집광강도가 가능하여, 레이저핵융합뿐만 아니라 초고전자장 하의 새로운 물리현상에 대한 연구가 기대되고 있다.

제9부 참고문헌

1) 藤原 閔夫：レーザー学会第 244 回研究会報告 RTM-97-37 (1997).

2) 須藤 收, 川上 重秋, 島崎 善広：レーザー学会学術講演会第 14 回年次大会講演予稿集 (1994) p.138.

3) 和田 幸男, 冨安 博：レーザー研究 **23** (1995) 1068.

4) 中島 信昭：レーザー研究 **24** (1996) 787.

5) 中井 貞雄：レーザー技術の新展開 (レーザー学会編), 学会センター関西 (1994) p.264.

6) レーザー核融合炉「光陽」概念設計, 大阪大学レーザー核融合研究センター (1994).

제 10 부
계측기 산업분야

레이저를 이용한 계측이 첨단과학 계측분야에서 산업분야까지 널리 이용되면서 새로운 계측기술의 개발에 대한 요구가 점점 높아지고 있다.

최근 현저하게 진전하여 커다란 성과를 거두고 있는 분광분석기술은 흡수, 발광이라는 각 물질 고유의 현상 (물질의 지문이라 불림)을 이용하고 있다. 이 흡수나 발광은 '빛과 물질의 상호작용'의 결과로서, 거의 모든 물질은 어떠한 형태로든 빛과 상호작용이 있다. 빛을 이용하는 계측은 이 빛과 물질과의 상호작용을 이용하는 것이며, 각 계측대상에 대해 이 상호작용이 아주 작은 영향밖에 주지 않는 점이 중요하다.

그 결과 생체의 무침습(無侵襲), 고정밀계측, 반도체 재료의 평가나 밴드구조의 고정밀도 계측, 전기계측에서 부하가 문제되어 계측이 불가능한 초고주파회로의 계측 등이 가능하게 된다. 더욱이 광에 의한 비평형상태를 일으켜 그 완화과정을 계측하는 능동적인 계측에도 많이 이용되고 있다. 이와 같이 빛과 물질의 상호작용을 보다 적극적으로 이용하는 것에 빛을 이용하는 계측의 미래에 대한 의의가 있다. 그래서 레이저가 점점 주목을 받고 있는 것이다.

광계측의 첨단분야에는 펨토초(fs)-피코초(ps) 영역의 초고속 광현상의 계측, 단일광자계측이나 단일분자계측으로 대표되는 극미약광계측, 근접광학장을 이용하는 나노미터(nm) 구조의 계측, 매질 내를 전파하는 다중산란광을 이용하는 광CT (Computer Tomography), 호모다인 및 헤테로다인 광검출기에 의한 고정밀 거리계측이나 변위계측, 또 펨토초 펄스에 의한 여기상태의 간섭성을 이용하는 계측이나 제어가 있다.

그 중에 초고속 광계측기술을 생각해보자. 최근에는 아주 넓은 파장대역에서 시간폭 100fs 이하의 광펄스가 얻어진다. 또 펄스 폭을 짧게 하는 펄스압축기술도 진전하여 현재 인류가 제어가능한 최단 펄스는 4.5fs이다. 또 아토초(as) 영역의 초단광 펄스나 모노사이클 펄스의 발생이 논의되고 있다. 초고속광계측은 이러한 초단광 펄스를 이용하는 계측으로 물리학, 화학, 광공학, 재료과학, 생물학 등에 걸쳐 미지의 초고속현상과 기능의 해명, 제어, 빛과 물질의 상호작용과 간섭성 제어, 정보처리나 광통신의 초고속화 등에 필수적이다. 이때 fs라는 시간이 나노미터 영역의 공간에 대응하는 것도 주목할 점이다.

표1은 첨단적인 초고속광계측법을 분류, 정리하여 요약한 것이다. 일반의 초고속광현상을 계측하는 경우, 간섭성을 이용하지 않는 제어법, 즉 초고속 스트릭 카메라와 같은 계측법을 이용한다. 한편 간섭성 초고속 광펄스의 파형계측등에서는 피계측광의 간섭성을 적극적으로 이용하는 다양한 계측법이 있다. 빛과 물질의 상호작용에 의한 여기상태는 펌프·프로브법으로 계측하는 경우가 많다. 이 계측 시스템은 시간분해능이 프로브 펄스의 시간폭으로 결정되므로, fs 영역의 시간분해가 얻어진다.

그 외 생체조직과 같은 산란체의 내부구조를 $14\,\mu m$ 정도의 공간분해능으로 계측하는 OCT(Optical Coherence Tomography), 초고속 전기신호를 계측하는 EO 샘플링 등이 있다. 표1에 보인 방법은 모두 고반복 현상에 대한 샘플링 계측이 가능하다. 실제의 계측에서는 검출한계(검출감도), 분광감도, SN비, 실시간성, 다이나믹 동기 등에 주목할 필요가 있다.

초고속 광계측기술 이외의 분야, 예를 들면 거리, 미소변위, 표면형상의 고정밀

표1. 초고속 광계측의 개요
(FROG : Frequency Resolved Optical Gating, SI : Spectral Interferometry, EO : Electrooptic,
OCT : Optical Coherence Tomography, TOF : Time of Flight)

계측대상		계측법	계측원리	분해능
광정보	incoherent	초고속 스트릭 카메라	광전변환	180fs
	coherent		시간·공간 변환	
	coherent 광신호	FROG(+SI)	상관, 위상회복	~10fs
		시간 렌즈	위상변환	~1ps
		홀로그램	분산시간·공간변환	~100fs
여기 캐리어, 여기 상태		펌프·프로브	빛과 물질의 상호작용	~10fs
생체(산란체)내부 미세구조		OCT	간섭, TOF	$\sim14\,\mu s(\sim50fs)$

계측, 광통신분야의 광계측, 그리고 대기환경을 계측하는 레이저 레이더 등에서도
여러 가지 계측법이 개발되고 있다. 이러한 넓은 분야에 걸친 광계측기술을 모두
소개하기는 불가능하다. 여기서는 레이저 기술이 교묘하게 응용되고 있는 최근의
주요 사례를 들어본다.

제 44 장
외부섭동이 있는 현장에서 사용하는 능동형 간섭계

간섭계에 의한 거울면 형상측정은 비접촉으로 고감도의 분포계측법으로서 널리 이용되고 있다. 특히 최근의 정밀가공기술의 진보에 의해 나노미터 정밀도로 표면 형상을 측정하는 요구가 높아짐과 함께, 간섭계도 컴퓨터에 의해 자동화되어 1/100파장 정도의 정밀도까지 얻어지고 있다. 그러나 간섭계는 그 높은 정밀도와는 반대로 기계진동이나 공기의 움직임과 같은 외란에 약하여 지금까지의 측정은 오로지 광학테이블 위에서만 이루어졌다. 그런데 최근 대형물체의 측정이나 가공 중의 부품을 그 상태의 위치에서 측정하는 온머신(on-machine)측정에 대한 요구가 아주 높아졌다. 이를 위해 광학테이블에 물체를 가져오는 대신에 간섭계를 물체에 장착하여 측정하는 능동형 간섭계가 고안되었다.

능동형 간섭계의 기본구성을 그림1에 보인다. 2광속간섭에 의해 피검면과 참조

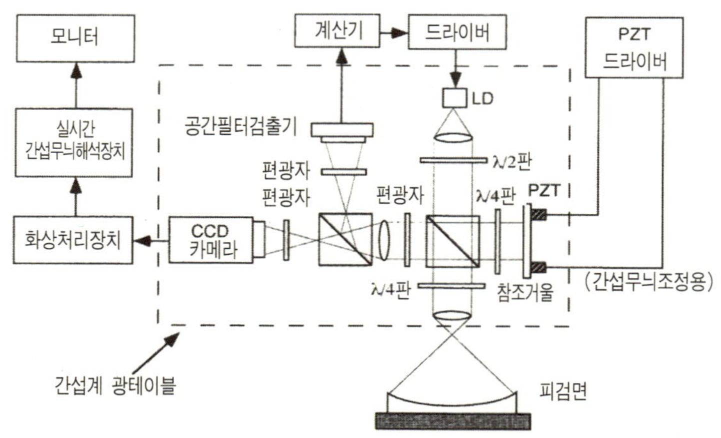

그림1. 능동형 간섭계에 의한 요철거울형상의 실시간 측정배치

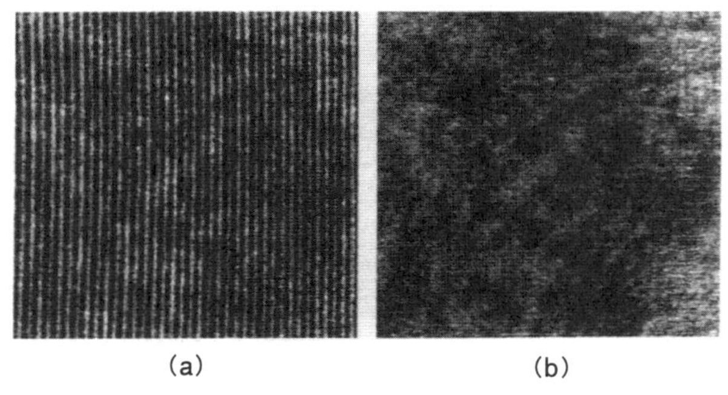

（a）　　　　　　　　（b）

그림2. 피드백의 유무와 간섭무늬

면의 반사광 사이에 상당한 경사를 주어 캐리어가 들어간 간섭무늬를 만든다. 이것을 CCD 카메라로 촬영하는 동시에 빗모양의 구조를 가진 광전검출기인 공간필터 검출기 위에 투영되어 무늬의 움직임에 비례하는 전압을 낸다. 이것을 AD 변환하여 컴퓨터에 입력하고, 일정한 목표치와의 차이에 비례하는 제어신호를 만들어 반도체 레이저의 주입전류를 변조한다.

이때 간섭계에 광로차를 미리 지정해 두면, 전류변조에 동반하는 주파수이동에 비례하여 간섭무늬의 위상이 변화하는 것에 의해, 간섭무늬의 움직임을 잡는 것이 가능하다. 간섭무늬를 잠그는 피드백 제어는 계산기에 의해 디지털로 수행된다. 비례제어와 적분제어를 도입했으며, 피드백계의 주파수 응답은 컴퓨터의 클락 주파수에 의존하여 360Hz 정도이다.

그림2에 간섭계를 책상 위 스탠드에 고정시키고 구면경 (직경 130mm, 곡률반경 150mm)을 따로 목재 책상 위에 수직으로 세웠을 때의 CCD카메라의 상을 보인다. 피드백을 걸면 무늬가 즉시 정지하는 것을 알 수 있다. 걸리지 않았을 때의 공간주파수 필터검출기의 출력을 보면, 무늬가 2피치 정도의 진폭으로 움직이고 있다.

피드백에 의해 고정된 무늬가 표면의 높이 분포를 구하기 위한 전자적 모아레(Moire)의 원리를 이용한 실시간 무늬해석장치를 이용한다. 그에 따라 캐리어가 들어간 1매의 간섭무늬 화상에서 1/30초로 위상분포를 구하여 표시하는 것이 가능하다. 실시간 무늬해석장치의 구성과 원리를 그림3에 보인다.

입력간섭무늬와 컴퓨터 내에 들어간 등간격의 참조격자상과의 곱을 취하여 저

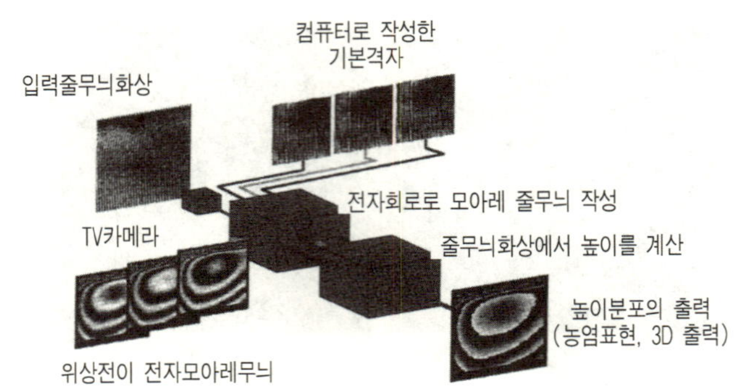

그림3. 실시간 간섭무늬 해석장치의 구성과 원리

영역 필터를 통과시키면, 캐리어가 제외된 모아레 무늬가 생긴다. 위상을 $\pi/2$씩 변경한 합계 3매의 참조격자상을 준비해 두면, 그것과 같은 양만큼 위상이 벗어난 3매의 모아레 무늬가 얻어져, 이것들 사이에서 ROM 테이블에 의한 위상변위법을 계산하여, 입력된 간섭무늬의 위상분포를 비디오로 출력한다. 이 위상분포, 2π의 뜀을 접속한 등고선, 3차원표시 및 임의의 수평단면도가 각각 모니터에 표시된다.

능동간섭계로 고정된 무늬도 공간필터검출기의 피치에 맞춘 캐리어를 갖고 있으므로 이 무늬 해석장치를 잘 적용할 수 있다. 그림4에 고정된 간섭무늬의 해석 결과를 표시한 예를 보인다. 위상의 분해능은 1/256 무늬, 실측된 해석정밀도는 1/60 무늬이다.

반도체 레이저, 빔분할기, 참조거울, TV 카메라, 공간필터검출기 부분을 종합한

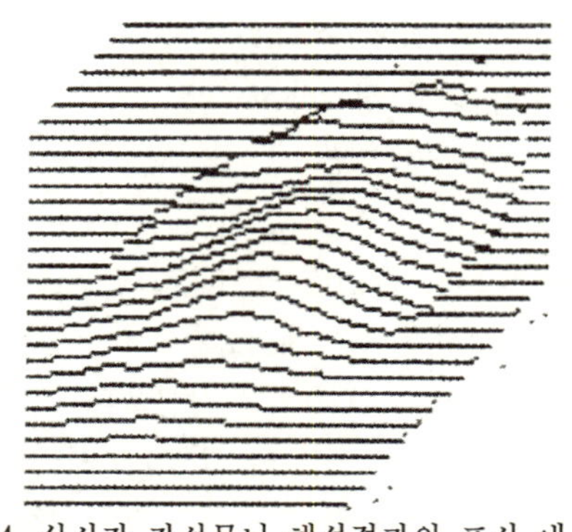

그림4. 실시간 간섭무늬 해석결과의 표시 예

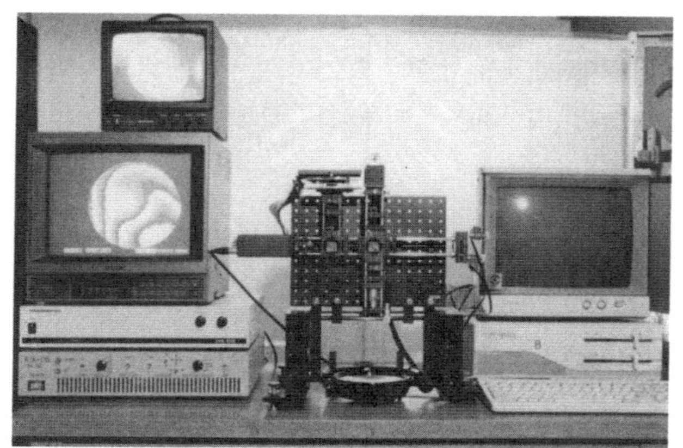

그림5. 능동형 간섭계에 의한 요철거울형상의 탁상 실시간 측정배치

소형 간섭계 헤드가 제작되어 있다. 크기는 300mm×230mm×70mm이다. 이 간섭
계 헤드는 가로형 뿐만 아니라 세로형으로도 설치가 가능하므로 피측정면(被測定
面)의 배치 자유도가 커져 보다 안정한 측정이 가능하게 되었다. 그림5에 책상 위
에 오목면 거울을 측정하기 위한 배치를 보인다. 거울 규격은 직경 130mm, 곡율
반경 150mm이다. 본 방법으로는 본래 피스톤운동만이 보정되지만, 책상 위에서
이와 같은 샘플을 수평으로, 간섭계 헤드를 수직으로 지지하면, 전면에서 무늬가

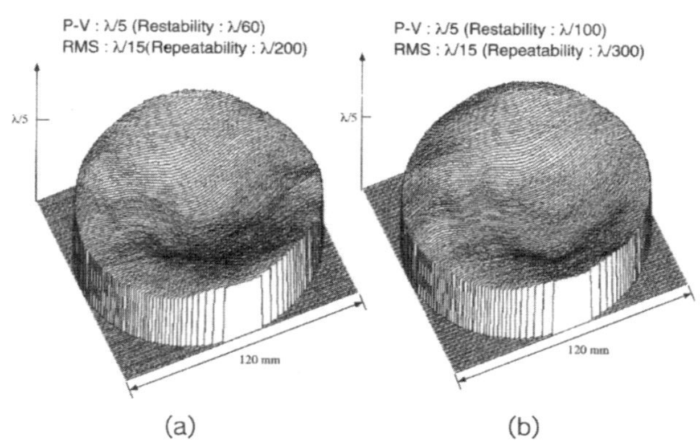

그림6. 요철거울면의 구면수차의 해석결과
(a)는 탁상에서, (b)는 광학테이블 위에서 얻었다.

고정되어 충분히 기능하는 것이 확인되었다. 실시간 무늬해석장치에서 얻어진 능동형간섭계와 광학테이블에서 한 측정결과를 그림6에 나타냈다. 서로의 차이는 거의 일정하게 분포되어, P-V값과 rms값은 각각 $\lambda/25$와 $\lambda/100$이며, 측정치의 20% 이하이다.

제 45 장
레이저 피드백 방법에 의한 레이저 단층현미경

공초점광학계는 뛰어난 깊이 분해능을 가지나 그 분해능은 대물렌즈의 회절한 계로 제한된다. 이 공초점광학계와 반도체 레이저(이하 LD)에 의한 레이저피드백 (이하 LFB) 광검출기술을 조합하여, 공초점광학계의 이론한계를 넘는 높은 깊이 의 분해능을 얻는 것이 가능하다. 이 때 LD의 구동전류를 적당한 조건으로 동작 시켜 종래 LFB 검출법에서 문제가 되어온 되돌아오는 광노이즈의 영향을 아주 작게 하는 것이 가능한 것을 알게 되었다. 이 LFB 공초점광학계를 응용하여 반투 명시료의 단면 관찰이나 박막, 단차계측 등에 적절한 레이저 단층현미경이 실현되 었다.

레이저에서 나온 광의 일부가 물체에 반사되어 다시 레이저공진기에 귀환되면, 상대적인 귀환량이 조금만 있어도 출력, 파장 등의 레이저 특성에 커다란 변화를 일으킨다. 되돌아오는 빛에 의해 유기되는 이 변동은, LD에서는 특히 현저하게 나 타나, LD의 응용시에 잡음의 증대 등 장해를 가져온다. 한편 이 현상을 적극적으 로 이용하여 물체에서 반사되고 산란된 광을 동시에 LD에 귀환시킬 때 생기는 출 력의 변화로부터 반사, 산란강도를 검출, 측정하는 LFB 광검출법이라는 기술이 있다.

그림7은 그것의 기본원리를 보인다. LD의 출사광을 렌즈로 피측정 물체에 조사 하여, 피측정 물체에서 반사, 산란되는 광을 동시에 렌즈로 집광하여 LD의 출사면

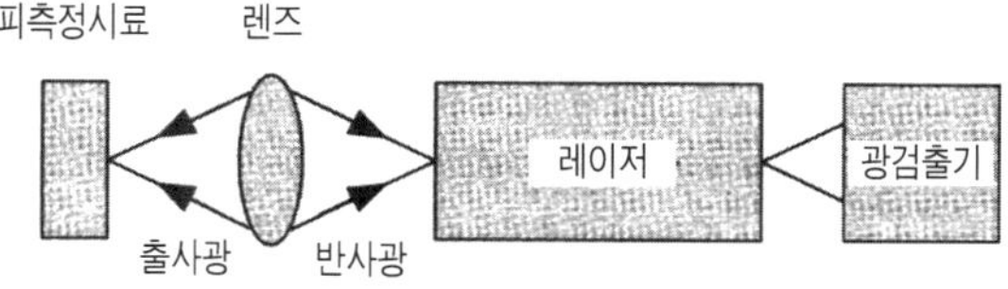

그림7. 레이저피드백 광검출기의 원리도

에 입사시킨다. 이때 재입사하는 광을 되돌아오는 광이라고 부르고, 되돌아오는 광에 의해 출력광의 강도가 변화하는데, 일반적으로 주입전류를 일정하게 한 경우, 되돌아오는 광이 입사하면 문턱값은 낮아지고 출력광은 증가한다. 그러므로 출력광의 강도변화를 LD에 내장된 광다이오드로 검출하든지, 정전류 구동시에는 LD의 단자전압의 변화를 검출하면 되돌아오는 광의 강도, 또 피측정물체의 반사, 산란 강도 등의 광학적 특성을 계측하는 것이 가능하다.

LFB 광검출법은 출사와 입사의 광로가 공통 경로이며, 광분기(光分岐)나 되돌아오는 광 억제용 광 아이솔레이터 등의 광학소자가 불필요하므로, 광학계의 구성이 단순하고 초점 조정도 간편하다는 특징이 있다. 또 광원으로 LD를 사용한 경우, LD의 출사단(出射端)에서 공간적 이득 특성의 비선형성에 의해 공초점광학계가 가지는 2승 특성에 의해 이론분해능을 넘는 깊이 분해능이 얻어질 것으로 기대된다. 이와 같이 LFB 방식은 독특한 광검출법으로 기대되어 연구되었으나, 앞에서 기술한 되돌아오는 광노이즈 문제가 심각하여 실용화되지 않았다.

LD를 광원으로 한 LFB광검출법은 앞에서 설명한 특징으로부터 레이저 단층현미경에 최적이라고 생각되나, 실용상의 과제는 노이즈이며, 이 노이즈 저감에 대해 검토한다.

LD는 통상 문턱값 이상의 영역에서 사용되나, 문턱값 전류 이하 영역의 동작을 생각하면 발진광은 자연방출광이 지배적으로, 복수 모드의 스펙트럼이 경합하는 상태가 되어, 이 영역에서는 모드펌핑 노이즈, 위상노이즈가 아주 작아질 것으로 예상된다.

통상의 소출력 LD(파장 670nm)를 문턱값 전류의 0.95배 정도에서 발진시켰을 때 광출력은 100mW 정도 되지만, 이 상태에서 LD에 되돌아오는 광을 입사시키면 LFB효과에 의해 LD의 문턱값이 내려가고 발진모드가 선택되어 레이저 발진 상태에 들어감과 동시에 노이즈가 증대된다. 우리들은 이 레이저 발진을 억제하기 위해, LD에 내장된 광검출기의 출력전류를 참조하여 광출력을 자동 억제함으로써 LD의 동작을 항상 문턱값 이하의 영역으로 유지하는 새로운 LFB 광검출법을 고안, 시험제작하여 그 노이즈 특성과 LFB효과를 확인했다. 이때 외부로 나오는 출력신호로 LD의 구동전류의 변화를 검출하고 있다.

그 결과 되돌아오는 광이 없을 때, 설정된 광출력의 세기에 대한 노이즈는 0.05% 이하이며, 예상대로 노이즈가 아주 작아져 미약한 반사광을 고감도로 검출

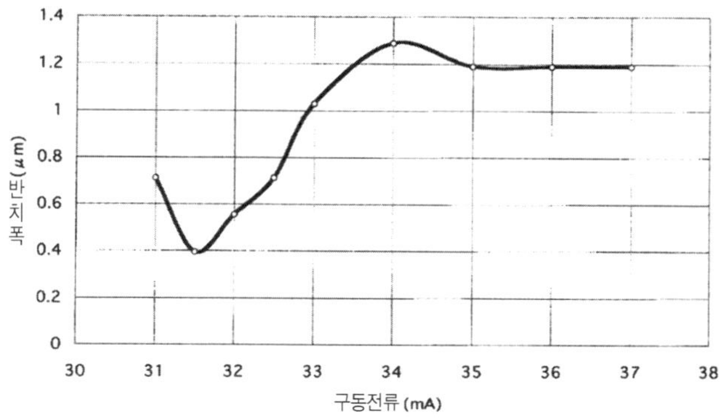

그림8. LD의 구동전류와 반치폭의 관계

할 수 있음을 확인했다. 또 되돌아오는 광을 점점 증가시킨 경우, 되돌아오는 광량이 100%에 이를 때까지 구동전류가 거의 직선적으로 응답하는 것을 확인했다. 이는 광검출기법이 1 : 1000 이상의 넓은 다이나믹 레인지를 갖는 광검출 수단임을 보여주고 있다. 덧붙여 말하면, 종래 방식의 노이즈 수준은 1~10%이다.

또 문턱값 이하 영역에서의 LD 동작은, 저 간섭성 광원으로 알려져 있는 수퍼루미네슨스 다이오드(이하 SLD)의 동작과 유사하며, 비슷한 성능을 확인했다. SLD에 대한 문턱값은 존재하지 않으므로, 출력은 LD보다 크게 얻어진다. 850nm 이득 도파형 SLD의 노이즈 레벨은 0.01% 이하이며, 더욱 고감도인 것이 확인되었다.

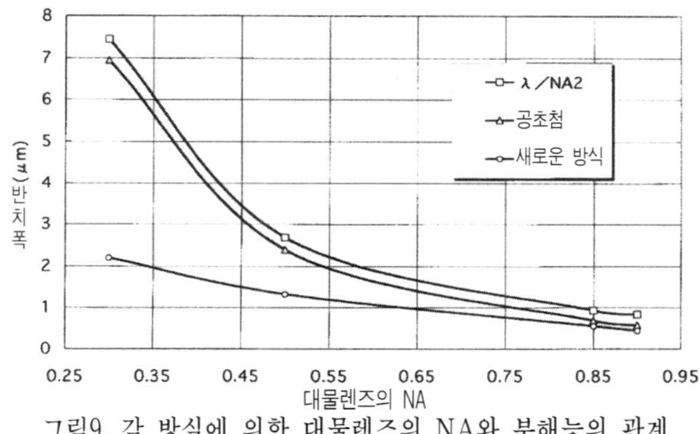

그림9. 각 방식에 의한 대물렌즈의 NA와 분해능의 관계

　　LD의 순방향 전류를 문턱값 근처에서 변화시켜, 피에조 액츄에이터로 초점 위치에 설치한 거울을 주사시켜 깊이 분해능을 측정했다. LD의 발진파장은 670nm, 대물렌즈의 NA는 0.9이다. 그 결과, 깊이 분해능에 대한 최적 구동전류가 있어서, FWHM(반치전폭 半値全幅) 0.4 μm를 얻었다 (그림8). 또 대물렌즈의 NA에 대한 깊이 분해능을 측정한 결과를 그림9에 보였다. 이 그림에서는 비교를 위해 통상 광학계의 회절한계에 의한 이론분해능, 공초점광학계의 2승 특성에 의한 이론한계 값도 기재하였으나, 새로운 LFB 방식에서는 이러한 이론한계를 넘는 분해능이 얻어지고 있다. 단, 이것은 2개의 점을 분리할 수 있다는 의미의 분해능이 아니라, 장치응답 특성이라고 말할 수 있다. 그러므로 이 특성은 어느 경계면의 위치를 정확하게 계측하는 경우, 예를 들면 단차계측 등에 유효한 성능이라고 말할 수 있다.

　　그림10에 새로운 LFB 광검출법을 이용한 레이저 단층현미경의 구조를 보인다. LD의 출사광을 결상렌즈, 대물렌즈로 시료 위에 집광하여, 대물렌즈를 피에조 액츄에이터로 ±50 μm, 30Hz로 진동시켜, 렌즈의 초점위치를 시료의 깊이방향으로 주사한다. 시료에서 반사, 산란광을 동시에 대물렌즈로 모아 결상렌즈로 LD의 출사창에 입사시킨다. LD의 출력은 자동제어되며, 시료에서의 반사, 산란광 강도의 변화에 의해 유기된 LD의 제어전류 변화가 검출부에서 신호로서 출력된다.

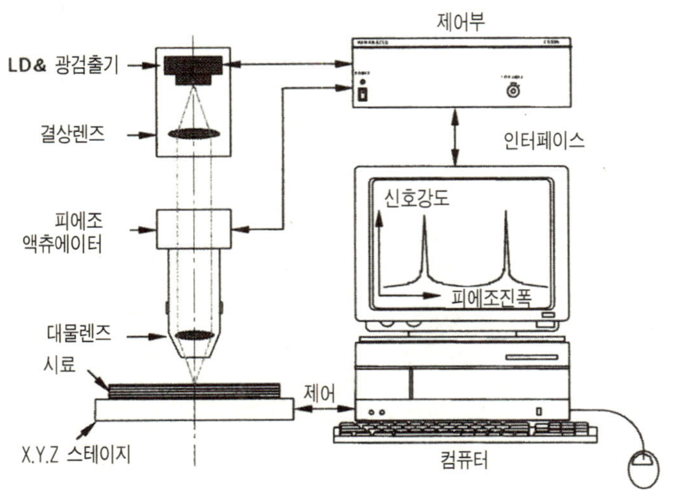

그림10. 레이저단층현미경의 구성

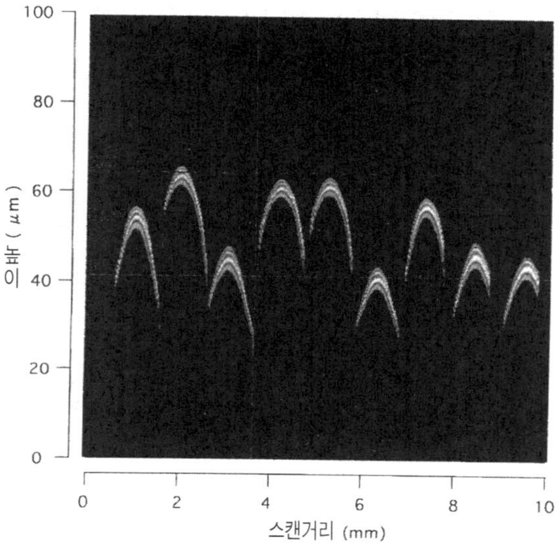

그림11. 마이크로렌즈 배열의 표면형상

현미경의 시료대에는 컴퓨터로 제어되는 자동 스테이지가 놓이고, 단층상 촬영 시에는 시료의 X축 또는 Y축 주사를 한다. 검출된 신호를 컴퓨터에 의해 데이터 처리하여, 모니터상에 대물렌즈의 변위에 대한 신호강도 프로파일로서 표시하거나, 신호강도로 표시 휘도를 변조하여, 시료를 X축 또는 Y축에 주사했을 때 단층화상 을 표시하는 것이 가능하다.

이 레이저단층현미경에서 단일 반사면을 측정할 때의 분해능은, LD의 파장 670nm, 대물렌즈의 NA 0.9에 대해 반치폭(半値幅) 0.4 μm이나, 단일 반사면의 피 크 위치 또는 중심 위치의 분해능으로서 10nm가 얻어진다. 또 계측파장은 사용하 는 LD에 의해 결정되어 630nm에서 1.55 μm까지 각종 LD가 선택된다. 검출감도 는 반사율로서 0.01%까지 가능하다.

그림11은 레이저단층현미경으로 마이크로렌즈의 표면 형상을 계측한 예로서, 화 면의 종축이 시료의 깊이 방향, 횡축이 스테이지 주사거리, 신호강도를 밝기로 표 시하고 있다. 그림12는 고밀도 프린트기판을 계측한 예이며 보호막 표면의 울퉁불 퉁함과 그 아래 방향에 구리 배선부분이 검출되어 있다. 그림13은 양파 껍질의 단 면을 관찰한 것이며, 이러한 생물시료의 단면관찰에도 이용 가능하다.

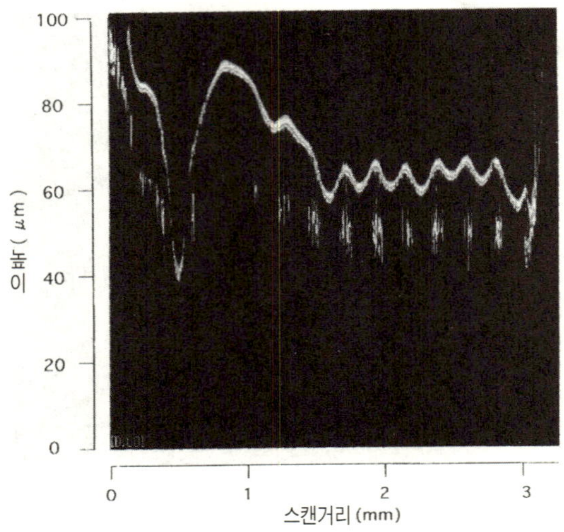

그림12. 고밀도 프린트기판의 단면

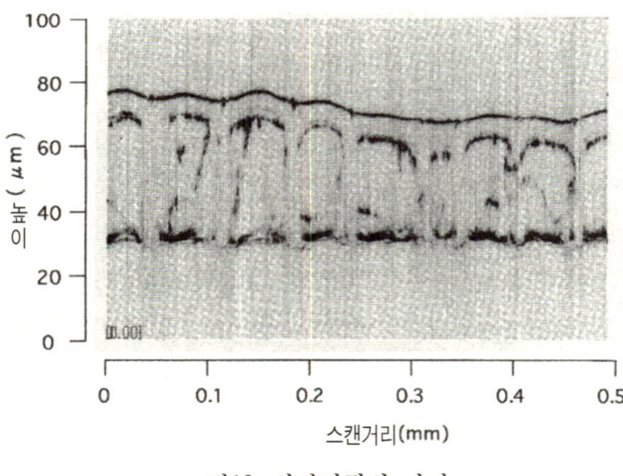

그림13. 양파껍질의 단면

레이저 피드백법은 아주 독특한 광검출법으로서, 레이저단층 현미경에만 제한되지 않고 공초점현미경, 광픽업, 광학계측 등 넓은 응용성이 있어 차후 그 활용이 기대된다.

제 46 장
초단 chirped pulse 광에 의한 3차원 형상계측

물체의 3차원 형상측정은 공업만 아니라 기초과학 분야에서도 요구가 높은 기반기술이다. 그중에서도 광을 이용한 계측법은 비접촉, 비파괴라는 뛰어난 특징을 가지고 있어 다양한 수법이 제안되어 왔다. 그중에서 펄스 레이저를 이용한 비행시간 측정법은 모아레법 등과 비교하여 결과가 직접적이며 복잡한 해석처리를 필요로 하지 않는 이점이 있다. 그러나 기존의 방법에서는 광로길이 또는 광의 조사위치를 주사할 필요가 있으므로, 3차원 정보를 동시에 측정하는 것이 불가능했다.

그것은 측정시간이 걸리는 등 불편하다는 것뿐만 아니라, 측정조건의 동일성이 없다는 점 및 상태가 변화하는 물체나 운동하는 물체의 형상을 측정하는 것이 불가능하다는 문제를 가지고 있다. 이러한 문제점을 해결하도록 초단펄스 레이저를 이용한 신원리에 기초한 측정법이 개발되었다. 이것은 3차원 형상을 1회의 펄스로 한 번 측정하여, 화상의 해석처리 없이 빛의 색으로 직접 컬러 등고선 지도로 보여주는 것이다.

그림14에 측정원리를 보인다. 그림 중의 왼쪽 끝에 보이는 단차(段差)가 있는 물체의 형상을 측정하는 것을 생각해보자. 그림 중간 우측에서 광펄스를 조사하여 한 지점에서 그 반사광을 관측하면, 단차에 따라 다른 시간에 빛이 도달하게 된다. 이 도달 시간을 측정하여 거리정보를 얻는다는 비행시간 측정법은 잘 알려져 있으나, 일반적으로는 단색 펄스의 피크에 도달하는 시각을 측정하는 것에 대해 이 방법에서는 chirp된 광펄스를 이용하여, 어느 시각의 색을 측정함으로써 펄스의 위치정보를 얻는 점이 특징이다.

chirp된 광펄스는 하나의 펄스광의 선두에서 말미에 걸쳐, 시간과 함께 특정 규칙성을 가지며, 연속적으로 색이 변화하는 광펄스이다. 이 때문에 반사광을 특정 타이밍에서 잘라내면, 그 때 펄스의 비행하는 위치에 따른 색 펄스광이 얻어지므

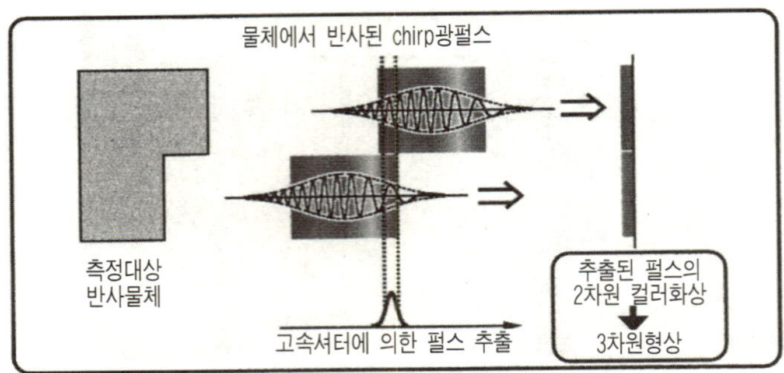

그림14. 새로운 3차원 형상 측정법의 원리

로, 주사 없이 시각(時刻)정보가 얻어진다. 게다가 빔 직경을 확대하여 대상물체에 2차원적인 광을 조사하고 그 반사광을 한 번 자르면 뒷부분 형상에 대응하는 색의 분포를 갖는 2차원 색화상이 레이저빔의 조사위치를 주사하지 않고 얻어진다. 이와 같이 공간정보를 빛이 전파하는 시간정보로 바꾸고, 다시 chirp 광펄스를 색정보로 바꾸어 3차원 위치정보를 2차원화하여 한번에 측정하는 것이 가능하다.

실험에서는 광원으로 증폭된 티타늄 사파이어 레이저 (펄스 폭 100fs, 파장 800nm, 펄스출력 1mJ, 반복율 1Hz-1kHz)를 이용하여 물의 비선형 광학효과에 의해 발생하는 가시광 전영역에 걸친 chirp 펄스와, 이황화탄소(CS_2) 분자액체의 광 커셔터(Kerr shutter)에 의해, 이상의 원리에 기초한 새로운 방법을 실현했다.

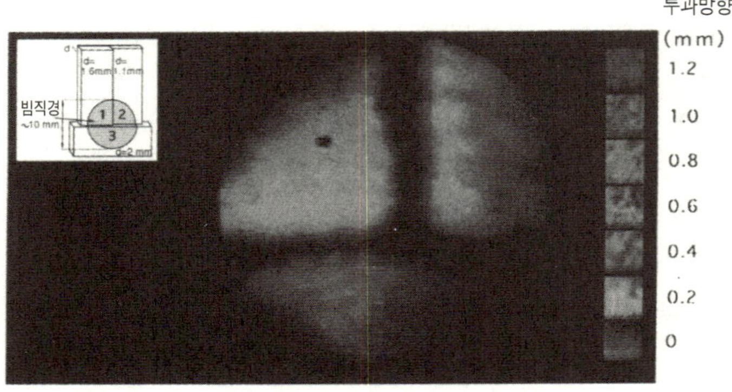

그림15. 세 장의 블록게이지로 만든 단차(段差)의 측정 예

　최초의 예로서, 방법의 유효성을 확인하기 위해 3매의 블록게이지를 사용하여 만든 이미 알고 있는 단사를 시료로 하여 측정했다. 약 10mm 직경의 원형 부분으로 그림15의 앞부분에서 빛을 조사했다. 블록게이지의 두께는 숫자로 1, 2, 3이라고 쓰여있는 영역에 대하여, 각각 1.6, 1.1, 2mm이다. 그라비아의 중앙이 측정결과이고 표시는 실제 광의 색이다. 단차의 차이에 따라 색분해된 상이 선명하게 언어진다. 이때 색과 길이를 대응시키는 기준을 동시에 보이고 있다.

　이것은 실제 측정과 같은 배치로서, 셔터 끊는 시각을 각각 변화시켜 한 개의 점에서 검출되는 색을 측정한 것이다. 이것은 한번 측정해 놓고, 이후의 측정은 정해진 타이밍에 고정시켜 상을 측정하면 좋다. 이 기준을 이용하여 측정상을 평가한 결과, 1, 2, 3으로 표시된 영역 사이의 단차 값이 이미 알고 있는 값과 잘 일치하므로 이 방법의 유효성이 확인된다.

　이 방법은 블록게이지와 같은 거울면의 반사물체뿐만 아니라, 측정 배치를 약간 변경하면, 빛를 투과하는 물체나 응용상 특히 유용한 거친 면에도 응용하는 것이 가능하다. 투과물체로서 레터링 템플렛을 측정한 경우, 문자모양의 구멍부분과 판 부분에서 광로 길이가 달라져, 두 개가 다른 색으로 그려진 화상을 얻었다. 이 경우, 실제의 템플릿은 황색으로 착색되었으나, 그것과는 관계없이 위에서 기술한 원리에 의한 색으로 측정되었다. 일반적으로 물체에 색이 있어도 그 스펙트럼 구조가 아주 완만한 범위에서는 문제없이 측정된다.

　거친 면으로서는, 빛을 완전히 산란하는 약 0.3mm 두께의 종이 2매를 위치를 조금 다르게 겹쳐서 단차부분을 측정하여 색분해가 된 화상을 얻었다. 여기서는 손목시계의 시침과 분침의 상을 측정한 예를 보인다. 그림16의 상부에 대상으로 한 시계의 실제 모습을 보이고 있는데, 동그라미 표시한 두 개의 침 끝 부분에 수정액(修正液)을 발라 빛을 완전히 산란하는 상태로 해서 측정했다. 그림 중의 (a), (b)에 각각 시침과 분침의 측정 결과를 보인다. 붉은 부분이 시계의 문자판으로, 청색 및 녹색 부분이 각각의 침이다. 두 개의 침에서는 문자판에서의 거리가 달라짐에 대응하여 다른 색을 나타내고 있다. 이 방법으로 얻은 순간의 현상으로는 측정물체의 뒷부분에서 빛이 오는데 걸리는 시간에 일어나는 현상이 포함되어 있다. 이것은 1mm의 물체에서 3ps 정도가 되며, 이것보다 변화가 늦은 현상은 원리적으로 측정가능하다. 또 연속으로 변하는 것에 대해서는 원리적으로는 레이저의 반복율로 결정되는 변화(여기서는 1kHz)까지 따라가는 것이 가능하지만, 예를 들어

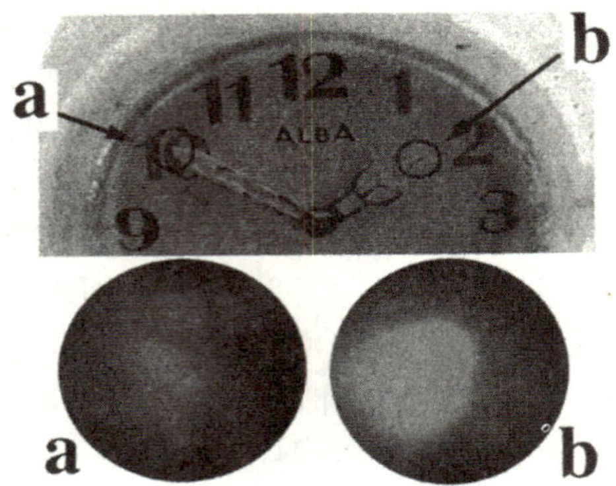

그림16. 빛을 산란시키는 시계침의 측정 예

비디오로 관측하는 경우에는 비디오레이트로 제한된다.

측정성능에는 뒷부분 및 옆부분 분해능, 측정가능 영역의 크기 및 측정감도를 들 수 있는데, 이러한 것들은 일반적으로 trade off 관계로서, 한계요인을 정해놓은 개발이 필요하다.

이 방법으로 뒷부분 분해능을 정하자면 몇 개의 요인이 있다. 먼저 측정되는 신호의 시간폭을 좁게 하기 위해서는, 짧은 게이트펄스와 그것에 따른 응답이 빠른 셔터가 필요하다. 그림17(a)에 측정된 신호의 시간폭 ΔT와, 사용한 게이트펄스의 폭을 나타내는 변수 α의 관계를 보인다. 여기서 셔터의 응답은 게이트펄스에 따르며, 또 chirp는 선형을 가정하고 chirping 정도를 나타내는 β는 고정시켰다.

이때 펄스 폭이 좁아지면(α가 커지면) 어느 값까지 ΔT는 감소한다. 그러나 어

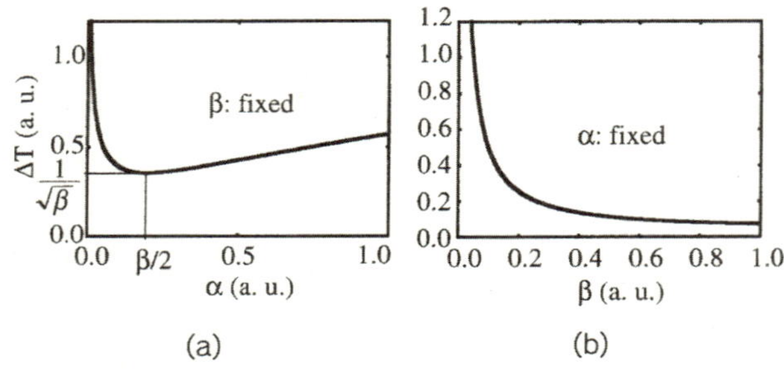

그림17. 투과방향과 분해능의 펄스 매개변수

느 값 이상으로 좁아지면, ΔT는 역으로 증가해버린다. 이것은 측정된 스펙트럼 폭이, 펄스 폭과 밴드폭을 곱한 한계치를 넘어버리기 때문이다. 그러나 이때 역으로 α를 고정했을 때의 ΔT와 β의 관계를 보이고 있는데 (그림17(b)), chirp의 정도를 충분히 고속으로(β를 크게) 하면, 이 제한에서 벗어나 ΔT를 작게 할 수 있다는 것을 알 수 있다.

한편, 한번에 측정가능한 뒷부분 영역을 넓게 하려면, chirp 펄스 전체의 시간 폭을 크게 하는 것이 필요하므로, 결과로서 전체의 스펙트럼 폭을 넓게 할 필요가 있다. 실용적인 뒷부분의 분해능을 얻기 위해서, 이상의 조건을 만족하는 셔터와 chirp광을 실현하려면 펨토초 펄스를 이용할 필요가 있다. 상기의 측정 예에서는 광셔터 재료로서 CS_2를 이용하였으나 보다 고속의 셔터는 유리 재료 등을 이용하여 실현한다. 고속셔터와 chirp 광을 가지고, 게이트 광으로서 100fs 정도의 펄스를 이용했을 때, 이상적인 반사물체에 대해서는 마이크로미터 영역의 분해능으로 밀리미터 이상의 요철 형상을 한번에 얻는 것이 가능하다.

또 응용상 유용한 거친 면의 계측에 대해서는 측정감도를 높게 하는 것이 중요하다. 상기의 예에서는 신호광을 효율적으로 모으기 위해 결상광학계를 이용했으나, 측정계로서의 광의 이용 효율은 0.01% 정도로 작기 때문에 차후 미약한 대상에 응용하기에는 충분하지 않다.

셔터에 대해서는 높은 투과율과 고속응답을 겸비하는 것이 일반적으로 어렵지만, 이를 위한 시도가 이루어지고 있다. 한편 광학계에 대해서는 일반적으로 집광 효율의 향상을 위해 광학계의 NA를 크게 하면, 넓은 뒷부분을 얻음과 동시에 옆부분의 분해능을 좋게 하기는 어렵다는 문제가 생긴다. 이에 대해 색과 공간, 시간의 대응을 가지고 이 방법의 특징을 살려서, 광학계의 색수차와 chirp 펄스의 변조도를 동시에 조정하는 것이 효과적이라고 생각하여 간단한 모델로 확인했다.

이런 방법을 응용하여 면적이 비교적 큰 제품의 인라인·온라인 검사나 실시간 위치 제어, 운동하는 생체의 3차원 현미경 계측 등이 기대되고 있다. 본문 중에 서술한 기술적 과제는 서로 트레이드 오프의 관계여서, 실용화를 위해서는 실제 응용분야에 맞추어 과제를 해결할 필요가 있다. 이를 위해서는 폭넓은 분야에서 사용자의 참가가 요구되나, 현황은 광원이 사용하기 어려운 점이 이를 어렵게 한다. 그러나 최근의 초단펄스 레이저의 발전은 눈부셔서 이 분야가 급속하게 발전할 소지가 많다. 여기서 소개한 기술에 국한하지 않고, 이 광원의 응용분야에는 아직 미개척된 분야가 있다고 생각된다. 차후 이상에서 소개한 응용기술과 광원의 개발이 일체가 되어 진행될 필요가 있다.

제 47 장
초고속 전기신호를 측정하는 EO 계측기

EO 계측기는 전기계측에 광의 초고속성과 비침습성을 결합한 전압파형 측정장치이다. 여기서 중요한 것은, 종래 전기광학 결정은 포켈셀이나 광도파로형의 광변조기로서 광을 제어하기 위해 사용되었으나, 발상을 역전시켜 같은 전기광학결정을 전기신호를 측정하는 센서로 사용하여, 더욱 전기광학효과의 고속성을 적극적으로 이용한 것이다.

EO 계측기의 특징은 고시간분해능, 비접촉, 비침습으로 전압파형을 측정가능한 점이다. 즉 전기광학결정의 응답시간은 1ps 이하로 고속이고, 전파에 광을 이용하므로 전송왜곡이 발생할 일이 없다. 또 전계 센서는 피측정 전극에서 나오는 전기장을 검출하므로 전극에 직접 접촉할 필요가 없으며, 레이저광이 전계 센서 바닥의 거울에서 반사되므로, 피측정 디바이스의 동작에 영향을 주지 않는 비침습으로 계측이 가능하다.

EO 계측기의 계측방식에는 그림18에 보인 것처럼, 전자디바이스 계측기용의 (a) 펄스 LD에 의한 샘플링 방식과 (b) 연속 LD를 이용하는 실시간 방식, (c) 광디바이스의 응답파형 계측용의 펨토초 레이저에 의한 펌프 & 프로브 방식이 있다. 이러한 각종 방식에서는 레이저 기술이 잘 이용되고 있다.

레이저를 이용한 EO 계측기를 산업에서 실현하기 위한 요소 기술로는 레이저 광원, 결정, 계측방식만 아니라, 사용자의 입장에서 장치설계가 필요하다.

1. 전자디바이스용 EO 계측기

EO 계측기의 고속 특성을 살린 고속 IC 등의 전자디바이스에 적용하기 위해서는 그림18(a)에 보인 것처럼, 펄스 레이저를 광원으로 한 샘플링 방식이 유리하다.

이때 광원으로는 전자디바이스를 구동하는 신호원에 동기하여 펄스 점등이 가능한
펄스 LD가 적합하다. 우리들은 파장 $0.8\,\mu m$의 LD를 이득 스위칭법으로 구동한
현미경형의 장치를 시험제작했다.

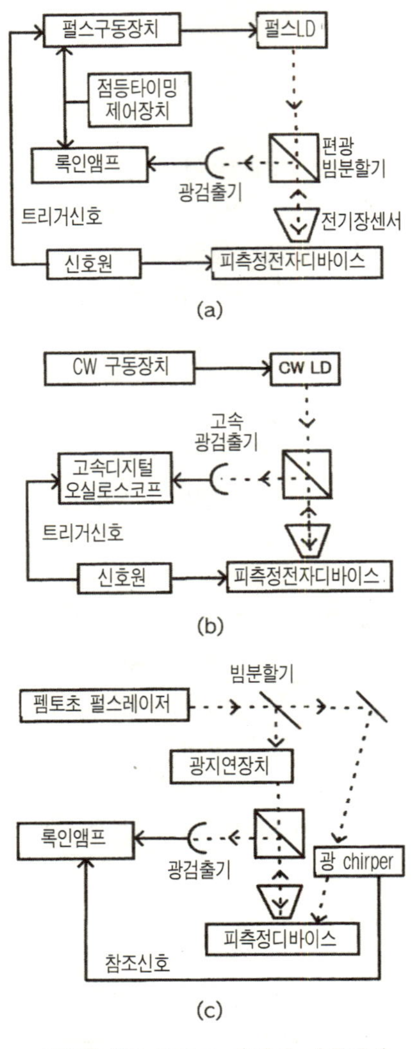

그림18. EO 프로브 장치의 계측방식

(a) 펄스 LD에 의한 샘플링 방식
(b) 연속LD에 의한 실시간 방식
(c) 펨토초 레이저에 의한 펌프
    & 프로브 방식

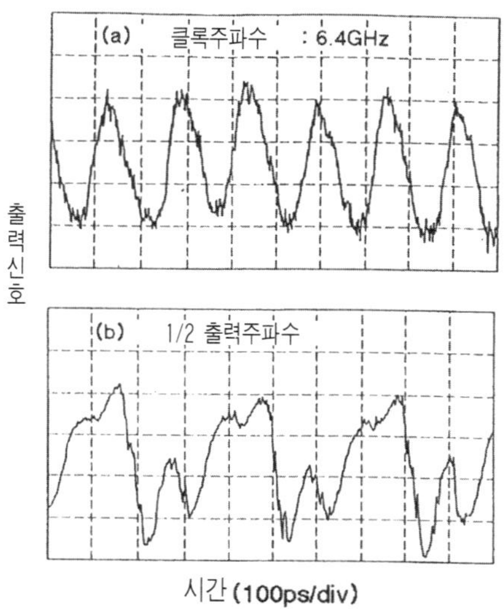

그림19. 고속로직 MMIC의 측정 결과

　LD에서 펄스 폭 30ps의 광펄스를 발생시킬 때, 록인 앰프의 동기주파수에 맞춘 전기 피드백을 LD의 바이어스 전류에 주어 낮은 노이즈로 구동을 하여, 거의 shot 노이즈 한계의 검출감도를 얻는 것이 가능했다. 전기광학결정은 당초 광도파로에 잘 이용되는 $LiNbO_3$를 사용하여, 배면투명 전극이나 자연복굴절 보상용의 결정을 채용하는 방법을 사용했다. 그 후, 검출감도의 향상을 위해서 ZnTe 결정을 채용했다. 이 결정은 큰 전기광학정수, 작은 비유전율, 가시광의 일부를 포함하는 넓은 투명파장대역 등 EO 계측기에 적합한 결정으로, LD의 저노이즈화에 의해서 검출가능 최소전압 $0.43mV/\sqrt{Hz}$ 를 얻는 것이 가능했다.[2]

　계측방법으로는 펄스LD의 점등 타이밍 chirp 방식을 고안하여, 피측정 전기신호를 chirp할 필요 없이 록인앰프에 의한 동기검출을 가능하게 하여 높은 S/N을 얻게 되었다.

　그림19는 고속 로직 MMIC(Monolithic Microwave IC) 내부의 신호파형을 측정한 예를 보인다. 측정 위치는 미리 설정된 전극이 아니라, 두께 $1{\sim}2\,\mu m$의 절연막 하에 있는 선폭 $2\,\mu m$의 배선 위이다. 그림19는 분주(分周)회로에 대한 측정 예를 보여주고, 각각 (a) 기본 클록 6.4GHz의 입력신호, (b) 2분주된 신호파형을 보

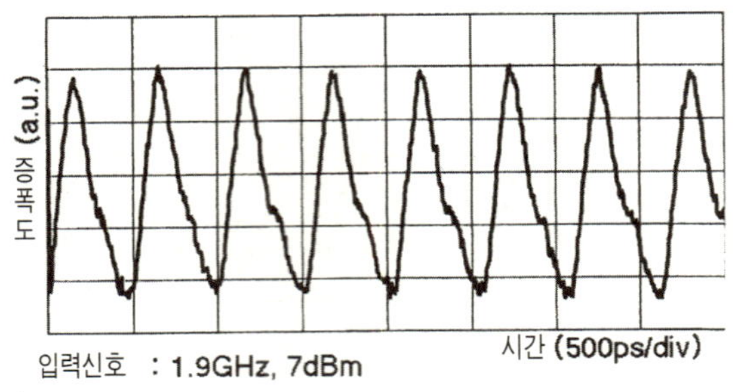

그림20. MMIC 파워앰프의 측정 결과

여주고 있다. 이러한 측정 결과에서 기본파의 성분이 분주된 파형으로 되는 것을 확인했다.

휴대전화 등에 사용되는 MMIC 파워앰프의 내부파형을 측정한 예를 그림20에 보인다. 입력신호가 큰 경우, 파형이 왜곡되는 것이 확인되었다. 통상의 오실로스 코프에서 측정한 경우, 프로브 전극을 신호선에 접촉시키면 회로의 특성 임피던스 가 변하게 되어, 피측정신호 파형이 변화해버린다. 한편, EO 계측기의 전계 센서 의 용량은, 예를 들면 12fF로 아주 작으므로 피측정 전극에 대한 영향을 줄이는 것이 가능하고, 지금까지 측정이 불가능했던 마이크로파 디바이스 내부에서의 측 정이 가능하게 되었다.

앞에서 기술한 펄스 LD를 이용한 샘플링 방식에서는 반복 파형을 측정하는 경 우에 유효하나, IC 테스터에서 출력되는 것 같은 긴 패턴신호에 대응하기 위해서 는, 그림18(b)에 보인 것처럼 CW 레이저를 가지고 전기신호를 완전히 광으로 변 환하여, 고속광검출기와 고속디지털 오실로스코프로 계측하는 실시간 방식이 적절 하다. 이 실시간방식의 시스템 개발은 (재)광산업기술진흥협회의 개발프로젝트로서 수행되었다. 실시간방식에서는 주파수 대역폭을 넓히는 것과 검출 노이즈를 줄이 는 것이 상반된다. 이 문제를 해결하기 위해 앞에서 기술한 고감도 ZnTe 결정을 채용하여, 일정한 전류 구동을 한 고출력(30mW) 저노이즈 LD의 광로에 광 아이 솔레이터를 삽입하여 돌아오는 광의 노이즈를 방지함으로써 레이저광원에 의한 과 잉 노이즈를 감소시켰다. 또 고속 pin-PD와 저노이즈 트랜스 임피던스 앰프를 조 합한 계측주파수 대역 전반에 걸친 dark 노이즈를 감소시켜, 거의 shot 노이즈 한 계의 계측을 가능하게 했다. 이 결과 주파수 대역폭 480MHz, 최소검출감도

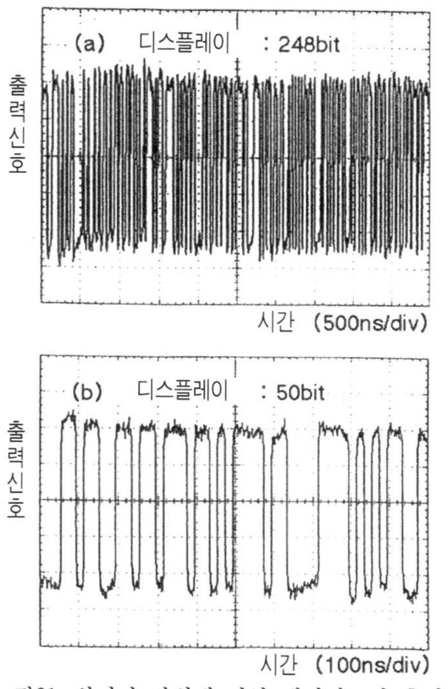

그림21. 실시간 방식에 의한 패턴신호의 측정 결과

23mV (곱하기 계산 700회)를 얻는 것이 가능했다.

그림21에 실시간 방식을 이용한 248bitNRZ 로직패턴 신호를 측정한 결과를 보인다. 클록 주파수는 50MHz, 전압진폭은 1Vp-p이다. 이 개발 프로젝트에서는 자동 포커스에 기초한 전계 센서의 위치 결정 원리, 조작 소프트웨어의 장치화도 동시에 검토되었다.

2. 광디바이스용 펨토(femto)초 EO 계측기

EO 샘플링의 첫 연구는 고속 광디바이스의 응답속도를 평가하기 위한 것이었다. 즉 그림18(c)에 보인 것처럼, 펨토초 레이저에서 펄스광을 분기시켜, 한쪽을 펌프광으로 하여 고속 광검출기 등의 피측정 광디바이스에 입사함으로써 전기신호를 발생시키고, 다른 쪽의 광펄스를 프로브광으로서 전계 센서에 입사시켜 그 응

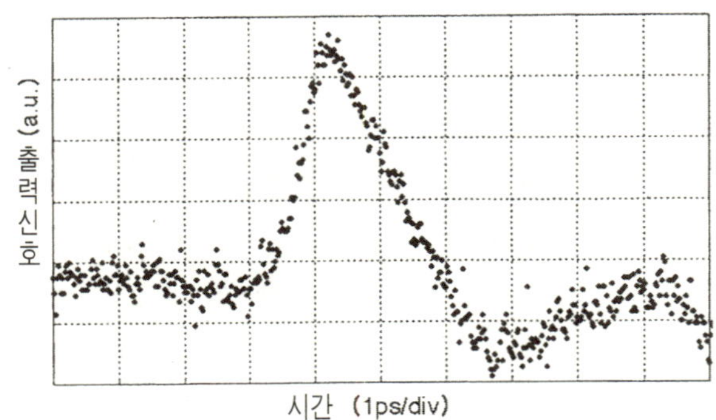

그림22. 고속 광스위치의 응답파형

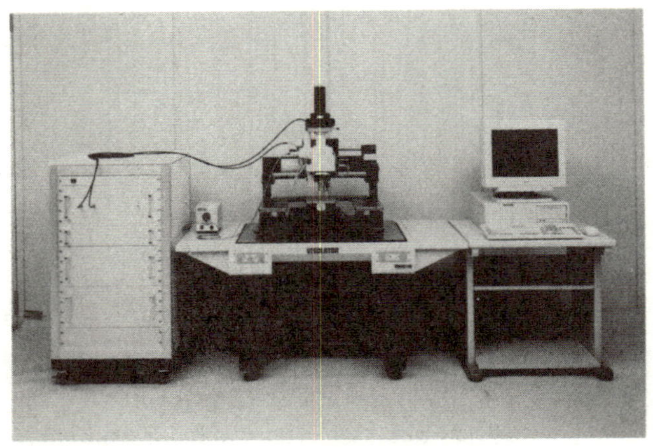

그림23. 마이크로파 디바이스용 EO 계측기

답파형을 계측한다. 상기 전자 디바이스용의 EO 계측기기에서는, 시간분해능이 광원의 펄스 폭뿐만 아니라 레이저와 전자 디바이스의 동기 지터에도 제한된다. 한편 펌프 & 프로브 방법에는 본질적인 지터가 발생하지 않으므로, 광원의 펄스 폭에 의존하는 높은 시간분해능을 얻는 것이 가능하다.

앞에서 기술한 ZnTe 결정은, 펨토초 티타늄 사파이어 레이저의 파장(800nm)에서 투명하므로, 전계 센서로 사용하는 것이 가능하다. 장치화에서는 조작성의 향상을 중시했다. 구체적으로는 광학 조정이 용이하도록 레이저는 광지연 장치에 입력된 후, 광섬유로 EO 프로브의 광학계로 유도된다. 또 피측정 광디바이스와 EO 계측기의 광학계가 각각 독립하여 XY 평면에서 이동 가능하게 되어, 펌프광의 조사 위치와 전계 센서에 의한 측정위치를 쉽게 변경하는 것이 가능하다.

펨토초 광펄스를 광섬유에 입사시킨 경우에 생기는 펄스의 퍼짐은 회로격자대에 의해 보상했다. 또 차동(差動) 검출에 의해 S/N을 30배 향상시키는 것이 가능했다. 그림22에 고속 광스위치의 응답파형을 측정한 결과를 보인다. 수광부에서 100mm 떨어진 장소에서 측정하여 상승 시간이 약 500fs임을 알았다. 이와 같은 펨토초 EO 계측기를 이용하면 광디바이스의 서브 피코초 영역의 전압파형을 쉽게 측정하는 것이 가능하여, 고속 광통신용 광디바이스의 연구개발에 유효한 툴이 될 것으로 기대된다.

그림23는 제품화된 마이크로파 디바이스용 EO 계측기의 사진이다. 이러한 EO 계측기가 계측기구로서 인정을 받으려면, 전자 디바이스의 연구자에 의해 사용되어 지금까지 얻어지지 못한 새로운 성과를 얻는 것이 요구된다. 최근 EO 계측기를 이용하여 고출력 FET 내부의 전압파형을 직접 측정하여, 입출력 조건에 의한 고조파 처리의 타당성이 확인되었다. 또 NTT의 시나가와 등에 의해 금속전극을 가지는 하이 임피던스 프로브를 이용한 EO 디지털 오실로스코프도 개발되어 있다.

EO 계측기의 디바이스 평가 이외의 응용으로서, 최근 반도체 기판에 초단펄스 광을 조사하여 발생된 자유공간 THz파의 검출에 이용하여 37THz까지 계측했다는 것이 보고되었다. 또 EO 계측기의 비침습성을 살려서, 장래에 바이오 관련의 계측에도 이용될 것이다. 이와 같이 EO 계측기는 레이저의 초고속성을 살린 계측 장치로서 차후 점점 발전해 나갈 것으로 기대된다.

제10부 참고문헌

1) たとえばレーザー研究 **25** (1997) No.1.
2) 青島 紳一郎, 高橋 宏典, 平野 伊助 : レーザー学会研究会報告 RTM-92-7 (1992) 35.

역자후기

21세기 지식사회에 진입한 현재, 첨단과학을 더 많은 실용적 지식과 상품으로 개발하려는 국제적 경쟁이 아주 치열합니다. 이 책은 21세기의 핵심기술인 IT(정보기술), BT(생물기술), NT(나노기술), ST(우주기술), ET(환경/에너지 기술), MT(의료/군사 기술)을 지탱하는 광기술 중에서 특히 레이저기술의 다양한 응용들을 조망하면서 일본에서 활발한 연구활동을 하고 있는 각 계의 전문가들이 집필한 해설집입니다. 전체적으로 전문가나 일반인 모두 알기 쉽게 쓰여져 있으며 때론 깊이 있는 내용을 다르기도 합니다.

반도체, 정보통신, 자동차, 환경, 농업, 의료, 우주, 에너지 등 실로 다양한 산업 분야를 다루고 있으므로, 독자들에게 높이 날아서 멀리 볼 수 있는 기회를 제공하고 있다고 생각합니다. 보다 자세한 기술적 내용에 관심이 있는 분들은 이 책에 나오는 키워드를 이용한 인터넷 검색, 각 분야의 전문서적과 논문 및 특허를 통하여 한층 더 깊이 있는 내용에 다가갈 수 있을 것입니다. 이 책이 출판된 지도 벌써 6년이 지나서 몇 군데에서는 과거의 이야기가 된 부분이 있기도 하지만 전반적인 기술적 내용을 개관하며 미래의 방향을 제시하는 점에 있어서는 현재에도 여전히 유용한 내용들이 대부분입니다.

이 책을 번역하는 데 있어서 많은 격려와 도움을 주신 나카쯔카 마사히로 교수님(오사카대학 레이저에너지학 연구센터)께 감사드립니다. 그리고 역자를 레이저플라즈마 분야로 이끌어주시고 지도해주신 김효근 전 광주과학기술원 원장님께 이 자리를 빌어 감사의 말씀을 드립니다. 이 책의 출판을 흔쾌히 맡아주신 전파과학사 손영일 사장님과 임직원 모두에게 감사드립니다. 그리고, 바쁜 연구생활 중에서도 시간을 내 주시고 조언을 해 주신 서영석 박사님(오사카대학 레이저에너지학 연구센터)께도 감사드립니다. 이 책이 우리나라 광산업의 국제경쟁력 강화에 조금이라도 도움이 된다면 기쁘겠습니다.

2004. 12월

오사카에서 역자 강 영 광

21세기 첨단 레이저기술

찍은날 2004년 12월 15일
펴낸날 2004년 12월 25일

편 저 일본레이저학회
옮긴이 강 영 광
펴낸이 손 영 일

펴낸곳 전파과학사
출판 등록 1956. 7. 23(제10-89호)
120-824 서울 서대문구 연희2동 92-18
전화 02-333-8877 · 8855
팩시밀리 02-334-8092

ISBN 89-7044-241-3 03420

Website www.s-wave.co.kr
E-mail s-wave@s-wave.co.kr